东江流域碳氮磷溯源、模拟与调控

高 伟 张 远 蔡宴朋 著

科 学 出 版 社

北 京

内 容 简 介

本书围绕流域碳氮磷关键生源要素的来源解析、过程模拟和协同调控问题，以东江流域为研究对象，基于遥感与原位观测、机器学习、流域模型和目标优化等方法，系统评估了研究区碳氮磷的时空变化特征，从污染源和人类活动等多维度量化了河流生源要素的环境来源，构建了全流域尺度的营养盐通量变化模型，评估了共享社会经济路径下流域未来营养盐潜在变化趋势，创建了碳氮磷多目标优化模型，提出了农业源碳氮磷的协同调控路径。

本书可供环境科学与工程、生态学和地理科学等相关专业的科研工作者参阅。

图书在版编目（CIP）数据

东江流域碳氮磷溯源、模拟与调控 / 高伟, 张远, 蔡宴朋著. -- 北京 : 科学出版社, 2025. 9. -- ISBN 978-7-03-083012-8

Ⅰ. X522

中国国家版本馆 CIP 数据核字第 2025NF1071 号

责任编辑：彭婧煜　郭　会 / 责任校对：杨　赛
责任印制：徐晓晨 / 封面设计：义和文创

科 学 出 版 社 出版
北京东黄城根北街 16 号
邮政编码：100717
http://www.sciencep.com
三河市春园印刷有限公司印刷
科学出版社发行　各地新华书店经销
*
2025 年 9 月第　一　版　开本：720 × 1000　1/16
2025 年 9 月第一次印刷　印张：16 1/2
字数：333 000

定价：138.00 元

前　　言

东江是珠江流域的三大干流水系之一，作为粤港澳大湾区重要的水资源命脉，是连接泛珠三角经济圈与南海生态系统的核心廊道。改革开放以来，大湾区作为我国经济发展的改革与创新前沿阵地，高强度人类活动与气候变化正引发前所未有的生态环境变化，保障河流生态环境安全已成为区域可持续发展的重要基础。新中国成立以来，东江流域化肥施用量增长了16.7倍，叠加台风频次增加的气候背景，导致流域碳排放上升、河流氮磷通量激增、河口赤潮事件频发。尽管我国通过《水污染防治行动计划》（简称“水十条”）等政策使地表水III类及以上水体的占比不断提升，但流域碳氮磷自然循环的深度改变，使得珠江口海域仍面临由中营养化向富营养化演变的生态风险。这种“治理成效显著但系统风险犹存”的复杂局面，凸显了开展全流域物质通量研究的紧迫性。

当前，全球主要湾区河口生态系统均面临富营养化威胁，而东江作为亚热带河流的典型代表，其研究经验对亚热带相似气候区流域具有重要的借鉴意义。本书突破传统水环境研究注重单一过程的局限，将农业源污染控制与碳减排目标协同考量，构建了“物质通量-生态效应-社会经济”的耦合分析框架，探索出“模型驱动-情景模拟-空间优化”的决策支持路径，为流域关键生源要素的综合治理提供了新思路。

本书立足国家生态文明建设与“双碳”战略交汇点，在科学层面，突破传统单要素和单一环境过程研究的局限，首次实现“流域-水系-河口-近海”系统的氮磷通量全过程解析，揭示物质输送的时空分异规律；在方法层面，整合LOADEST模型、随机森林算法、流域模型与系统动力学模型，建立涵盖“通量核算-驱动识别-情景预测-优化调控”的全链条技术体系；在应用层面，聚焦农业源污染和减排这一关键矛盾，提出兼顾氮磷削减和碳排放下降的协同路径。研究团队系统整合流域多年、多点位、多指标连续实测数据，构建了东江流域碳氮磷多尺度物质数据库，为后续研究奠定了数据基石。

本书共8章内容，第1章为绪论，阐述了东江流域碳氮磷研究的背景，介绍了东江流域的自然和社会概况；第2章从东江流域水文水质变化角度，分析了关键水文和碳氮磷指标变化及其驱动力；第3章以农业源为对象，解析了农业源碳氮磷排放的耦合关系与驱动效应；第4章采用光谱、物质流和受体模型等方法，系统分析了东江流域有机质、总氮和总磷的环境来源；第5章构建了东江流域水文与氮通量模拟模型，评估了东江主要物质通量的时空变化特征与响应规律；

第 6 章从陆海联动的角度评估了珠江氮磷通量变化及其河口环境效应；第 7 章基于系统动力学模型和情景分析方法模拟了东江流域碳氮磷的潜在变化；第 8 章从碳氮磷协同减降的角度构建了农业系统多目标优化模型，提出了流域碳氮磷的协同调控对策。本书由高伟、张远和蔡宴朋统稿，曹敏、张翔、程浩、谢予慰和陈榕霞等对本书的撰写提供了支持与帮助。

本书由国家重点研发计划项目“珠江下游氮磷自然-产业跨系统传输效应与耦合模拟”（2022YFC3202200）、广东省“珠江人才计划”引进创新创业团队“流域水环境与水生态研究团队”（2021ZT090543）和广东省自然科学基金项目（2023A1515030085）等项目联合资助完成。由于作者水平有限，书中难免存在不足，恳请读者批评指正。

高　伟

2025 年 3 月于广州

目　　录

第1章 绪　论

1.1 多重胁迫下流域碳氮磷的失衡变化

河流是地球碳氮磷生物地球化学循环的关键环节（黄昌春等，2022；Dean and Battin，2024），是湖泊、河口和近岸海域等地表水体关键生源要素的重要外源。由于全球气候变化、农业生产、化石燃料消耗、人口增长、水利工程等多重驱动作用的影响，河流碳氮磷负荷变化的方向和速度存在差异，碳氮磷比例关系发生变化（Westphal et al.，2020；Shousha et al.，2021），对下游受纳水体的物质循环产生重要影响，引发水体富营养化和关键界面物质交换源汇变化（Wu et al.，2019；Hou et al.，2022）。河流生源要素比例变化及其引发的水生态效应被认为是急需深入研究的科学问题（Ibanez and Penuelas，2019）。因此，研究河流碳氮磷的跨界面输移特征与环境效应，对于深入理解流域碳氮磷驱动机制和协同调控具有十分重要的科学意义。

在气候变化和人为干扰等多重胁迫下，河流的碳氮磷负荷出现显著的异步变化，显著改变了水体的物质循环体系和平衡特征，引发了富营养化和碳源汇变化等多重互馈生态效应（Maranger et al.，2018；Wang et al.，2021）。根据物质来源和流域自然地理特征的不同，河流与其他水体中的碳、氮、磷化学计量比呈现一定的平衡特征。美国全国河湖调查结果表明河流 C∶N∶P 的中位数为 167∶25∶1，湖泊 C∶N∶P 的中位数为 963∶62∶1，但这种平衡可被气候变化和人为干扰打破，导致河流碳与氮、磷负荷的相关性不强（Alvarez-Cobelas et al.，2012），造成元素之间的非等比例变化（Wang et al.，2021）。河流碳氮磷比例变化受到流域气象条件、污染排放、非等效控制措施（即对不同污染物的削减效率差异）、下垫面构成、河道内生化过程和水利工程建设等因素的综合影响（Alvarez-Cobelas et al.，2012；Howarth et al.，2021），特别是针对点源和非点源治理措施实施的非同步以及不同物质在流域传输中的时间滞后性因素（Westphal et al.，2020）。此外气候变化和土地利用变化等因素导致的极端水文情势将进一步加剧河流碳氮磷负荷的异步性和复杂性（Fellman et al.，2021；Mellander and Jordan，2021；Tan et al.，2021），不仅直接改变河流的输出通量和水环境质量，还对下游水体产生富营养化和碳源汇变化等多重互馈环境效应（Santoso et al.，2017），成为全球河流流域越来越重要的研究主题。因此，研究河流多生源要素分异变化的环境影响与互馈机制是环境变化下河流流域多重环境效应协同调控亟待解决的关键问题。

东江是珠江第三大水系，是粤港澳大湾区的重要水源地，供水人口近4000万人（含香港特别行政区），支撑广东省39%的GDP。东江流域中下游承接大湾区高强度的人类活动压力，是氮磷等生源要素变化全球热点地区之一（Malago and Bouraoui，2021）。在气候变化和人为干扰的多重胁迫下，珠江河口碳氮磷含量和比例发生了显著变化（Tao et al.，2021）。本书选择东江流域为研究对象，该流域从上游到下游分布着森林、农田、城市主要下垫面类型，且对气候变化敏感（Chen et al.，2020），具有典型多重环境胁迫特征。由于治理措施对多种污染物的非等效作用，东江流域的河流和水库有机污染物、氮和磷结构发生变化（温美丽等，2015；董斯齐等，2021）。2014～2021年，东江出口断面的有机污染物（如COD_{Mn}）与总氮质量比呈现显著的下降趋势，年均下降0.03，而氮磷比（摩尔比）则表现为上升趋势，年均上升3.40（图1.1.1）。河流通量的变化对水体物质循环产生了复杂交互影响（Tao et al.，2021），导致水体多界面通量改变。此外，东江流域由于高强度的工农业发展，其主要城市和地区也是我国碳排放的关键区域（何艳虎等，2024；尹剑等，2024）。在国家水生态安全和“双碳”战略目标下，如何协同碳氮磷多要素实现污染控制和固碳增汇多维管控目标是河流流域面临的重大科学问题。因此，研究东江碳氮磷生源要素非协同变化机制及其物质循环效应，对探索粤港澳大湾区碳氮磷协同调控策略具有十分重要的研究意义。

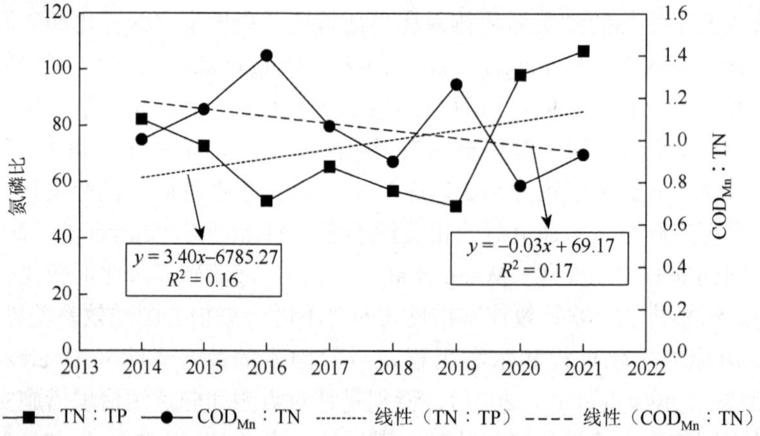

图1.1.1 2014～2021年东江下游博罗城下断面COD_{Mn}与总氮质量比、氮磷比（摩尔比）变化

1.2 东江流域概况

1.2.1 地理区位

东江发源于江西省寻乌县桠髻钵山，是珠江流域三大干流水系之一。东江流

域总面积为 27 040 km^2，跨越江西省和广东省，其中江西省境内面积为 3500 km^2，占 12.9%；广东省境内面积为 23 540 km^2，占 87.1%（中国河湖大典编纂委员会，2013）。东江上游称为寻乌水，在广东省河源市龙川县合河坝与定南水（又称贝岭水）汇合后，称为东江。龙川县枫树坝水库以上为东江上游，枫树坝水库至惠州市博罗县观音阁为东江中游，从观音阁再至东莞市石龙镇称为东江下游，最后流入珠江三角洲东部的河网区，分为南北两个水道注入狮子洋。东江的主河道从东北向西南流动，河道长度从源头至石龙镇长为 520 km，至狮子洋全长为 562 km。东江是香港特别行政区以及广东省广州东部、深圳、河源、惠州和东莞等地的主要供水水源，总供水人口接近 4000 万人。《2023 年广东省生态环境状况公报》显示，珠江河口生态系统连续多年呈现亚健康状态，水体富营养化问题突出，是广东近岸海域劣四类海水水质的主要分布区域，主要超标的指标是无机氮和活性磷酸盐。东江下游是粤港澳城市群的核心区域，产业发展密度高，也是区域碳排放的热点地区。

1.2.2　气候水文

东江流域属于亚热带季风气候区，海洋性气候，降水量丰沛且集中，汛期为 4～9 月，降水量占全年的 79.4%。流域多年平均降水量为 1839 mm，以中游的新丰江和增江上游降水量最高，上游和下游河网区为降水量低值分布区。东江流域多年平均气温为 19.9℃，从上游到下游呈现递增趋势。东江下游的主要水文控制站点是博罗站，控制流域面积为 2.53 万 km^2，多年平均径流量为 232.0 亿 m^3，多年平均输沙量 217 万 t（1954～2023 年）。从多年变化趋势看，东江的年径流量没有明显的变化趋势，但是年输沙量有显著的下降趋势，尤其是 20 世纪 80 年代以来变化尤为显著（图 1.2.1）。东江流域面积超过 1000 km^2 的支流有定南水、浰江、

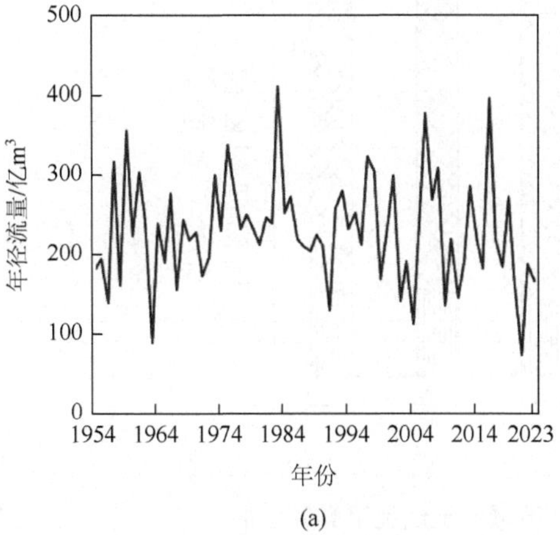

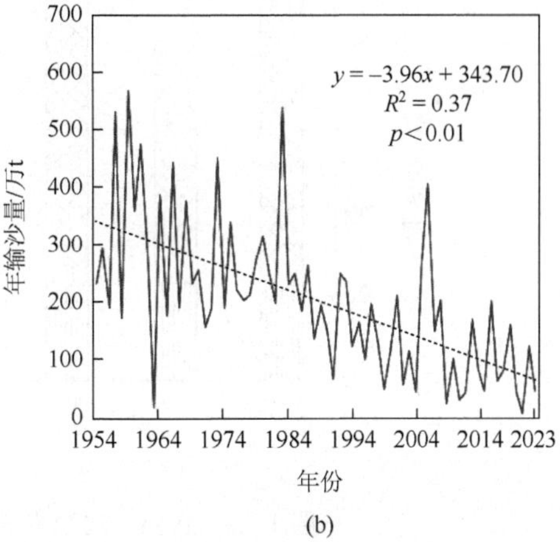

图 1.2.1　1954～2023 年东江流域代表性水文站年径流量和年输沙量变化

新丰江、秋香江、公庄河、西枝江和石马河，这 7 条河流的流域面积之和为 18 089 km^2，占东江流域总面积的 66.9%，径流量之和 187.32 亿 m^3，占东江总径流量的 56.6%（表 1.2.1）。

表 1.2.1　东江流域主要支流水系概括

支流名称	流域面积/km^2	多年平均径流量/亿 m^3
定南水	2 364	20.18
浰江	1 677	16.50
新丰江	5 813	65.60
秋香江	1 669	14.03
公庄河	1 197	11.30
西枝江	4 120	47.77
石马河	1 249	11.94
合计	18 089	187.32

1.2.3　土地利用

2022 年东江流域的土地利用类型以林地为主，面积占比为 69.1%，其次是耕地和建设用地，面积占比分别为 20.2%和 8.0%，水域占比为 2.7%（图 1.2.2）。从 1985 年到 2022 年，东江流域建设用地面积扩张最快，面积占比从 0.4%上升到

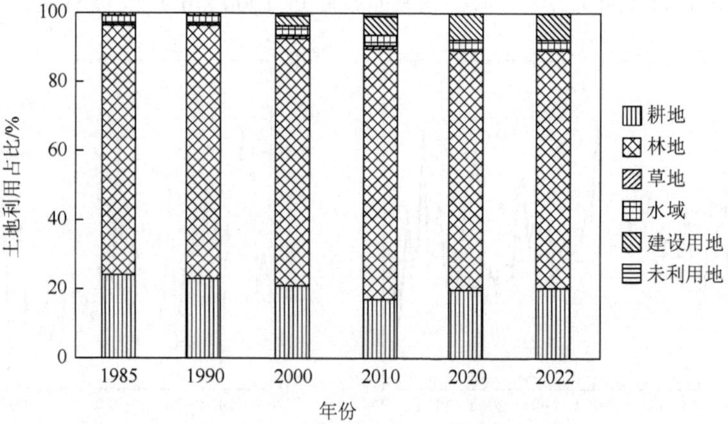

图 1.2.2　1985～2022 年东江流域的土地利用类型分布

8.0%，增长了 7.6 个百分点；与此同时，耕地和林地面积占比显著下降，其中耕地下降了 3.8 个百分点，林地下降了 3.2 个百分点，其他土地利用类型变化不显著。总体来看，东江流域土地利用类型变化最大的是建设用地，主要发生在下游河网三角洲地区。

从土地利用类型转变特征看，1985～2022 年东江流域主要土地利用类型转变的是林地、耕地和建设用地（图 1.2.3）。从转变量看，林地向耕地发生了显著的转变，与此同时耕地向建设用地发生转变。值得注意的是，耕地和林地两种土地利用类型还发生了互相转变现象，即部分耕地通过退耕还林等方式转变为林地。

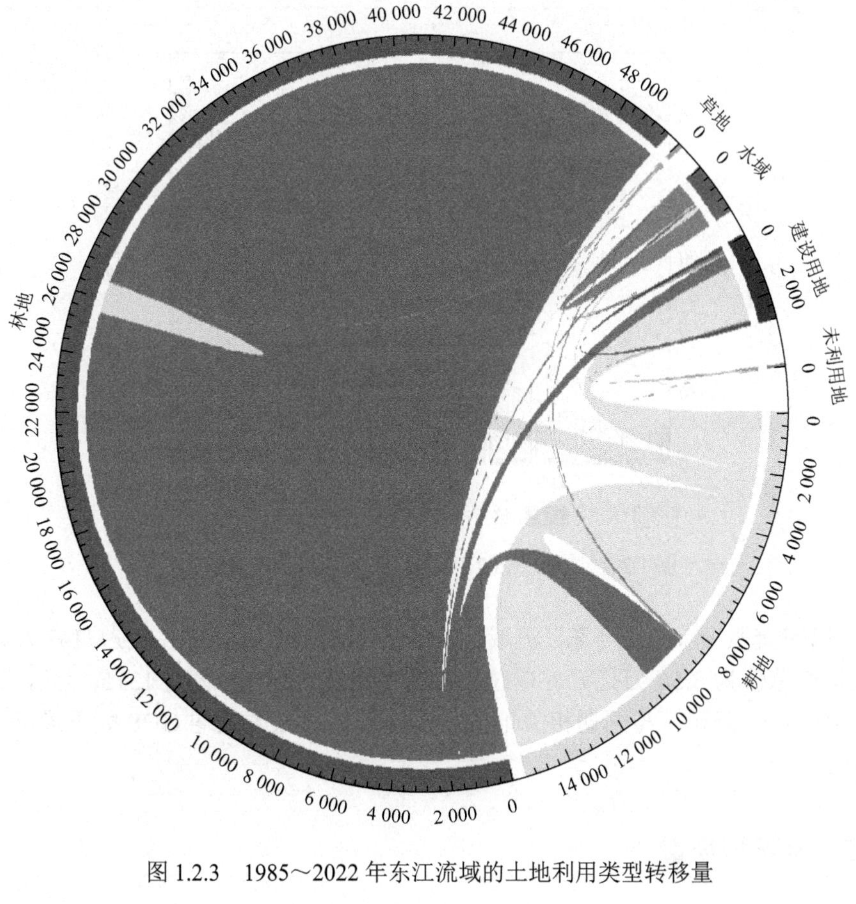

图 1.2.3　1985～2022 年东江流域的土地利用类型转移量

1.2.4　经济社会

2000 年以来东江流域地区生产总值（GDP）快速增长，从 2000 年的 338.38 亿元增长至 2021 年的 4059.30 亿元，增长了 1100%，年均增长率为 12.56%（图 1.2.4）。

第一产业增加值呈快速增长趋势，由 2000 年的 44.06 亿元增长至 2021 年的 183.78 亿元，增长了 317.11%，年均增长率为 7.04%。2000～2018 年东江流域在经济快速增长的同时，产业结构发生了重要转型。第一产业增加值虽然有显著增长，但增幅明显低于 GDP 的增长，导致第一产业增加值占比由 2000 年的 13.02%下降至 2018 年的 3.80%，说明地区经济正在逐步摆脱对农业和其他第一产业的依赖，向工业和服务业等第二、第三产业转型。然而，2018～2021 年第一产业增加值占比呈上升趋势。随着农业生产规模的扩大，化肥、农药的施用量增加，可能导致水体富营养化和土壤污染等现象，对生态环境造成不利影响。因此，在推动经济和产业升级的同时，有必要关注农业发展带来的环境污染问题。

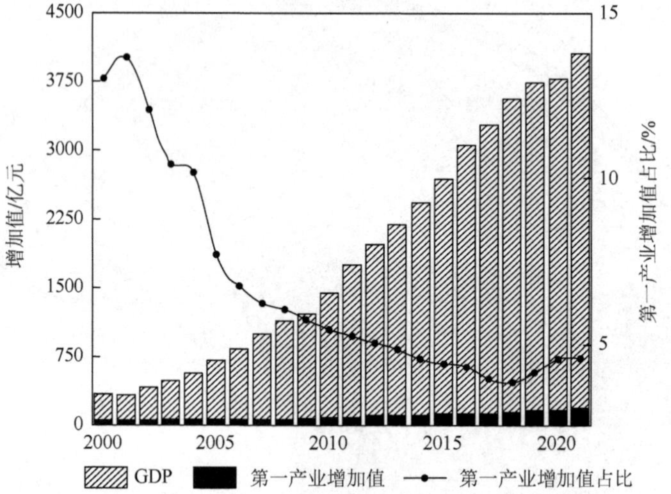

图 1.2.4　2000～2021 年东江流域的经济产值变化

根据统计数据[①]，2020 年东江流域总人口为 3088.06 万人，人口密度为 1142 人/km^2，地区生产总值为 3.56 万亿元，单位土地面积的 GDP 产出达到 1315 万元，人均 GDP 为 11.53 万元，与同期相关地区相比，东江流域的人均 GDP 处于最高水平（图 1.2.5）。

1.2.5　水环境质量

根据《2023 年广东省生态环境状况公报》，广东省境内东江流域 30 个省考断面总体水质为优，水质类别Ⅰ～Ⅲ类的断面占 93.3%，Ⅳ类占 6.7%，无Ⅴ类和劣

① 徐新良. 中国人口空间分布公里网格数据集. 资源环境科学数据注册与出版系统，2017[2024-11-15]. http://www.resdc.cn/DOI. DOI：10.12078/2017121101.

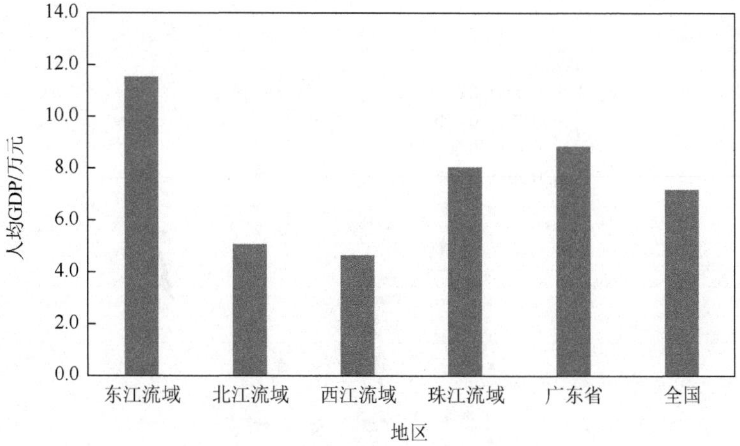

图 1.2.5 2020 年东江流域人均 GDP 与同期相关地区的比较

Ⅴ类断面；从上游江西省入境的寻乌水水质类别为Ⅱ类。图 1.2.6 为东江流域主要水质监测站的总氮和总磷浓度时空分布，从总氮来看，东江主要水系的总氮浓度均偏高，平均浓度达到 3.54 mg/L，变化范围达到 0.43～9.31 mg/L，除新丰江水库低于 0.50 mg/L，其他所有站点均高于 1.00 mg/L，且上下游均存在总氮的高值区；总磷浓度相对较低，平均值为 0.080 mg/L，变化范围为 0.005～0.246 mg/L，仅下游的 2 个站点突破Ⅲ类水质限值，达到Ⅳ类，其他均为Ⅲ类或优于Ⅲ类。

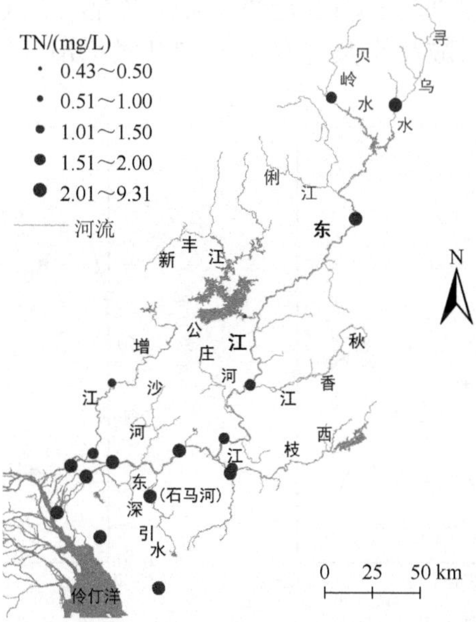

(a)

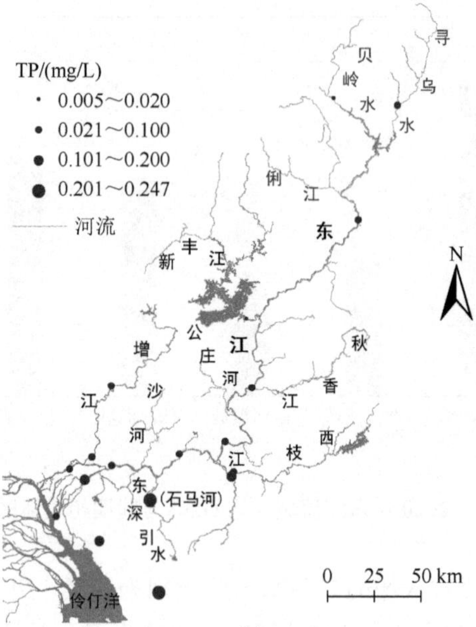

(b)

图 1.2.6　2022 年 1 月至 2023 年 5 月东江流域主要水质监测站（a）总氮和（b）总磷的平均浓度

（扫封底二维码获取彩图）

从下游的博罗站主要水质指标多年变化看（图 1.2.7），东江有机污染物指标及氮磷营养盐指标的长期变化趋势表明，2013～2023 年东江水环境质量呈波动变化特征，并没有显著的年际变化趋势。总体来看，总氮是东江最主要的污染物指标；总磷和高锰酸盐指数能稳定达到Ⅱ类标准，高锰酸盐指数在部分

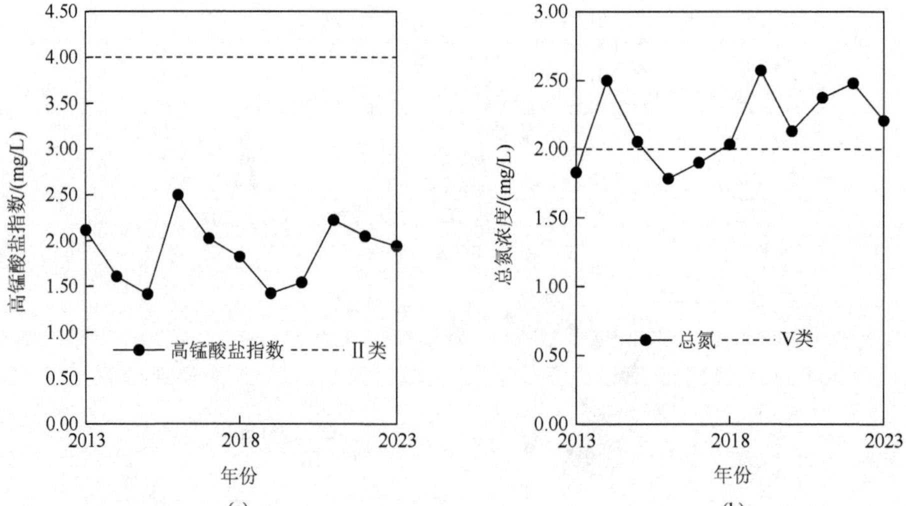

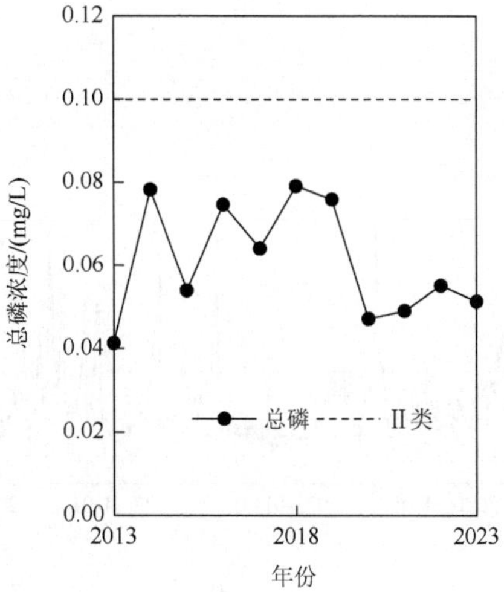

(c)

图 1.2.7 2013～2023 年东江博罗站主要水质指标年均浓度变化

年份可达到Ⅰ类标准。总体来看，东江近年来的水质较为稳定，总氮负荷高的问题值得关注。

从总氮和总磷的逐日变化看，博罗站的水质具有显著的年内波动特征，年内呈现多峰交替变化，其高值区主要集中在夏季和秋季，与汛期高度一致(图 1.2.8)。

从总氮和总磷的季节变化看，四季的氮磷浓度存在显著差异。总氮的春、夏、秋、冬平均值分别为 2.54 mg/L、2.66 mg/L、2.24 mg/L、1.97 mg/L，表现为冬季最低，春季和夏季最高，其中春季和夏季之间没有显著差异，其他季节之间均存在显著差异，克鲁斯卡尔-沃利斯（Kruskal-Wallis）检验的显著性水平均低于 0.01

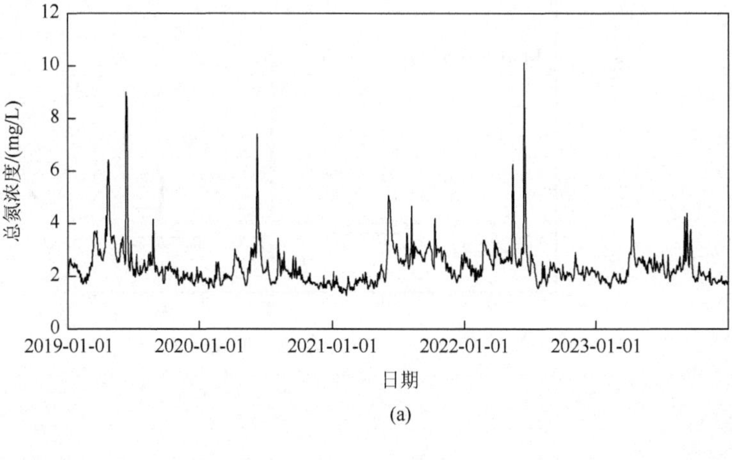

(a)

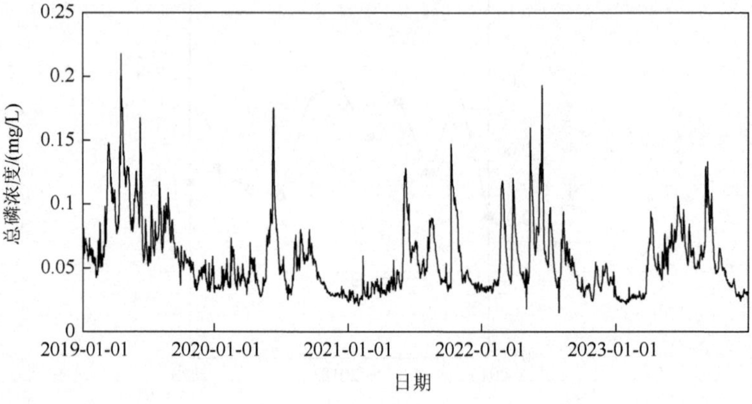

(b)

图 1.2.8　2019～2023 年东江博罗站总氮和总磷浓度逐日变化

（图 1.2.9）。总磷的春、夏、秋、冬平均值分别为 0.063 mg/L、0.071 mg/L、0.050 mg/L、0.039 mg/L，表现为冬季最低，夏季最高，总体与总氮的季节变化一致，总磷浓度在所有季节之间均存在显著差异（$p<0.01$）。不同季节和月份的氮磷浓度如图 1.2.9 和图 1.2.10 所示。

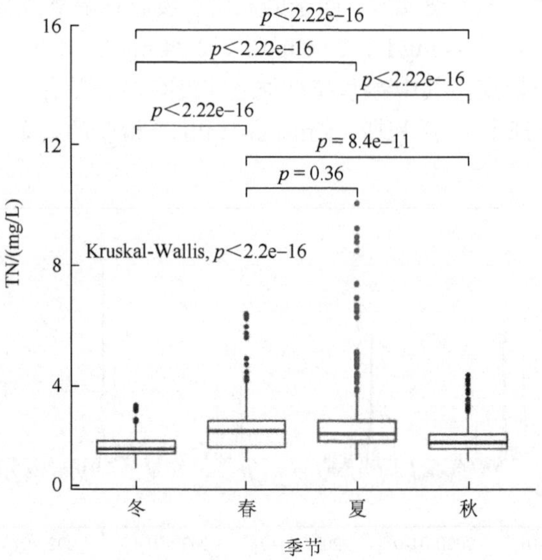

(a)

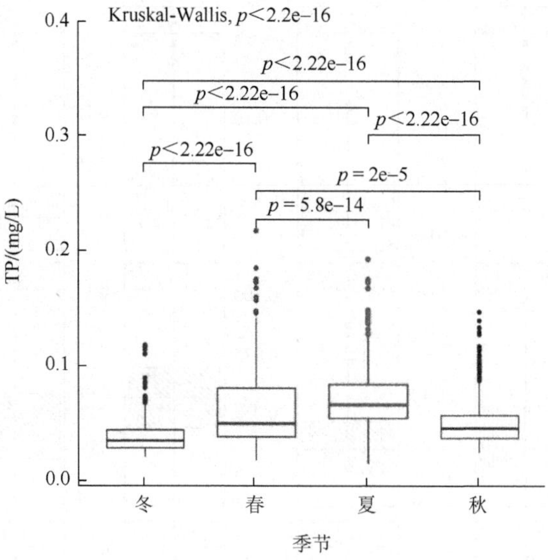

(b)

图 1.2.9 2019～2023 年东江博罗站总氮和总磷浓度季节变化

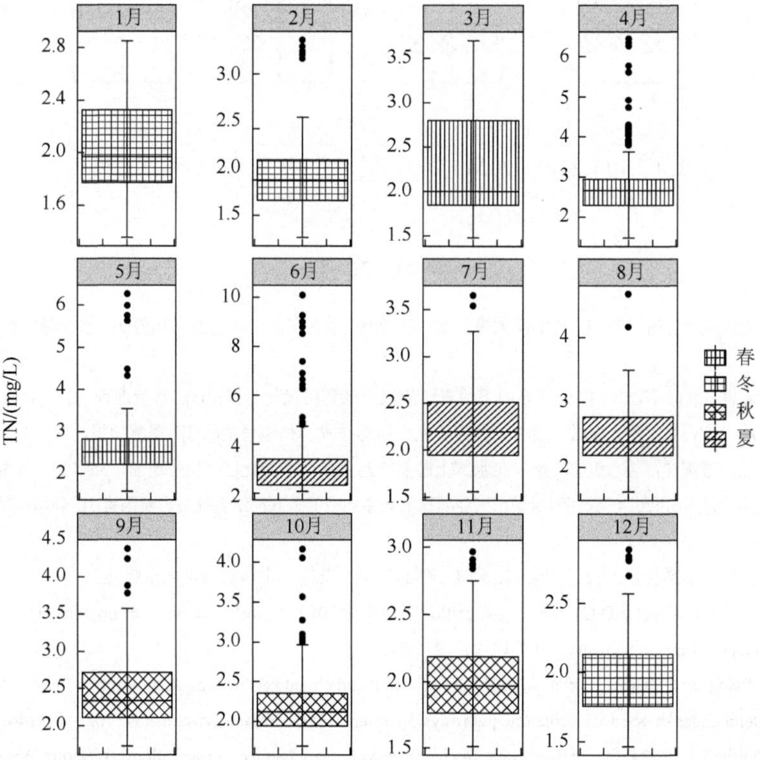

(a)

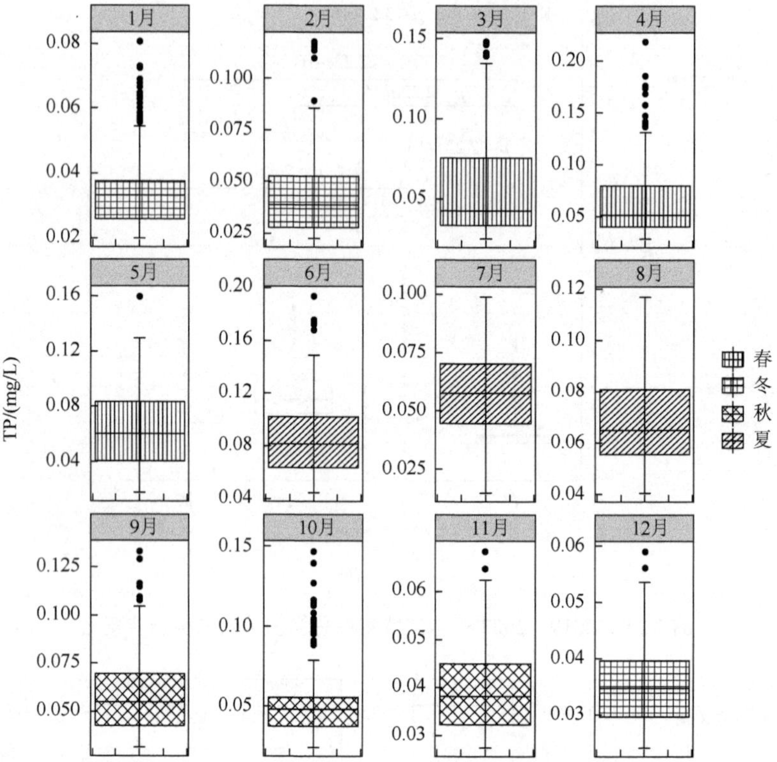

(b)

图 1.2.10　2019～2023 年东江博罗站总氮和总磷浓度逐月变化

参 考 文 献

董斯齐，黄翀，李贺，等，2021. 粤港澳大湾区 2015～2019 年入海河口水质变化趋势[J]. 水资源保护，37（5）：48-55.

何艳虎，吴璐言，林泽宇，2024. 低碳导向下的东江流域土地利用优化与模拟[J]. 热带地理，44（11）：2104-2114.

黄昌春，姚凌，李俊生，等，2022. 湖泊碳循环研究中遥感技术的机遇与挑战[J]. 遥感学报，26（1）：49-67.

温美丽，杨龙，方国祥，等，2015. 新丰江水库上游氮磷污染的时空变化[J]. 热带地理，35（1）：103-110.

尹剑，龙垚垚，姜洪涛，2024. 珠江流域城市工业碳排放效率的空间关联网络特征与影响因素[J]. 环境科学，45（12）：6806-6817.

中国河湖大典编纂委员会，2013. 中国河湖大典. 珠江卷[M]. 北京：中国水力水电出版社.

Alvarez-Cobelas M，Angeler D G，Sanchez-Carrillo S，et al.，2012. A worldwide view of organic carbon export from catchments[J]. Biogeochemistry，107（1-3）：275-293.

Chen X L，Zhang H，Chen W J，et al.，2020. Urbanization and climate change impacts on future flood risk in the Pearl River Delta under shared socioeconomic pathways[J]. Science of the Total Environment，762：143144.

Dean J F，Battin T J，2024. Future directions for river carbon biogeochemistry observations[J]. Nature Water，2（3）：

219-222.

Fellman J B，Hood E，D'Amore D V，et al.，2021. Streamflow variability controls N and P export and speciation from Alaskan coastal temperate rainforest watersheds[J]. Biogeochemistry，152（2-3）：253-270.

Hou X J，Feng L，Dai Y H，et al.，2022. Global mapping reveals increase in lacustrine algal blooms over the past decade[J]. Nature Geoscience，15：130-134.

Howarth R W，Chan F，Swaney D P，et al.，2021. Role of external inputs of nutrients to aquatic ecosystems in determining prevalence of nitrogen vs. phosphorus limitation of net primary productivity[J]. Biogeochemistry，154（2SI）：293-306.

Ibanez C，Penuelas J，2019. Changing nutrients，changing rivers[J]. Science，365（6454）：637.

Malago A，Bouraoui F，2021. Global anthropogenic and natural nutrient fluxes：From local to planetary assessments[J]. Environmental Research Letters，16（5）：54074.

Maranger R，Jones S E，Cotner J B，2018. Stoichiometry of carbon，nitrogen，and phosphorus through the freshwater pipe[J]. Limnology and Oceanography Letters，3（3SI）：89-101.

Mellander P，Jordan P，2021. Charting a perfect storm of water quality pressures[J]. Science of the Total Environment，787：147576.

Santoso A B，Hamilton D P，Hendy C H，et al.，2017. Carbon dioxide emissions and sediment organic carbon burials across a gradient of trophic state in eleven New Zealand lakes[J]. Hydrobiologia，795（1）：341-354.

Shousha S，Maranger R，Lapierre J，2021. Different forms of carbon，nitrogen，and phosphorus influence ecosystem stoichiometry in a north temperate river across seasons and land uses[J]. Limnology and Oceanography，66（12）：4285-4298.

Tan Z L，Leung L R，Li H Y，et al.，2021. Increased extreme rains intensify erosional nitrogen and phosphorus fluxes to the northern Gulf of Mexico in recent decades[J]. Environmental Research Letters，16（5）：54080.

Tao W，Niu L X，Dong Y H，et al.，2021. Nutrient pollution and its dynamic source-sink pattern in the Pearl River estuary（South China）[J]. Frontiers in Marine Science，8：713907.

Wang M，Houlton B Z，Wang S，et al.，2021. Human-caused increases in reactive nitrogen burial in sediment of global lakes[J]. The Innovation，2（4）：100158.

Westphal K，Musolff A，Graeber D，et al.，2020. Controls of point and diffuse sources lowered riverine nutrient concentrations asynchronously，thereby warping molar N∶P ratios[J]. Environmental Research Letters，15（10）：104009.

Wu G J，Cao W Z，Wang F F，et al.，2019. Riverine nutrient fluxes and environmental effects on China's estuaries[J]. Science of the Total Environment，661：130-137.

第 2 章　东江流域碳氮磷变化特征与驱动分析

2.1　水环境调查

2.1.1　采样方案

为获得东江流域全面的碳氮磷监测数据，设计了全流域尺度的数据调查方案，调查对象为东江干支流关键断面，覆盖上中下游全流域范围，代表源头—干流—河口的全程演变特征，采样时间为 2024 年 6 月和 12 月，分别代表了汛期和非汛期水环境质量。

综合考虑东江现有水质监测站的分布位置，同时以主要支流的汇入口为控制点位，兼顾采样点位的可达性，共设置 23 个采样点位。采样点位的名称和位置信息如表 2.1.1 所示。

表 2.1.1　东江流域水质采样点位分布

序号	编号	点位名称	经度	纬度	补充说明
1	B2	柏埔河口	114°42′	23°39.6′	
2	B4	博罗	114°16.2′	23°9.6′	
3	D12	大盛	113°32.4′	23°4.2′	东江北干流
4	D23	大墩	113°40.8′	23°7.8′	
5	F13	沙田泗盛	113°35.4′	22°54.6′	东莞水道
6	F19	枫树坝水库	115°21.6′	24°24.6′	
7	G15	公庄河口	114°29.4′	23°19.8′	
8	G15	观音阁	114°36′	23°24′	
9	H17	黄村河口	115°5.4′	23°57′	
10	H7	秋香江口	114°38.4′	23°24.6′	
11	K1	康禾河口	115°4.2′	23°56.4′	
12	L13	新丰江口	114°40.8′	23°44.4′	
13	L15	岭下	114°34.2′	23°15′	
14	L17	浰江口	115°8.4′	24°17.4′	

续表

序号	编号	点位名称	经度	纬度	补充说明
15	L24	龙川	115°15′	24°7.2′	
16	S10	石龙	113°53.4′	23°6.6′	
17	S22	沙河口	113°53.4′	23°7.2′	
18	S7	石马河口	114°3.6′	22°57′	
19	X16	河源	114°42′	23°43.8′	
20	X7	西枝江口	114°27′	23°4.2′	
21	Y7	义容河口	114°42′	23°31.2′	古竹水
22	Z11	增江口	113°47.4′	23°10.2′	
23	Z9	樟村	113°46.2′	23°4.2′	

2.1.2　样品指标

本次样品共测定 21 项指标，包括 5 项现场测定指标和 16 项实验室分析指标。

现场测定指标：水温、溶解氧（DO）、pH、氧化还原电位（ORP）和电导率。

实验室分析指标：溶解态有机碳、总氮、溶解态总氮、总磷、溶解态总磷、余氯、硝酸盐、硫化物、氨氮（纳氏试剂法）、活性磷（正磷酸盐）、铜、六价铬、氟化物、氯化物、亚硝酸盐、高锰酸盐指数。

三维荧光光谱指标：发射波长（EX）、激发波长（EM）和荧光强度（*F*）。

现场测定指标利用 YSI ProQuatro 便携式多参数水质仪，按仪器使用规范，将探头经缆线直接放入河流中进行原位测量；实验室分析指标采用哈希水质分析仪（型号 DR1900 便携式分光光度计），按使用规范测定，其中溶解态有机碳采用 TOC 测定仪测定；三维荧光光谱指标采用荧光分光光度计（HITACHI，F-4700）测定。另外，溶解态有机碳、溶解态总氮和溶解态总磷的测定是先将水样经 0.45 μm 微孔滤膜过滤处理后再测定。

2.1.3　数据统计

2024 年 6 月东江流域各采样点位的水质监测结果如表 2.1.2 所示。6 月属于东江流域的主汛期，流域降水量大，河流水位上升，其溶解态有机碳的浓度为 3.88 mg/L，在我国主要入海河流中属于中等水平（Liu et al.，2020）；从氮的浓度与形态看，东江汛期的总氮负荷较高，平均达到 1.90 mg/L，溶解态总氮的平均浓度为 0.87 mg/L，因此总氮以颗粒态为主，约占总氮的 54%，硝态氮是总氮的主要赋存形态，占 62%，氨氮占 11%。磷以溶解态为主，占 84%，其中正磷酸盐占总磷的 48%。相对于氮磷，高锰酸盐指数平均为 2.60 mg/L，处于低负荷水平。总体来看，汛期东江的水质以高氮磷负荷为主，而耗氧性有机物含量相对较少，氮磷是东江流域特征性水质指标。

表 2.1.2　2024 年 6 月东江流域采样点位的部分水质监测结果

指标	单位	均值	标准差
水温	℃	27.33	2.09
溶解氧	mg/L	6.57	0.83
pH	量纲一	7.38	0.20
氧化还原电位	mV	76.39	12.73
电导率	μS/m	0.12	0.10
溶解态有机碳	mg/L	3.88	2.22
高锰酸盐指数	mg/L	2.60	0.88
总氮	mg/L	1.90	1.95
溶解态总氮	mg/L	0.87	0.76
氨氮	mg/L	0.21	0.23
硝酸盐	mg/L	1.18	1.05
亚硝酸盐	mg/L	0.04	0.07
余氯	mg/L	0.03	0.02
硫化物	mg/L	0.022	0.018
铜	mg/L	0.03	0.05
六价铬	mg/L	0.01	0.01
氟化物	mg/L	0.30	0.16
氯化物	mg/L	6.92	9.85

非汛期（2024 年 12 月）的水质监测结果如表 2.1.3 所示。该时期溶解态有机碳的浓度为 1.71 mg/L，显著低于汛期的平均水平（3.88 mg/L），表明东江的溶解态有机碳浓度具有较大的年内波动特征；非汛期总氮的平均浓度为 2.35 mg/L，高于汛期的 1.90 mg/L，可能的原因是非汛期流量下降导致河流对污染物的稀释能力不足；非汛期总磷的平均浓度与汛期接近，但正磷酸盐的浓度显著低于汛期，表明总磷的来源可能发生变化。总体来看，相对于汛期，东江非汛期水质表现为“高氮低碳”的环境特征，表明汛期和非汛期的水质影响因素和污染源可能存在差异。在非汛期的低流量期间，如何有效控制高氮负荷是东江水质改善的主要任务。

表 2.1.3　2024 年 12 月东江流域采样点位的部分水质监测结果

指标	单位	均值	标准差
水温	℃	16.72	1.65
溶解氧	mg/L	9.31	1.82
pH	量纲一	7.63	0.26
氧化还原电位	mV	114.71	381.65
溶解态有机碳	mg/L	1.71	0.82
电导率	μS/m	0.64	2.06
高锰酸盐指数	mg/L	2.68	1.80
总氮	mg/L	2.35	1.97
溶解态总氮	mg/L	—	—
氨氮	mg/L	0.20	0.18
硝酸盐	mg/L	1.28	0.67
亚硝酸盐	mg/L	0.04	0.05
余氯	mg/L	0.02	0.02
硫化物	mg/L	0.006	0.005
铜	mg/L	0.02	0.02
六价铬	mg/L	0.01	0.01
氟化物	mg/L	0.20	0.19
氯化物	mg/L	6.80	5.77

2.2　东江水文要素遥感反演

河道流量计算是水资源规划、水环境模拟和流域综合管理的重要基础。当前河道流量的主要测量方法是采用人工现场测量或借助自动化水文监测设备测量，这类方法存在测量费用高和测量点位较少等问题。随着遥感技术的不断发展，采用遥感方法解译河道流量成为一种重要的流量获取方法（Moramarco et al.，2018；姜磊鹏等，2023；李和谋等，2023；Masafu and Williams，2024），该方法具有监测费用低、覆盖范围广、适应性强等优点，近年来发展迅速。研究表明，遥感反演方法在水文资料缺乏地区也有广泛的应用前景（马津等，2019）。目前，解译河道流量的遥感方法主要是基于遥感监测获取的水位和河宽两种河流水力参数，继而建立它们与实测流量之间的响应关系，从而实现采用遥感监测数据计算河道流量的目的（Durand et al.，2016；Bjerklie et al.，2018；徐嘉慧等，2022；Adarsh et al.，2024）。然而，由于遥感影像空间分辨率的限制，当前的遥感水文的主要应用领域是宽度较大的大型河流，难以解译河流宽度较窄地区的河道流量，极大限制了遥感在中小型河流地区的应用（Hirpa et al.，2013；Du et al.，2023；Kechnit et al.，2024）。本节提出了一种基于局部水面面积的河道流量遥感解译方法。通过计算某一断面附近局部水域面积，建立水域面积与河道流量的响应关系，从而实现河道流量的遥感解译。东江流域的水系复杂，大规模的实地流量监测存在极大的人力和费用成本，采用遥感的方式是解决东江水文要素信息获取的一种具有潜力的方法。本节以东江干流的径流反演为目标，开展基于遥感的河道流量反演研究，旨在建立一种适用于东江的流量遥感反演方法。

2.2.1 遥感影像处理

岭下站位于东江下游，其保持了较为原始的地貌特征，是进行遥感水文的理想断面。根据岭下站的地理坐标筛选 Harmonized Sentinel-2 MSI：MultiSpectral Instrument，Level-2A 影像数据集，该数据集经过了大气校正。Sentinel-2 包含 A 和 B 两颗卫星，其搭载的多光谱影像仪（MSI）可拍摄包含 13 个波段的多光谱影像，光谱范围涵盖可见光、近红外与短波红外线，影像宽幅达到 290 km，其对同一地区的重访周期约为 5 日，部分波段空间分辨率可达 10 m。其多光谱、高空间分辨率和短重访周期的特性使其能够很好地应用于河流水面面积监测，选取 2018～2022 年云雾覆盖量低于 60%的可用影像。

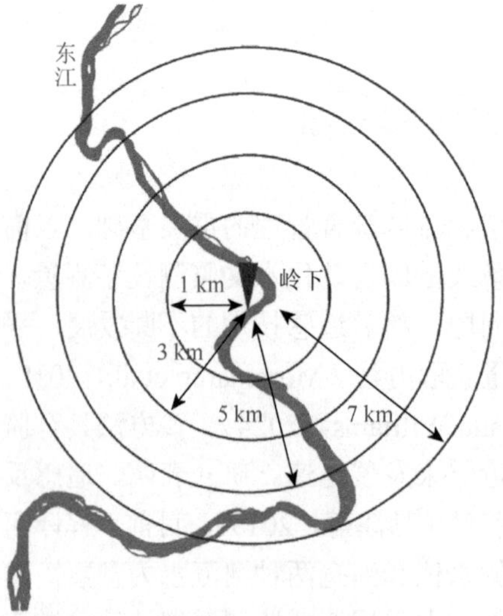

图 2.2.1 以岭下站为中心的缓冲区示意图

以岭下站为中心，通过 Google Earth Engine 平台的 ee.Geometry. Point.buffer（）函数来获取缓冲区。以 2 km 为间距，获取半径为 1 km、3 km、5 km、7 km 的共计四个缓冲区（图 2.2.1），这些缓冲区即为研究区域，并将其转换为矢量文件。

为了去除研究区域内云雾的干扰，使用 Sentinel-2 影像中“QA60”掩码波段来剔除云雾像素，“QA60”波段中值为 10 和 11 的像素均会被视为被云和卷云覆盖，对 Sentinel-2 影像的绿色波段（B3）和近红外波段（B8）进行去云处理。考虑到水体在绿色波段的强反射性和近红外波段的强吸收特性，使用去云后影像的 B3 和 B8 波段计算归一化水体指数（normalized difference water index，NDWI），NDWI 的范围为[−1, 1]，NDWI 大于 0 则可视为当前像素被水体覆盖。计算所有可用影像的 NDWI，将 NDWI 值小于 0 的像素赋值为 0，大于等于 0 的像素赋值为 1，最终通过每张影像计算得到一张 NDWI 的二值图。NDWI 的计算公式如下：

$$\mathrm{NDWI}=\frac{\mathrm{B3}-\mathrm{B8}}{\mathrm{B3}+\mathrm{B8}} \tag{2.2.1}$$

式中，NDWI 为归一化水体指数；B3 和 B8 分别为绿色波段和近红外波段。

2.2.2　流量预测指标提取

（1）提取最大河流边界

受水量变化的影响，河流水位会产生对应的变化，在遥感影像中表现为河流宽度的变化。以岭下站为中心且半径为 7 km 的缓冲区为例，对 2018～2021 年的所有可用影像计算而来的 NDWI 进行最大值合成。同时结合实际地形图对当前的最大 NDWI 单波段影像进行裁剪，得到岭下站半径为 7 km 范围内历史最大河流边界矢量数据，其他缓冲区同理，共计得到四个最大河流边界矢量数据。

（2）统计水域面积

计算河流边界内所有可用像素的占比，剔除云雾后范围内剩余像素所占比例小于 90%的影像，来进一步去除云雾的影响。对剩余的高质量影像进行统计，以 7 km 的最大河流边界矢量数据为例，计算边界内所有 NDWI 值为 1 的像素，根据 Sentinel-2 的空间分辨率计算实际的水域面积，并提取出该值与对应日期，最终得到数据，如表 2.2.1 所示。

表 2.2.1　基于 Sentinel-2 遥感卫星提取水域面积数据样本　（单位：m^2）

日期	1 km	3 km	5 km	7 km
2018-12-18	267 000	942 800	1 796 500	3 206 600
2018-12-21	266 100	947 300	1 790 500	3 152 700
2018-12-26	270 600	964 100	1 841 600	3 288 000
2019-01-17	257 100	886 600	1 689 300	2 996 200
2019-01-20	260 300	911 000	1 737 600	3 089 900
2019-01-22	258 800	895 400	1 718 900	3 072 000
2019-01-25	262 100	916 600	1 753 800	3 140 300
2019-02-04	197 300	481 500	985 400	1 785 800
2019-02-06	181 100	737 900	1 543 100	—
2019-02-14	259 100	908 900	1 742 800	3 133 000

续表

日期	1 km	3 km	5 km	7 km
2019-03-01	256 500	899 100	1 705 100	—
2019-03-11	338 200	1 275 300	2 440 800	3 988 500
2019-03-13	275 000	1 019 000	1 932 000	3 387 300
2019-03-26	259 900	1 001 800	1 578 400	2 588 000
2019-04-17	—	—	—	3 911 400
2019-05-12	—	—	—	3 982 200
……				

（3）匹配实测数据

将四个缓冲区的水域面积数据的日期和岭下站实测流量数据的日期进行匹配，同时计算所匹配日期的年积日，得到最终的匹配数据（表 2.2.2），共获得 213 个数据样本。以这 213 个样本为数据基础建立遥感水文的预测模型。

表 2.2.2　基于遥感水域面积数据与实测流量数据的匹配数据

匹配日期	年积日	面积/m^2				实测流量/(m^3/s)
		1 km	3 km	5 km	7 km	
2018-12-18	352	267 000	942 800	1 796 500	3 206 600	337
2018-12-21	355	266 100	947 300	1 790 500	3 152 700	357
2018-12-26	360	270 600	964 100	1 841 600	3 288 000	386
2019-01-17	17	257 100	886 600	1 689 300	2 996 200	287
2019-01-20	20	260 300	911 000	1 737 600	3 089 900	282
2019-01-22	22	258 800	895 400	1 718 900	3 072 000	261
2019-01-25	25	262 100	916 600	1 753 800	3 140 300	301
2019-02-04	35	197 300	481 500	985 400	1 785 800	433
2019-02-14	45	259 100	908 900	1 742 800	3 133 000	313
2019-03-11	70	338 200	1 275 300	2 440 800	3 988 500	1 060
2019-03-13	72	275 000	1 019 000	1 932 000	3 387 300	498
2019-03-26	85	259 900	1 001 800	1 578 400	2 588 000	659
2019-04-17	107	310 400	1 260 200	2 368 100	3 911 400	1 260
2019-05-12	132	337 800	1 272 200	2 429 100	3 982 200	1 060
……						

2.2.3　流量反演模型构建

使用 R 语言中的 randomForest 包来建立反演模型，基于袋外误差来选择模型参数，模型在 tree 参数为 500 时袋外误差达到最小且误差不随 tree 增加而增加，选择 tree = 500 作为随机森林模型的最佳参数。自变量数据为 1 km、3 km、5 km、7 km 的水域面积数据和年积日数据，因变量为岭下站实测流量数据，将匹配数据按照 7∶3 的比例划分为训练集和测试集，训练集用于使模型得到充分训练，测试集用于测试模型的泛化性能。模型训练结果如图 2.2.2（a）所示，$R^2 = 0.93$，RMSE = 84.37 m^3/s，MAE = 36.36 m^3/s，达到了不错的训练效果，如图 2.2.2（b）所示模型在测试集中 $R^2 = 0.79$，RMSE = 78.42 m^3/s，MAE = 53.56 m^3/s，相较于训练集，模型的 R^2 和 RMSE 两类指标的精度有所下降，而 MAE 有所上升，总体来说模型有着非常不错的泛化性能。结果表明基于遥感影像获得的局部水面面积数据建立的反演模型拟合精度高，泛化性能好，为进行高精度的河道流量反演研究提供了技术支持。

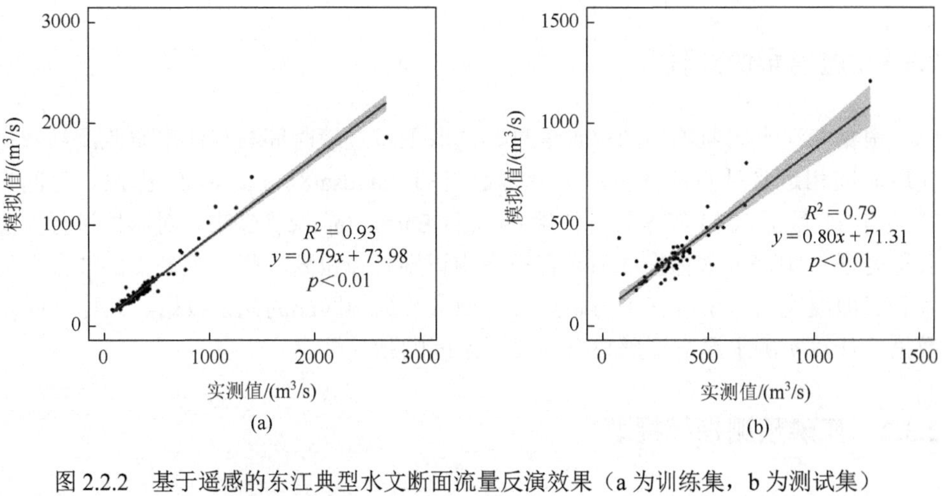

图 2.2.2　基于遥感的东江典型水文断面流量反演效果（a 为训练集，b 为测试集）

2.3　河流氮磷浓度遥感反演

遥感卫星凭借其覆盖范围广、获取速度快等优势，在河流、湖泊、水库和海洋等水面水质监测中发挥了重要作用（Do et al.，2023）。尤其是在跟踪水质动态变化和制定有效管理策略以控制湖泊富营养化方面，遥感技术提供了可靠的支持。与传统的地面测量方法相比，遥感卫星能够连续获取长时间跨度的水体影像集，满足了对水体总氮（TN）和总磷（TP）浓度等参数进行长时间序列动态监测的需求（Batina and Krtalić，2024）。水温是影响水质的关键因素，对 TN 和 TP 的浓度及其变化具有重要影响（Dory et al.，2024）。研究表明，水温通过影响水体中氮磷的释放、转化和循环过程，间接影响其浓度分布和时空动态。此外，水温还对溶解氧、化学需氧量（COD）等指标，以及浮游植物生长和代谢等过程产生显著影响，进一步塑造了水体的理化特征。然而，目前在水质遥感反演研究中，水温信息与影像光谱反射率的结合仍较为有限，对水温这一关键变量的作用机制及其潜力利用尚不充分。深入挖掘水温与反射率的协同关系，不仅有助于提高总氮、总磷等关键水质参数的反演精度，还可为水质动态监测、富营养化评估及地表水环境的精细化管理提供重要技术支持。

本节提出了一种融合反射率与温度的水质反演方法。首先，根据监测站的经纬度以及日期获取匹配的遥感影像；其次，在此基础上对遥感影像进行预处理，提取反射率、温度数据；最后，构建基于反射率与温度的水质模型进行反演计算。本方法通过融合遥感影像的光谱和温度信息，构建了比传统光谱特征方法精度更高的地表水水质反演模型，进一步利用了遥感影像的表面温度信息，为进行多特征水质浓度反演提供了技术支持。

2.3.1 遥感影像处理

根据东江水质监测站的位置信息，选取卫星过境时间与东江水质监测站数据获取时间相近且站点所在区域无云雾遮盖的 Landsat8、Landsat9 影像。时间自 2020 年 11 月至 2023 年 5 月。使用 Google Earth Engine（GEE）对影像进行剔除云雾处理、NDWI 水体提取后，在影像中识别站点位置，提取该站点的波段反射率和表面温度后，最终获得与站点实地测量数据相匹配的光谱数据，共计 264 个数据。计算实测水温与遥感数据的表面温度的相关性。

2.3.2 氮磷预测指标提取

根据以上提取条件，共获得 8 个指标，302 个样本。其中 SR_B1～SR_B7 为反射率指标，ST_B10 为温度指标，具体如表 2.3.1 所示。

表 2.3.1 基于 Landsat 影像提取的氮磷预测指标

样本	SR_B1	SR_B2	SR_B3	SR_B4	SR_B5	SR_B6	SR_B7	ST_B10/℃
1	0.0656	0.0713	0.1013	0.1009	0.1620	0.1268	0.0765	31.3
2	0.0690	0.0771	0.1045	0.1067	0.1573	0.1351	0.0843	36.7

续表

样本	SR_B1	SR_B2	SR_B3	SR_B4	SR_B5	SR_B6	SR_B7	ST_B10
3	0.0692	0.0768	0.1079	0.1065	0.1532	0.1015	0.0622	25.8
4	0.0674	0.0781	0.1067	0.1121	0.1478	0.1023	0.0642	20.2
5	0.0883	0.1046	0.1461	0.1464	0.1431	0.1274	0.0943	25.2
6	0.0655	0.0732	0.0980	0.1030	0.1401	0.1041	0.0644	21.7
7	0.0878	0.1071	0.1600	0.1573	0.1223	0.0889	0.0692	7.6
8	0.0730	0.0821	0.1096	0.1126	0.1180	0.0630	0.0444	25.6
9	0.1213	0.0942	0.1109	0.0732	0.1137	0.0621	0.0391	23.9
10	0.1213	0.0942	0.1109	0.0732	0.1137	0.0621	0.0391	23.9
11	0.0892	0.1040	0.1450	0.1459	0.1134	0.0713	0.0497	28.3
12	0.1102	0.1243	0.1679	0.1747	0.1107	0.0653	0.0506	36.0
13	0.0635	0.0776	0.1165	0.1098	0.1090	0.0490	0.0292	34.4
14	0.0693	0.0841	0.1188	0.1213	0.1079	0.0347	0.0267	23.7
15	0.0920	0.1040	0.1414	0.1445	0.1070	0.0678	0.0543	34.7
16	0.0746	0.0794	0.1061	0.1143	0.1034	0.0232	0.0222	23.0
……								

2.3.3　氮磷反演模型构建

结合反射率与温度数据建立东江总氮和总磷浓度反演模型。考虑到反射率数据与总氮和总磷具有一定的非线性关系，因而选取模拟能力较强的随机森林模型反演氮磷浓度。为了获取敏感性指标，首先开展重要性筛选，利用 R 语言对反射率、温度进行重要性筛选和显著性水平 p 值检验，筛选出 $p<0.05$ 的特征指标。总氮和总磷反演效果的因子重要性排序如图 2.3.1 和图 2.3.2 所示。

以筛选后的特征为自变量，氮磷浓度为因变量进行随机森林模型训练，最后进入模型的自变量有红波段、绿波段、深蓝波段以及表面温度。联合这些特征的氮磷浓度反演模型拟合优度指标，如表 2.3.2 所示。总氮和总磷的实测值和反演值的对比分别如图 2.3.3 和图 2.3.4 所示。

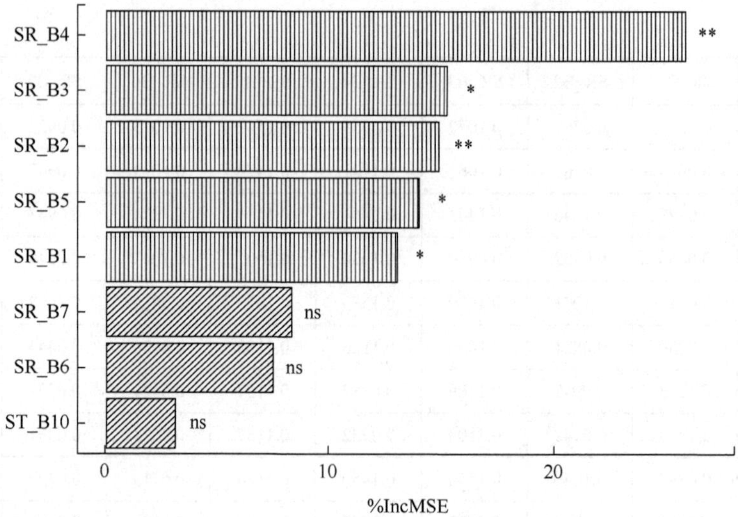

图 2.3.1　影响总氮反演效果的因子重要性排序（ns 表示不显著，*表示显著性水平小于 0.05，**表示显著性水平小于0.01）

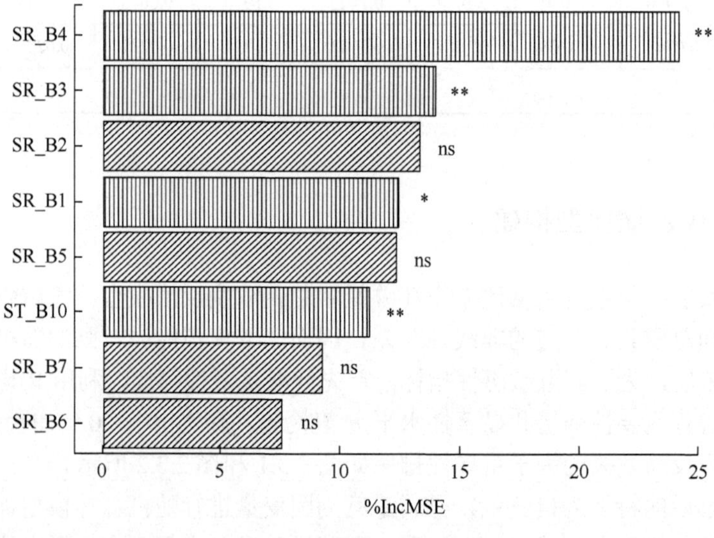

图 2.3.2　影响总磷反演效果的因子重要性排序（ns 表示不显著，*表示显著性水平小于 0.05，**表示显著性水平小于0.01）

表 2.3.2　东江流域总氮和总磷反演的拟合优度

指标	MSE	MAE	RMSE	R^2
TN	0.3356	0.4760	0.5793	0.5176
TP	0.0003	0.0128	0.0159	0.6116

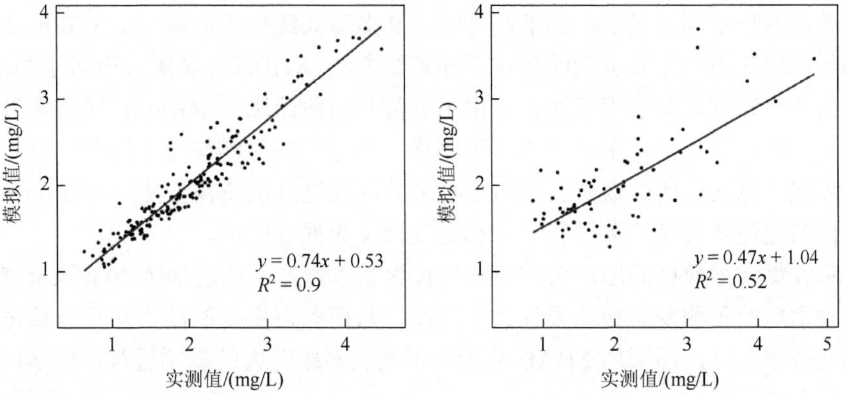

(a)　(b)

图 2.3.3　基于遥感的东江总氮反演效果（a 为训练集；b 为测试集）

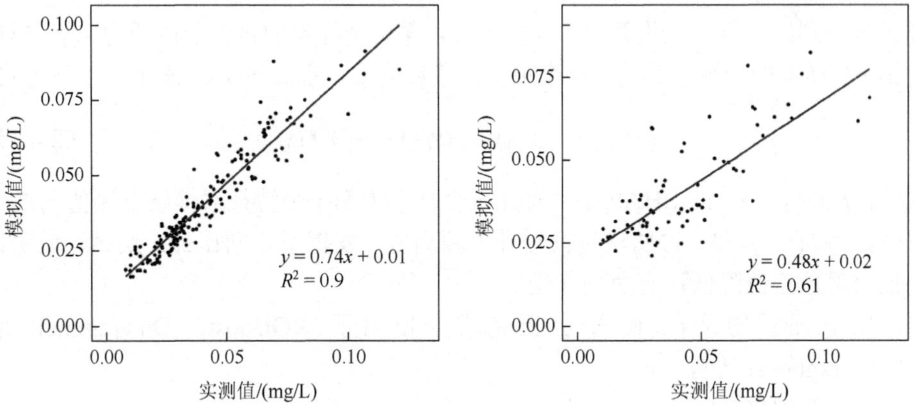

(a)　(b)

图 2.3.4　基于遥感的东江总磷反演效果（a 为训练集；b 为测试集）

2.4　河流碳氮磷的演变与驱动

2.4.1　分析方法

（1）方法概述

使用 XGBoost（extreme gradient boosting）模型对不同驱动指标与碳氮磷浓度变化关系进行分析，从而识别影响水质变化的关键驱动力。在影响水质变化的驱动力研究中，现有研究多使用多元线性回归、相关性分析或主成分分析法，但难以有效地解释不同变量之间的非线性响应和多重共线性等问题。以 XGBoost 为代表的集成算法成为建立变量响应关系的重要方法。XGBoost 是陈天奇等于 2016 年开发的一个开源机器学习算法，可用于分类和回归计算。XGBoost 属于提升算法的一种，基本原理是将多个弱学习器集成一个强大的预测模型来提升精度，核心是逐步减少每次迭代的误差。相对于传统的梯度提升决策树方法，XGBoost 模型具有自动处理缺失值、可平行计算和处理稀疏数据等优点。

将收集水质数据的驱动力与监测值作为基本样本，通过训练 XGBoost 模型，将影响水质的预测变量按重要性排序列出，从而获取主要驱动力指标。除传统的重要性排序之外，还采用 SHAP 分析法识别主要驱动力的影响过程。SHAP 的名称来源于 Shapley Additive exPlanation，是由 Shapley value 启发的可加性解释模型。与传统重要性排序相比，SHAP 值最大的优势是其能反映出特征在每一个样本中的影响力及其正负性，强化了指标的解释能力。

对于每个预测样本，模型都产生一个预测值，SHAP 值就是该样本中每个特征所分配到的数值。假设第 i 个样本为 x_i，第 i 个样本的第 j 个特征为 $x_{i,j}$，模型对第 i 个样本的预测值为 y_i，整个模型的基线为 y_b，那么 SHAP 值服从以下等式：

$$y_i = y_e + f(x_{i,1}) + f(x_{i,2}) + \cdots + f(x_{i,j}) \qquad (2.4.1)$$

式中，$f(x_{i,1})$为 $x_{i,j}$ 的 SHAP 值，即第 i 个样本中第 j 个特征对最终预测值 y_i 的贡献值，当 $f(x_{i,1})>0$，说明该特征提升了预测值，发挥了正向作用；反之，说明该特征使得预测值降低，有负向作用。

以上分析均是在 R 平台上完成，使用了 XGBoost、DiagrammeR 和 SHAPforxgboost 等包。

（2）数据来源

博罗站是东江下游的水质监测站，代表了全流域的综合情况，因此选取博罗城下（新角）站为代表分析东江流域碳氮磷变化的驱动效应。时间序列为 2013～2023 年，其中 2013～2018 年为人工逐月监测数据，2019～2023 年为自动站的逐日监测数据，监测指标为高锰酸盐指数、总氮和总磷，分别代表河流碳、氮和磷的负荷水平，统计后获得 396 个逐月数据，共 132 个样本。驱动力数据主要为 NDVI、降水量和气温，通过 GEE 平台提取。

2.4.2 驱动力分析

（1）主要驱动力指标

河流污染物浓度变化是多种因素共同作用的结果，浓度变化的根本原因可以认为是污染负荷和水文变化两类基本因素，而这两类基本因素又受到气象、水文、污染负荷、土地利用等因素的共同作用（高伟等，2013；陈金月等，2022）。根据数据可得性，选择 NDVI 反映流域地表因素变化，选择降水量和气温作为气象因素，分析流域地表和气象因素对东江碳氮磷浓度变化的影响。

（2）驱动力变化

共选择了 4 项驱动力指标，以逐日或逐月数据为计算，计算出驱动力指标的月均变化情况，各指标的统计值如表 2.4.1 所示。

表 2.4.1　2014～2023 年东江流域主要水质及其驱动力指标的月均值统计

序号	符号	含义	单位	均值	标准差
1	COD_{Mn}	高锰酸盐指数	mg/L	1.88	0.66
2	TN	总氮	mg/L	2.17	0.51
3	TP	总磷	mg/L	0.06	0.02
4	TEM	气温	℃	20.72	5.68
5	PREC	降水量	mm/d	5.41	4.26
6	NDVI	归一化植被指数	量纲一	0.28	0.02
7	PT	降水气温交互作用	℃·mm	125.24	113.20

下图为 2014～2023 年研究区月均气温（图 2.4.1）、降水量（图 2.4.2）、NDVI（图 2.4.3）与降水气温交互作用（图 2.4.4）的变化情况。

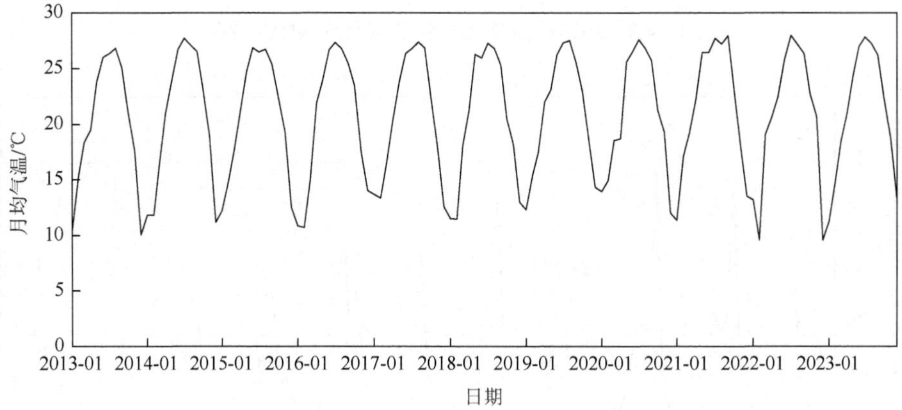

图 2.4.1　2014～2023 年东江流域月均气温变化

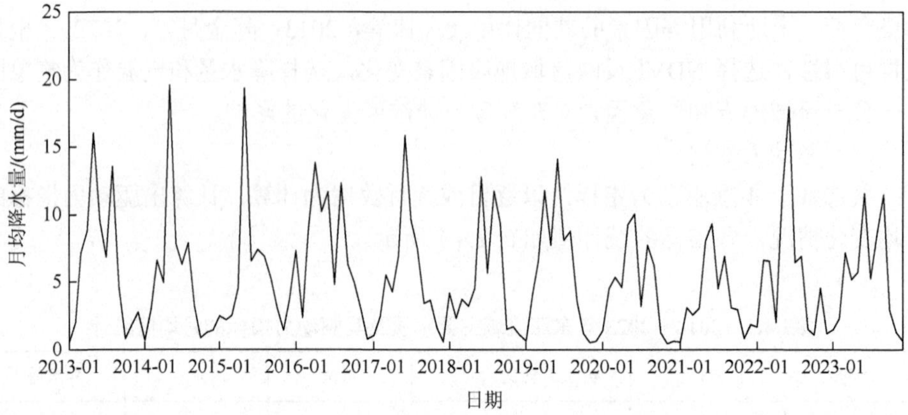

图 2.4.2　2014～2023 年东江流域月均降水量变化

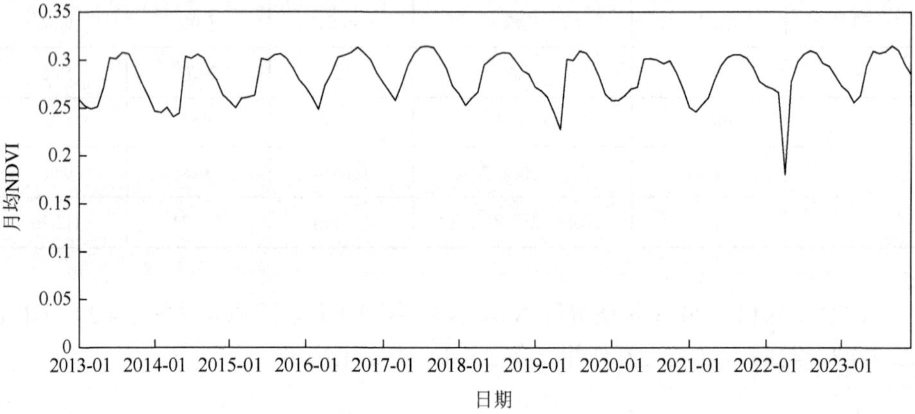

图 2.4.3　2014～2023 年东江流域月均 NDVI 变化

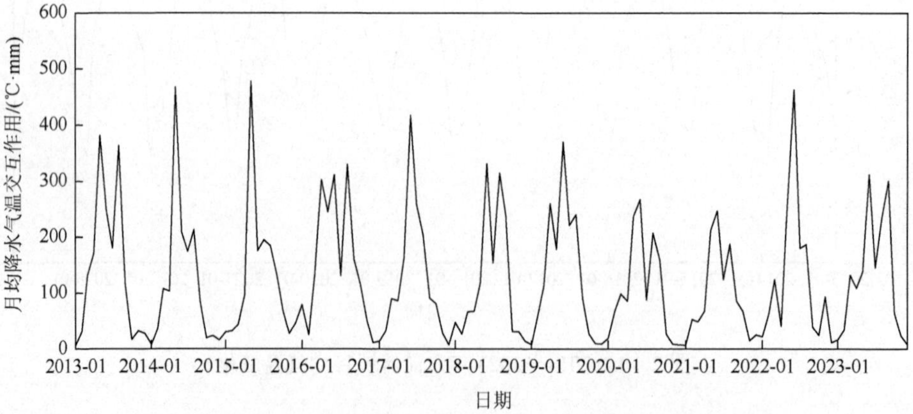

图 2.4.4　2014～2023 年东江流域月均降水气温交互作用变化

2.4.3　驱动效应分析

（1）高锰酸盐指数

以高锰酸盐指数为响应变量，基于 XGBoost 模型，得到影响东江博罗站高锰酸盐指数月均浓度的主要指标。基于信息增益的重要性排序结果表明，降水量是最重要的驱动因子，信息增益值为 0.42，其次是 NDVI，为 0.28，TEM 和 PT 分别为 0.19 和 0.11（图 2.4.5）。SHAP 值排序和重要性排序的结果具有一致性（图 2.4.6），两种排序均以降水量为最主要驱动因子，表明降水变化对东江下游逐月高锰酸盐指数具有显著影响。根据 SHAP 值变化可知，降水量的低值对模型结果是负向作用，高值导致高锰酸盐指数上升，表明东江 COD_{Mn} 可能受到非点源的影响，而极高降水量又对其产生负向作用，可能的原因是降水产生的高流量对污染物形成了稀释效应。

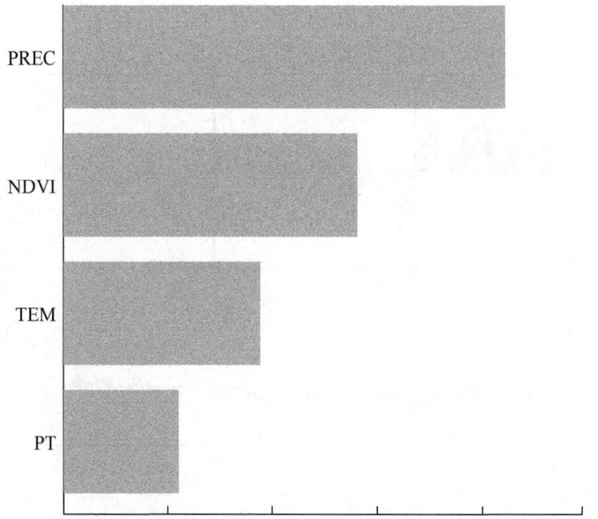

图 2.4.5　东江 COD_{Mn} 驱动因子重要性排序

从主要驱动因子在所有实测数据中对高锰酸盐指数的贡献变化看，不同驱动因子对高锰酸盐指数的贡献随时间变化较大，其中影响最大的是降水量变化，在分析时段的前期，降水量对高锰酸盐指数的贡献主要是正向作用，但中后期以后，降水量变化的作用转变为负向作用（图 2.4.7）。

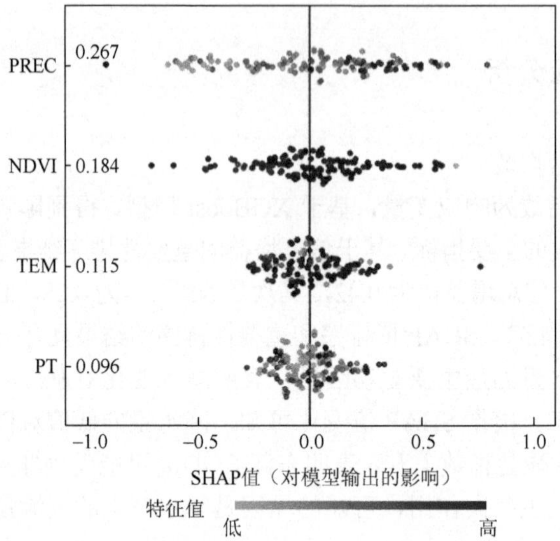

图 2.4.6　东江 COD_{Mn} 驱动因子 SHAP 值排序

（扫封底二维码获取彩图）

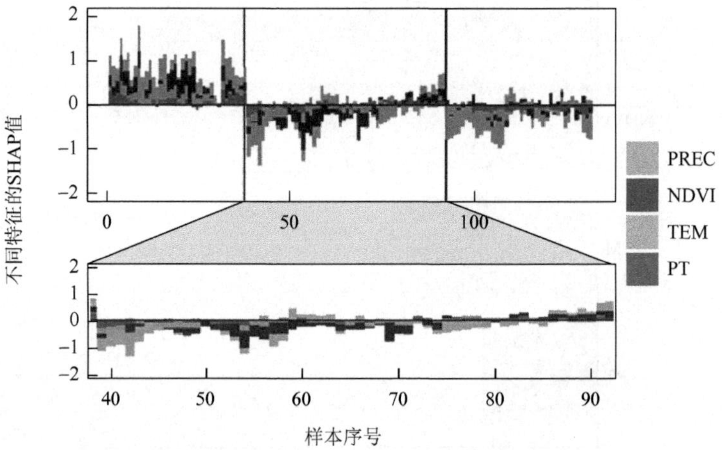

图 2.4.7　不同驱动因子对 COD_{Mn} 的贡献

（扫封底二维码获取彩图）

从各个指标的独立效应来看（图 2.4.8），随着降水量的升高，其对高锰酸盐指数的影响是先上升再下降，即存在一个降水量阈值，当降水量低于该阈值时，降水量增加会提高高锰酸盐指数，但高于阈值之后，降水量将抑制高锰酸盐指数升高，这可能与流域非点源作用过程相关；对于其他指标，它们对高锰酸盐指数的影响存在高度随机性，并未表现出显著的规律。

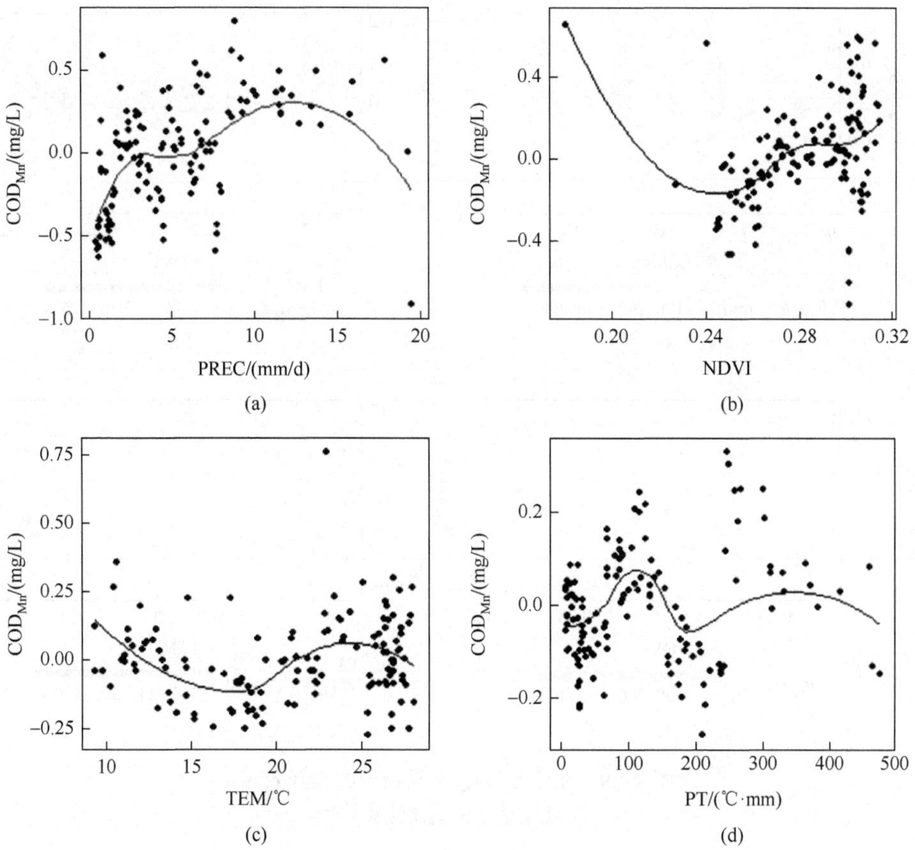

图 2.4.8　东江 COD_{Mn} 驱动因子的独立效应

对主要指标的交互效应研究结果表明，PREC、TEM、NDVI 和 PT 这四个指标之间的交互效应不显著（图 2.4.9）。

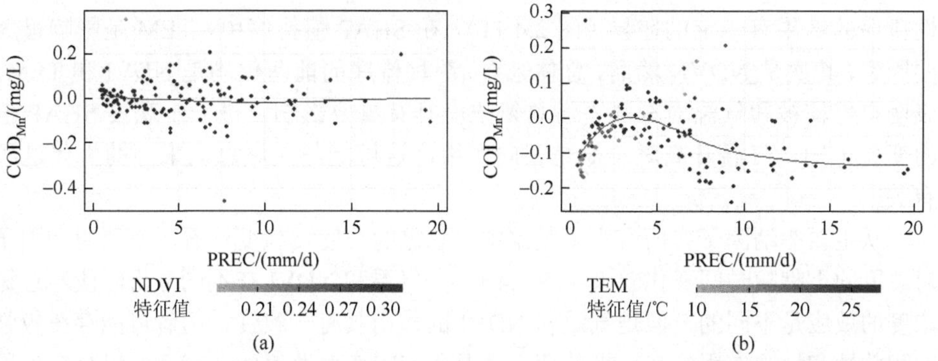

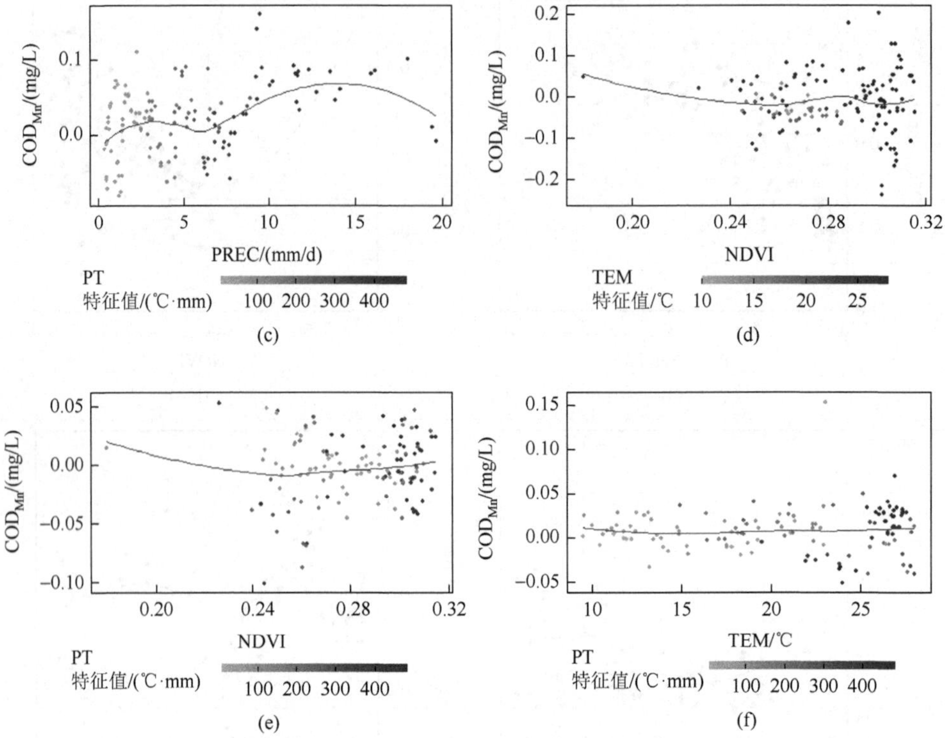

图 2.4.9　东江 COD_{Mn} 驱动因子的交互效应

（扫封底二维码获取彩图）

（2）总氮

采用相同的研究方法，以总氮浓度为响应变量，建立总氮浓度影响因素的 XGBoost 模型，获得对博罗站总氮月均浓度具有重要作用的指标影响效应（图 2.4.10）。基于信息增益的重要性排序结果，NDVI 是最重要的驱动因子，信息增益值为 0.31，其次是 TEM，为 0.27，PT 和 PREC 分别为 0.22 和 0.19。SHAP 值排序和重要性排序的结果有一定的差异（图 2.4.11），在 SHAP 值排序中，TEM 是影响最大的因素，其次是 NDVI。然而，总体来看，两种排序的前两位均是 NDVI 和 TEM，表明自然植被和气温对东江下游总氮浓度具有重要影响。进一步观察 SHAP 值的变化可知，气温升高对总氮是正向作用，这可能与流域总氮来源的生化过程有关。

从主要驱动因子在所有实测数据中对总氮的浓度贡献变化看，不同驱动因子对总氮的贡献随时间变化较大（图 2.4.12）。气温和 NDVI 在不同分析时段对总氮浓度的效应是不同的，但是气温和 NDVI 的作用具有一致性，两者可能存在较强的相关性和协同作用。在分析前期，气温和 NDVI 对总氮的贡献主要以负向作用

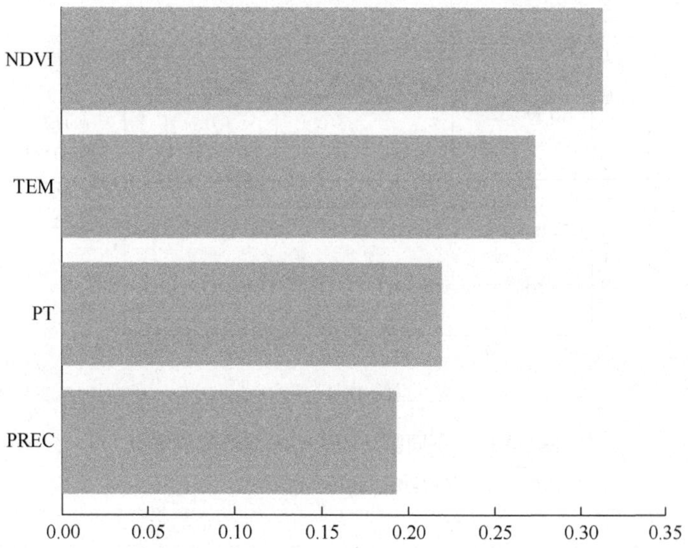

图 2.4.10　东江总氮驱动因子重要性排序

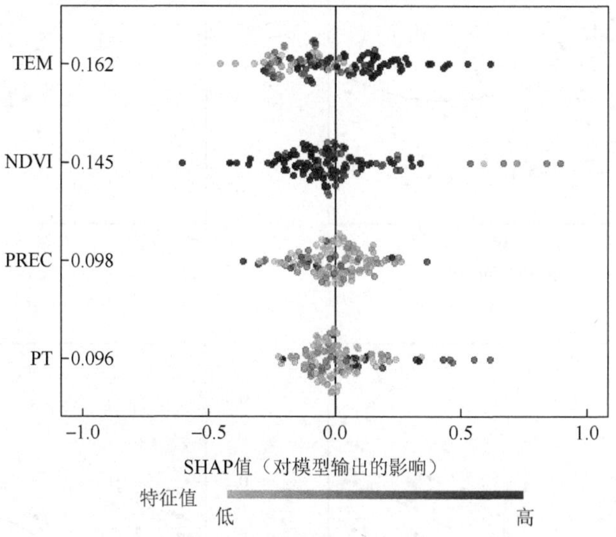

图 2.4.11　东江总氮驱动因子 SHAP 值排序

（扫封底二维码获取彩图）

为主，但是近年来，两者以正向作用为主，表明气温和 NDVI 变化正成为促进东江总氮变化的关键因素，未来有必要进一步研究气候变化对东江总氮负荷的影响。

从各个指标的独立效应来看（图 2.4.13），随着降水量的升高，其对总氮的影响具有随机性；NDVI 对总氮影响在不同取值区间存在差异，在 NDVI 低值区间，

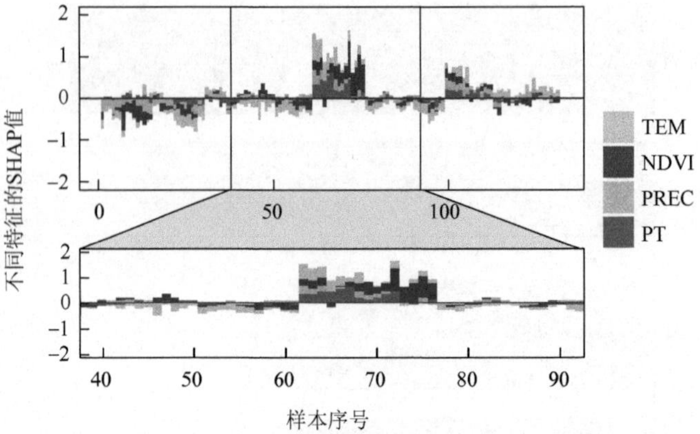

图 2.4.12　不同驱动因子对总氮浓度的贡献

（扫封底二维码获取彩图）

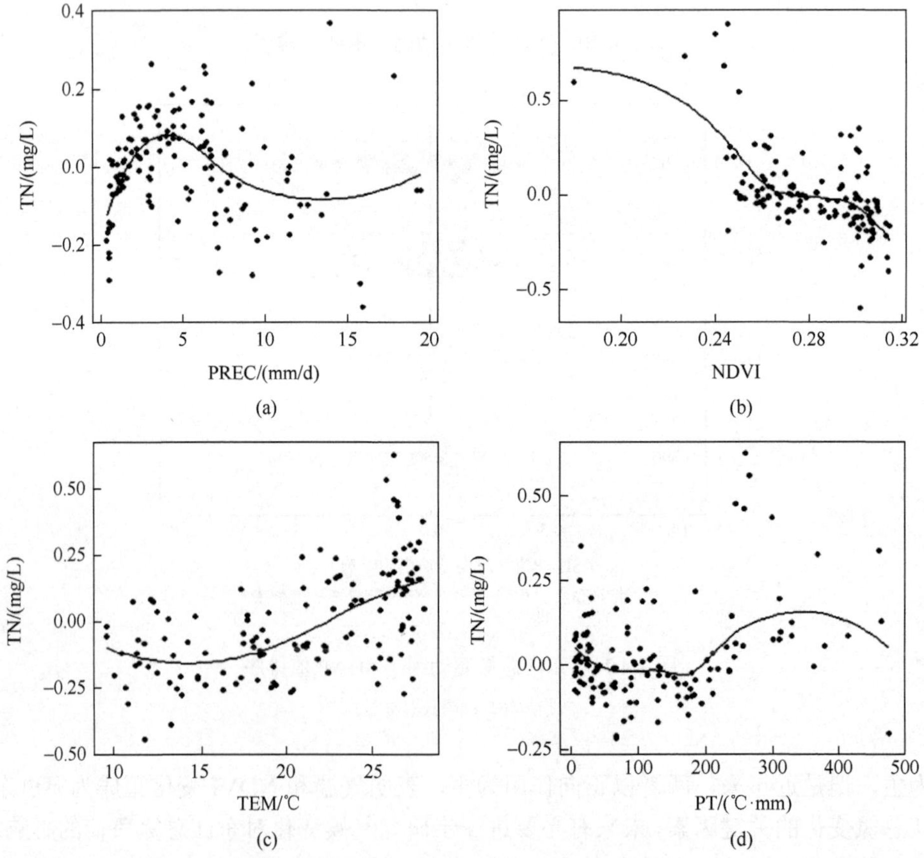

图 2.4.13　东江总氮驱动因子的独立效应

NDVI 对总氮浓度是正向作用，当 NDVI 超过一定阈值，NDVI 对总氮浓度呈现负向作用；气温对总氮浓度的影响总体是正相关的，气温升高可促进总氮浓度的提升；然而气温与降水量的交互指标对总氮负荷的影响却未显示明显的趋势性特征。

对主要指标的交互效应研究结果表明（图 2.4.14），与高锰酸盐指数的结果类似，PREC、TEM、NDVI 和 PT 这四个指标之间的交互效应并不显著。

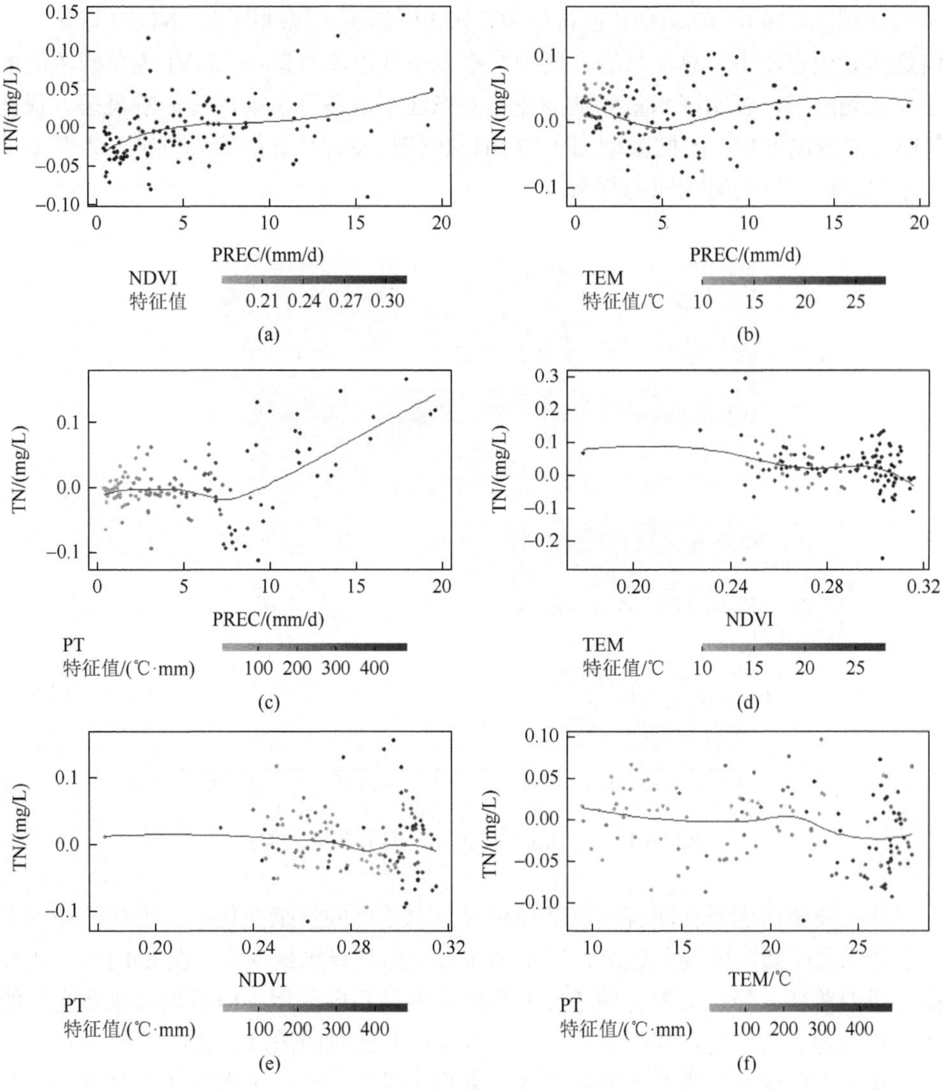

图 2.4.14　东江总氮浓度驱动因子的交互效应

（扫封底二维码获取彩图）

（3）总磷

以总磷浓度为响应变量，4 项驱动因子为预测变量，构建东江总磷浓度 XGBoost 模型。基于信息增益的重要性排序结果（图 2.4.15），NDVI 是最重要的驱动因子，信息增益值为 0.36，这与总氮的排序结果一致，表明东江氮磷驱动因子可能具有同源性；其他驱动因子的信息增益由大到小排序依次是 PREC（0.34）、TEM（0.16）和 PT（0.13）。SHAP 值排序和重要性排序的结果具有差异性（图 2.4.16），在 SHAP 值排序中，PREC 为第一驱动因子，NDVI 排第二，但是两者相差较小。总体来看，两种排序均识别出降水量和 NDVI 为总磷浓度的主要驱动因子，表明降水量和陆面变化对东江下游逐月总磷浓度影响显著。根据 SHAP 值变化可知，不同驱动因子的 SHAP 变化没有显著的聚集特征，表明驱动因子对总磷浓度的影响较为复杂。

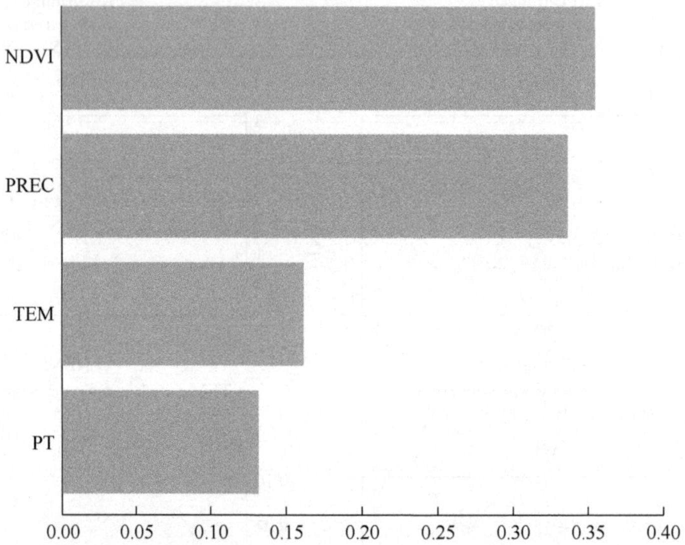

图 2.4.15　东江总磷浓度驱动因子重要性排序

从主要驱动因子在所有实测数据中对总磷浓度的贡献变化看，不同驱动因子对总磷的贡献随时间变化较大，其中影响最大的是降水量变化（图 2.4.17）。在分析时段的前期，降水量对总磷浓度的贡献主要是正向作用，但后期降水量变化的作用转变为负向作用，即降水量变化成为抑制东江总磷浓度变化的关键因素。

从各个指标对总磷浓度的独立效应来看（图 2.4.18），随着降水量的升高，其对总磷浓度的总体影响是上升的，即降水量促进总磷负荷升高，但是随机性较强，表明降水量对总磷负荷影响的复杂性；NDVI 对总磷负荷影响存在阈值，低于

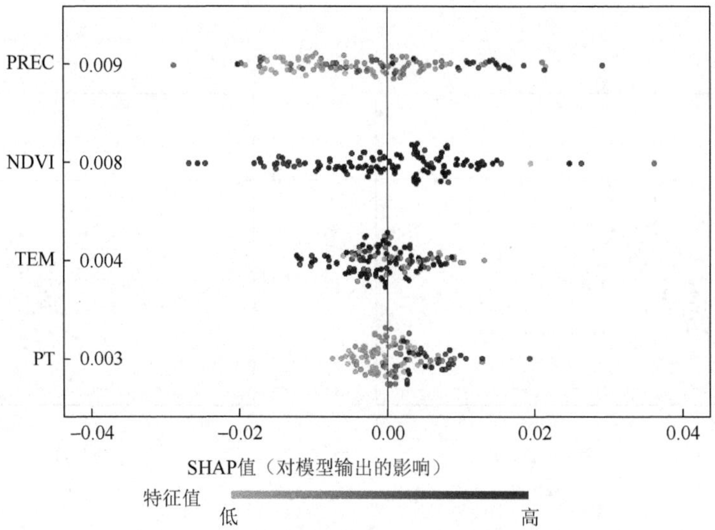

图 2.4.16　东江总磷浓度驱动因子 SHAP 值排序
（扫封底二维码获取彩图）

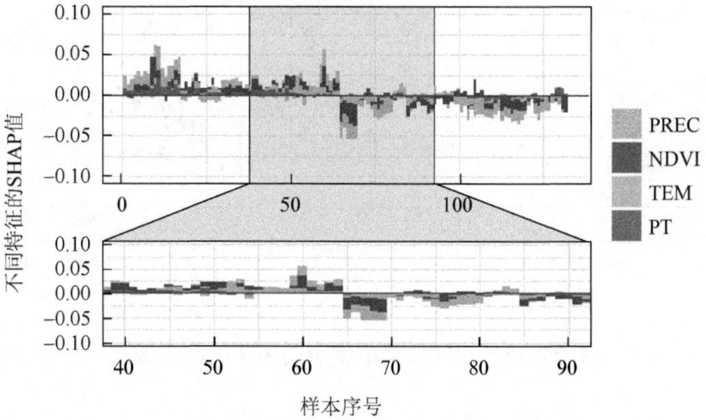

图 2.4.17　不同驱动因子对总磷浓度的贡献
（扫封底二维码获取彩图）

一定阈值，两者是负相关，高于阈值后呈现正相关；与总氮不同，气温对总磷的影响总体是负向作用；气温与降水量叠加后，其对总磷浓度的影响也表现出促进效应，因此随着降水量和气温的变化，东江流域总磷负荷可能受到气候变化的协同促进作用。

对主要指标的交互效应研究结果表明（图 2.4.19），PREC、TEM、NDVI 和 PT 这四个指标之间的交互效应不显著，这与高锰酸盐指数和总氮的结果一致，表明这些驱动因子对东江流域碳氮磷的影响路径可能是较为独立的。

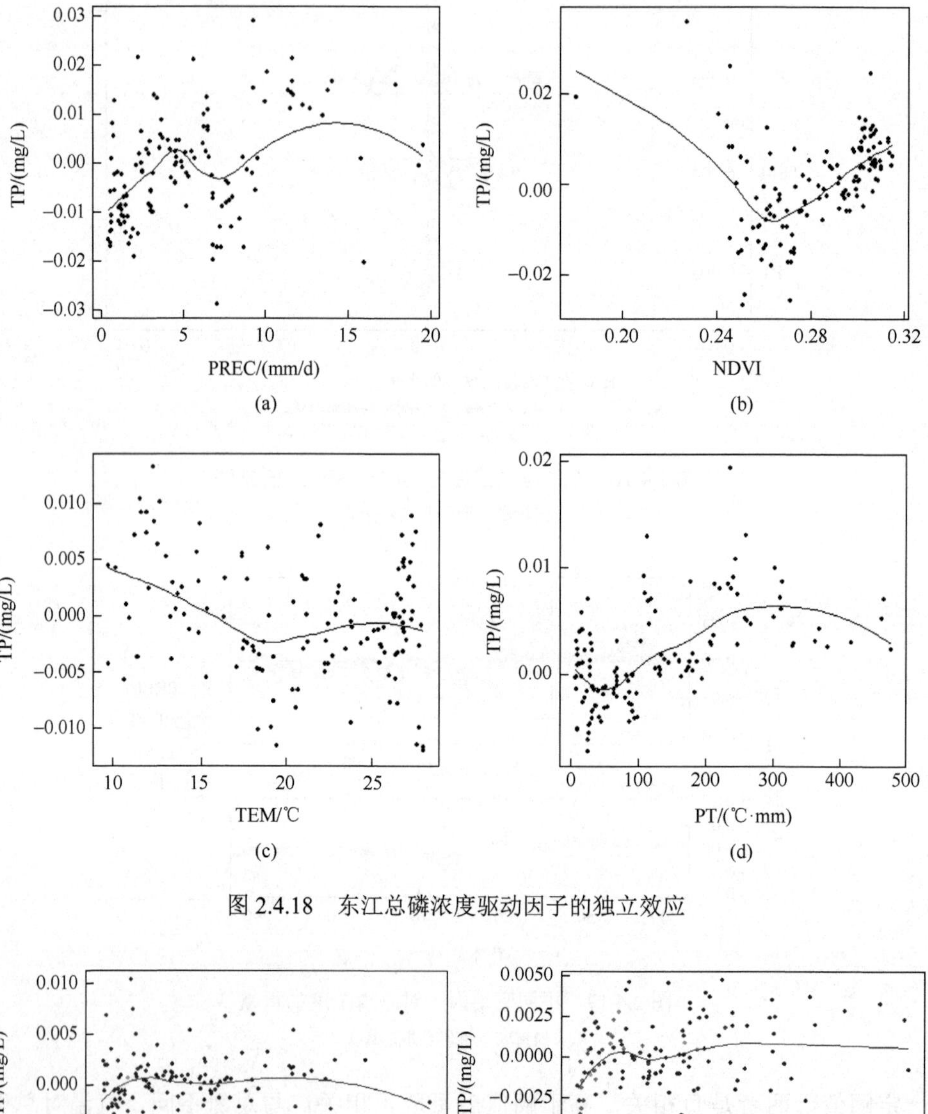

图 2.4.18　东江总磷浓度驱动因子的独立效应

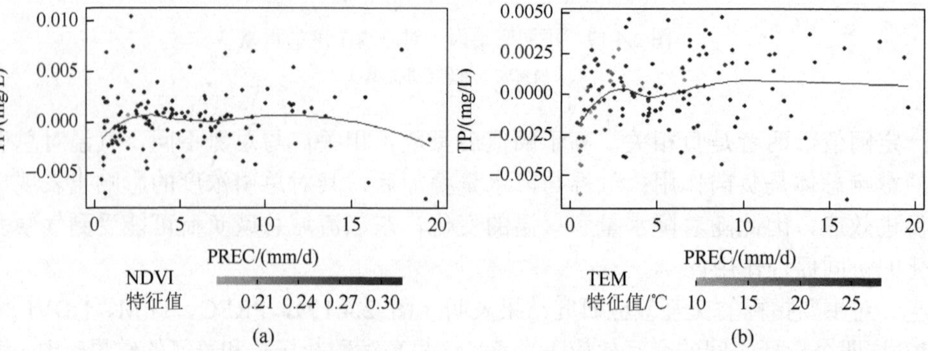

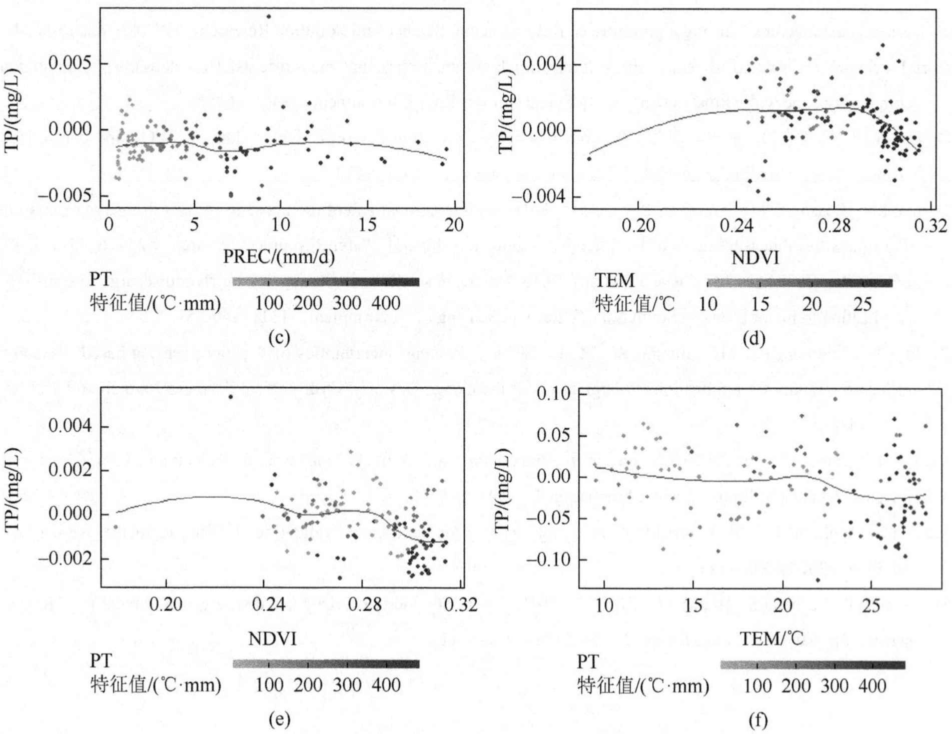

图 2.4.19　东江总磷浓度驱动因子的交互效应

（扫封底二维码获取彩图）

参 考 文 献

陈金月，陈水森，付娆，等，2022. 广东省水质现状及驱动因素[J]. 生态学报，42（19）：7921-7931.

高伟，陈岩，徐敏，等，2013. 抚仙湖水质变化（1980～2011 年）趋势与驱动力分析[J]. 湖泊科学，25（5）：635-642.

姜磊鹏，丁建丽，包青岭，等，2023. 低空遥感结合卫星影像的河道流量反演[J]. 干旱区地理，46（3）：385-396.

李和谋，白娟，甘甫平，等，2023. 遥感估算河道流量研究进展[J]. 自然资源遥感，35（2）：16-24.

马津，卢善龙，齐建国，等，2019. 水文资料缺乏区河流流量遥感估算模型研究[J]. 测绘科学，44（5）：184-190.

徐嘉慧，王世东，宋利娟，等，2022. 雅鲁藏布江干流河宽时空变化遥感监测及水文气象响应[J]. 地理学报，77（11）：2862-2877.

Adarsh M S，Dhanya C T，Chander S，2024. Examining the impact of hydro-geomorphological features in satellite river width-based discharge estimations[J]. Journal of Applied Remote Sensing，18（2）：024503.

Batina A，Krtalić A，2024. Integrating remote sensing methods for monitoring lake water quality：A comprehensive review[J]. Hydrology，11（7）：92.

Bjerklie D M，Birkett C M，Jones J W，et al.，2018. Satellite remote sensing estimation of river discharge：Application to the Yukon River Alaska[J]. Journal of Hydrology，561：1000-1018.

Do T N，Nguyen D M T，Ghimire J，et al.，2023. Assessing surface water pollution in Hanoi，Vietnam，using remote sensing and machine learning algorithms[J]. Environmental Science and Pollution Research，30（34）：82230-82247.

Dory F，Nava V，Spreafico M，et al.，2024. Interaction between temperature and nutrients：How does the phytoplankton community cope with climate change？[J]. Science of the Total Environment，906：167566.

Du B，Jin T Y，Liu D，et al.，2023. Accurate discharge estimation based on river widths of SWOT and constrained at-many-stations hydraulic geometry[J]. Remote Sensing，15（6）：1672.

Durand M，Gleason C J，Garambois P A，et al.，2016. An intercomparison of remote sensing river discharge estimation algorithms from measurements of river height，width，and slope[J]. Water Resources Research，52（6）：4527-4549.

Hirpa F A，Hopson T M，De Groeve T，et al.，2013. Upstream satellite remote sensing for river discharge forecasting：Application to major rivers in South Asia[J]. Remote Sensing of Environment，131：140-151.

Kechnit D，Tshimanga R M，Ammari A，et al.，2024. Assessing uncertainties of a remote sensing-based discharge reflectance model for applications to large rivers of the Congo Basin[J]. Hydrological Sciences Journal，69（11）：1436-1448.

Liu D，Bai Y，He X Q，et al.，2020. Changes in riverine organic carbon input to the ocean from the mainland of China over the past 60 years[J]. Environmental International，134：105258.

Masafu C，Williams R，2024. Satellite video remote sensing for flood model validation[J]. Water Resources Research，60（1）：e2023WR034545.

Moramarco T，Barbetta S，Bjerklie D M，et al.，2018. River bathymetry estimate and discharge assessment from remote sensing[J]. Water Resources Research，55（8）：6692-6711.

第 3 章　东江流域农业源碳氮磷耦合排放评估

农业源是我国环境污染和碳排放的主要来源之一，控制农业源氮磷排放和温室气体排放对改善区域水环境质量和实现“双碳”目标具有重要意义。根据 2020 年《第二次全国污染源普查公报》，农业源的总氮和总磷排放量分别达到 141.49 万 t 和 21.20 万 t，分别占全国排放总量的 46.5%和 67.2%。农业源是我国水污染物中总氮和总磷最大的来源。氮、磷的过量输入已经成为我国湖泊、水库和近海海域等水体富营养化的主要原因，削减农业源的氮、磷排放量是我国当前水污染治理的重点。《中华人民共和国气候变化第四次国家信息通报》显示，2017 年中国农业活动的温室气体排放量为 8.23 亿 t 二氧化碳当量，占排放总量的 6.4%，是我国第三大温室气体排放源。值得注意的是，农业活动排放的氧化亚氮和甲烷分别占总量的 51.3%和 32.8%，分别位居第一位和第二位。因此，农业源的碳排放控制对我国“双碳”目标达成至关重要。然而，农业源的氮磷排放和碳排放来自农业生产的多个环节，不同环节之间存在叠加和独立等多种关系，农业源的减污降碳机制尚不清晰。随着我国经济高质量发展的推进，农业的产业结构、生产效率和技术装备等不断升级，其引发农业源污染和碳排放效应呈现复杂变化特征，解析农业生产活动对水污染和碳排放的驱动因子成为农业部门减污降碳管理决策的重要科学基础。

农业源是指农业生产活动中产生的各种污染物，在降水径流的驱动下进入水体从而造成水环境质量变化的过程。农业源包括种植业、畜禽养殖业和水产养殖业等农业生产活动，是水体氮磷的主要来源之一。当前农业源污染研究主要集中在污染负荷的核算与源解析（项颂等，2020），对驱动力研究相对较少，且主要集中于种植业面源驱动力研究，如郑田甜等（2019）采用多元线性回归对云南星云湖流域种植业面源污染驱动力进行定量分析，发现其主要影响因素是种植结构。邹凯波等（2022）采用土壤与水评估工具（SWAT）模型分析了多种气候变化情景下乌伦古河流域农业源的污染负荷变化，发现降水量是影响农业源污染负荷的主要因素。毛中明等（2021）采用对数平均迪氏指数（LMDI）法对恩施土家族苗族自治州化肥施用量的驱动因子进行了定量分解，研究表明经济发展、农业结构调整、金融规模扩大对化肥施用量起正向作用。针对三峡库区非点源的研究结果表明，年降水量、畜禽养殖和农村人口是影响非点源负荷的主导因子（Tan et al.，2023）。

农业碳排放受到农业生产规模、结构和技术水平等因素的影响。当前针对农业碳排放驱动力的研究较多，但以农业部门某一产业为主，如设施农业、种植业和畜禽养殖等。尹岩等（2021）采用LMDI法对我国31个省份设施农业的碳排放进行了核算，认为科技资金配置率和设施农业规模是设施农业碳排放的主要影响因素；Dai等（2021）对我国1976～2016年生猪养殖产业的直接温室气体排放驱动力进行了解析，认为技术进步和结构调整对减缓温室气体排放具有十分重要的意义。国外针对农业部门碳排放与驱动因子的研究与国内类似，如Makuteniene等（2022）采用IPCC指南和LMDI法对波罗的海三国的农业部门碳排放及其驱动力进行了解析，检验了温室气体排放强度，农业劳动力和农业结构对碳排放变化的驱动效应。减污降碳的协同增效研究是环境治理的关键科学问题，当前针对大气污染物和温室气体排放的协同减排研究已有大量报道（姜钰卿等，2022；刘茂辉等，2022），在水环境领域，已有研究证明在水环境治理过程中的减污和降碳存在协同效应（王家一等，2023），但针对水污染物与温室气体排放的协同效应研究相对较少。总体来看，当前针对农业源氮磷排放和碳排放的研究较多，但缺乏将碳氮磷统筹考虑，加之LMDI的驱动力解析角度存在主观性，导致不同研究结果之间缺乏统一的测度。农业源作为碳氮磷的关键排放来源，从统一的尺度上识别其驱动力变化对于农业源减污降碳协同控制具有十分重要的意义。

本章以东江流域农业生产部门为对象，构建了基于源清单法的县级单元农业源碳氮磷排放核算方法，分析了农业碳排放量和氮磷排放量长时间演变特征；采用LMDI因素分解模型，统一建构了农业源碳氮磷排放驱动力模型，解析了东江流域农业源碳氮磷排放量随时间变化的关键驱动力和效应，以期为东江流域农业源的减污降碳提供决策支撑。

3.1　农业源碳氮磷排放评估

3.1.1　农业源碳氮磷排放核算方法

农业源碳氮磷排放核算涉及的方法主要包括两个方面：一是农业源碳排放核算；二是农业源氮磷排放核算。其中，农业源碳排放是指种植业、畜禽养殖和水产养殖过程中排放的各种温室气体，以二氧化碳当量计，核算的方法和参数主要参考《广东省市县（区）级温室气体清单编制指南（试行）》和其他相关学者的研究。农业源碳排放具体包括农业能源消耗碳排放、稻田甲烷排放、农用地氧化亚氮排放、动物肠道发酵甲烷排放以及动物粪便管理甲烷和氧化亚氮排放 5个部分。农业氮磷排放主要是指在农业生产中，化肥、人畜粪便、土壤中的氮磷在降水和灌溉作用下通过地表径流和地下淋溶进入地下水和地表水的过程，主要采用排放系数法计算，包括排放量和流失系数计算两个过程。由于东江流域有 90%以上的面积在广东省境内，核算部分的相关系数选取均使用广东省地区参数。

（1）农业源碳排放核算

根据《广东省市县（区）级温室气体清单编制指南（试行）》和相关学者研究，农业源碳排放量可通过如下公式计算：

$$\mathrm{TAC} = \mathrm{RECC} + (\mathrm{RECH} + \mathrm{AECH} + \mathrm{AMCH}) \cdot \mathrm{CHF} + (\mathrm{CENO} + \mathrm{AMNO}) \cdot \mathrm{NOF} \tag{3.1.1}$$

式中，TAC 为农业源碳排放量（二氧化碳当量，t）；RECC 为农业能源消耗碳排放量（t）；RECH 为稻田甲烷排放量（t）；AECH 为动物肠道发酵甲烷排放量（t）；AMCH 为动物粪便管理甲烷排放量（t）；CENO 为农用地氧化亚氮排放量（t）；AMNO 为动物粪便管理氧化亚氮排放量（t）；CHF 为甲烷的全球变暖潜势值，取 21；NOF 为氧化亚氮全球变暖潜势值，取 310。

1）农业能源消耗碳排放

根据相关学者研究，将农业生产过程中资源消耗、耕地运作导致的碳排放统称为农业能源消耗碳排放，包括农药、农膜、农机、化肥、灌溉、电力等消耗，因此农业能源消耗碳排放量可采用以下公式计算：

$$\mathrm{RECC} = \sum \alpha_i \cdot \varphi_i \tag{3.1.2}$$

式中，α_i 为 i 类碳源活动水平；φ_i 为 i 类碳源排放系数。具体农业能源相关排放系数如表 3.1.1 所示。

表 3.1.1　农业能源消耗各碳源排放系数

碳源	排放系数	单位	参考来源
农药	4.93	kg/kg	美国橡树岭国家实验室
农膜	5.18	kg/kg	南京农业大学农业资源与生态环境研究所
农机	0.18	kg/kW	（West and Marland，2022）
化肥	0.8956	kg/kg	美国橡树岭国家实验室
灌溉	3.1260	kg/hm^2	（Dubey and Lal，2009）
电力	0.58	t/(MW·h)	《企业温室气体排放核算与报告指南 发电设施》（2022 年修订版）

2）稻田甲烷排放

根据碳排放核算指南，稻田甲烷排放量由不同类型稻田面积乘以相应甲烷排放因子得到。稻田类型分为单季稻、双季早稻、双季晚稻三类，因此稻田甲烷排放量核算可采用以下公式计算：

$$\mathrm{RECH} = \sum_i \mathrm{REF}_i \cdot \mathrm{AD}_i / 1000 \tag{3.1.3}$$

式中，REF_i 为不同类型稻田甲烷排放因子（$\mathrm{kg/hm^2}$）；AD_i 为对应于甲烷排放因子的水稻种植面积（$\mathrm{hm^2}$）；下标 i 表示稻田类型，分别指单季稻、双季早稻和双季晚稻。按照指南选择推荐值，单季稻、双季早稻和双季晚稻的甲烷排放因子分别为 236.7 $\mathrm{kg/hm^2}$、241.0 $\mathrm{kg/hm^2}$ 和 273.2 $\mathrm{kg/hm^2}$。

3）农用地氧化亚氮排放

根据指南农用地氧化亚氮排放包括直接排放和间接排放两部分，计算公式如下：

$$\mathrm{CENO} = (\mathrm{CDNO} + \mathrm{CINO}) / 1000 \tag{3.1.4}$$

式中，CDNO 和 CINO 分别为农用地各过程的氧化亚氮直接排放量和氧化亚氮间接排放量（kg）。

农用地氧化亚氮的直接排放量包括化肥、粪肥和秸秆还田三部分，具体计算公式如下：

$$\mathrm{CDNO} = (\mathrm{NFR} + \mathrm{NHM} + \mathrm{NST}) \times \mathrm{CEF} \times 44 / 28 \tag{3.1.5}$$

其中，

$$\mathrm{NFR} = \mathrm{NFN} + \mathrm{SFR} \times \mathrm{FNC} \tag{3.1.6}$$

$$\mathrm{NHM} = (\mathrm{NPL} - \mathrm{NGR} - \mathrm{NFU} + \mathrm{NPO}) \times (1 - 15\% - 20\%) - \mathrm{NMA} \tag{3.1.7}$$

$$\mathrm{NST} = \sum_{j=1}^{n} \left[\beta_j K_j \left(\frac{M_j}{L_j} - M_j \right) + \alpha_j K_j \frac{M_j}{L_j} \right] \tag{3.1.8}$$

式中，NFR 表示化肥中的氮输入量（t），包括氮肥和复合肥中的氮输入量；NHM 表示人类、畜禽等粪便管理中所产生的氮输入量（t）；NST 表示秸秆还田的氮输入量（t），包含地上秸秆还田和地下根的氮输入量；CEF 为氧化亚氮直接排放因子（kg $\mathrm{N_2O}$-N/kgN），根据指南 CEF 的取值为 0.0178；44/28 为氧化亚氮转换系数；NFN 为氮肥折纯施用量（t）；SFR 为复合肥折纯施用量（t）；FNC 为复合肥中氮的比重，取值为 0.3264；NPL 表示禽畜总排泄氮量（t）；NGR 和 NFU 分别表示用于放牧和用作燃料部分的粪肥产生的氮排放（t）；NPO 表示乡村人口排泄氮量（t）；NMA 表示禽畜封闭管理系统产生的氮排放量（t）；15%和 20%分别为粪肥的径流损失率和挥发损失率；M_j 表示这类农作物籽粒产量（t）；L_j 表示农作物的经济系数；β_j 表示秸秆还田率；K_j 表示农作物的秸秆含氮率；α_j 表示农作物的根冠比；j 表示农作物类型。根据广东省农业种植特征，主要包括水稻、小麦、玉米、薯类、大豆、甘蔗、花生、麻类、烟叶、木薯、蔬菜类等，相关农作物参数如表 3.1.2 所示。

表 3.1.2　主要农作物氮排放计算参数

农作物类型	经济系数	秸秆还田率	秸秆含氮率	根冠比
水稻	0.489	0.7743	0.0075	0.125
小麦	0.434	0.4055	0.0052	0.166
玉米	0.438	0.3949	0.0058	0.170
薯类	0.667	0.6408	0.0110	0.050
大豆	0.425	0.6408	0.0181	0.130
甘蔗	0.750	0.1500	0.0083	0.260
花生	0.556	0.4959	0.0182	0.200
麻类	0.830	0.6408	0.0131	0.200
烟叶	0.830	0.0500	0.0144	0.200
木薯	0.667	0.6408	0.0110	0.050
蔬菜类	0.830	0.6408	0.0080	0.250

农用地氧化亚氮间接排放包括大气氮沉降和淋溶流失引起的氧化亚氮间接排放。大气氮沉降主要来源于畜禽粪便和农用地氮输入的 NH_3 和 NO_x 挥发，挥发率采用指南推荐值，分别为 20%和 10%，排放因子采用 IPCC 推荐的，为 0.01。农田氮淋溶流失引起的氧化亚氮间接排放量根据农用地输入总量计算，具体计算公式如下：

$$\mathrm{CINO} = \mathrm{NPL} \times 20\% \times 0.01 + (\mathrm{NFR} + \mathrm{NHM} + \mathrm{NST}) \times (10\% \times 0.01 + 20\% \times 0.0075) \tag{3.1.9}$$

式中，符号的含义同上。

4）动物肠道发酵甲烷排放

动物肠道发酵甲烷（CH_4）排放是指动物在正常的代谢过程中，动物消化道内的微生物发酵消化道内饲料时产生的甲烷排放。反刍动物是动物肠道发酵甲烷排放的主要排放源；非反刍动物甲烷排放量小，特别是鸡和鸭因其体重小所以肠道发酵甲烷排放可以忽略不计。动物肠道发酵甲烷总排放量的计算公式如下：

$$\mathrm{AECH} = \sum_i \mathrm{ARN}_i \cdot \mathrm{ACF}_i / 1000 \tag{3.1.10}$$

式中，ACF_i 为第 i 种动物的甲烷排放因子（kg/头[①]）；ARN_i 为第 i 种动物的数量（头）。动物肠道发酵甲烷排放源包括非奶牛、水牛、奶牛、山羊、绵羊、猪、马、驴、骡和骆驼等。根据指南推荐值和广东省实际养殖情况，将奶牛、非奶牛、绵

① 不同动物的计量单位不同，简便起见，本书对动物和畜禽统一用“头”表示。

羊、山羊的规模化饲养和农户散养的甲烷排放因子取平均值，最终确定各类动物的甲烷排放因子（表 3.1.3）。

表 3.1.3 广东省畜禽动物肠道发酵和粪便管理排放因子

畜禽类型	肠道发酵 CH_4 排放因子	粪便管理 CH_4 排放因子	粪便管理 N_2O 排放因子
奶牛/(kg/头)	88.70	8.45	1.710
非奶牛/(kg/头)	60.40	4.72	0.805
水牛/(kg/头)	79.10	8.24	0.860
绵羊/(kg/只)	8.45	0.34	0.106
山羊/(kg/只)	9.15	0.31	0.106
家禽/(kg/羽)	—	—	0.157
猪/(kg/头)	1.00	5.85	0.007
马/(kg/匹)	18.00	0.02	0.330
驴/骡/(kg/头)	10.00	1.64	0.188
骆驼/(kg/头)	46.00	0.90	0.330

5）动物粪便管理甲烷和氧化亚氮排放

动物粪便管理甲烷排放是指在畜禽粪便施入到土壤之前动物粪便储存和处理所产生的甲烷。各种动物粪便管理甲烷排放清单等于不同动物粪便管理方式下甲烷排放因子乘以动物数量，然后相加可得总排放量。计算特定动物的粪便管理甲烷排放量的公式如下：

$$\mathrm{AMCH} = \sum_i \mathrm{ARN}_i \cdot \mathrm{AMF}_i / 1000 \tag{3.1.11}$$

式中，AMF_i 为第 i 种动物粪便管理甲烷排放因子（kg/头）。

动物粪便管理氧化亚氮排放是指在畜禽粪便施入到土壤之前动物粪便储存和处理过程中所产生的氧化亚氮。各种动物粪便管理氧化亚氮排放清单等于不同动物粪便管理方式下氧化亚氮排放因子乘以动物数量，然后相加可得总排放量。计算动物粪便管理氧化亚氮排放量的公式如下：

$$\mathrm{AMNO} = \sum_i \mathrm{ARN}_i \cdot \mathrm{AMN}_i / 1000 \tag{3.1.12}$$

式中，AMN_i 为第 i 种动物粪便管理氧化亚氮排放因子（kg/头）。

（2）农业源氮磷排放量核算

农业源氮磷排放量主要是指农田径流和畜禽养殖粪便等通过降水和排水道进入水体的氮磷数量。农业源的氮磷流失量由输入总量和流失系数计算出来，具体如下：

$$\mathrm{ANP}_k = \mathrm{TIP}_k \cdot \mathrm{RFF}_k \tag{3.1.13}$$

式中，ANP 为农业源氮磷排放量（t）；TIP 为农业源营养盐输入总量（t）；RFF 表示氮磷流失系数，农田氮流失系数为 0.15，磷流失系数为 0.0445；k 为氮、磷物质类型。

农业源营养盐输入总量主要包括农田中化肥施用量、人类和畜禽粪便输入量以及秸秆还田输入量。

$$\mathrm{TIP}_k = \mathrm{FET}_k + \mathrm{LIP}_k + \mathrm{RUP}_k + \mathrm{CLR}_k \tag{3.1.14}$$

式中，FET、LIP、RUP 和 CLR 分别为化肥施用量、畜禽排泄量、乡村人口排泄量和秸秆还田量，具体计算方法与式（3.2.6）～式（3.2.8）相同，其中秸秆中磷含量的相关参数见表 3.1.4。

表 3.1.4　主要农作物秸秆含磷率（刘晓永和李书田，2017）

农作物类型	P_2O_5 含量	秸秆含磷率
水稻	0.0013	0.0006
小麦	0.0009	0.0004
玉米	0.0011	0.0005
薯类	0.0043	0.0019
大豆	0.0009	0.0004
甘蔗	0.0013	0.0006
花生	0.0015	0.0007
麻类	0.0006	0.0003
烟叶	0.0015	0.0007
木薯	0.0043	0.0019
蔬菜类	0.0038	0.0017
芝麻	0.0048	0.0021
油菜籽	0.0016	0.0007

（3）空间自相关性分析

空间自相关性是指某一变量与一定空间范围内的其他变量之间的潜在相互依赖性。由于地理数据受到空间扩散和相互作用的影响，这种依赖关系叫作空间依赖。计算空间自相关性的方法较多，包括 Moran's I、Geary's C 和 Getis 等，其中莫兰指数（Moran's I）应用最为广泛。因此选取莫兰指数对东江流域农业源污染排放结果的空间依赖性进行分析，空间自相关性包括全局和局部空间自相关性，可以用来反映特定区域内的某一属性与其他区域内属性之间的相互依赖和聚集程度。莫兰指数用来计算整个研究区域的空间集聚度，具体计算公式如下：

$$\text{Moran's } I = \frac{\sum_{i=1}^{n}\sum_{j=1}^{n} W_{ij}\left(x_i - \bar{x}\right)\left(x_j - \bar{x}\right)}{S^2 \sum_{i=1}^{n}\sum_{j=1}^{n} W_{ij}} \tag{3.1.15}$$

式中，n 为东江流域区县数量；x_i 和 x_j 代表区县 i 和 j 的农业源污染物排放量；$S = \frac{\sum_{i=1}^{n}\left(x_i - \bar{x}\right)}{n}$ 为样本方差；W_{ij} 是区县 i 和 j 之间的空间权重矩阵；$\bar{x}$ 是污染物排放量的均值。计算结果采用 Z 检验：

$$Z(I) = \frac{I - E(I)}{S(I)} \tag{3.1.16}$$

$$V(I) = E(I^2) - E(I)^2 \tag{3.1.17}$$

式中，$S(I)$表示莫兰指数的方差；$E(I)$表示莫兰指数的期望值；$V(I)$表示莫兰指数的实测值的方差。Z 检验的原理是零假设研究区域内的数据为随机分布，不具有空间自相关性。

局部莫兰指数的评价尺度是每个评价单元，用来衡量评价单元与邻近评价单元的局部空间关联与差异程度。局部莫兰指数的计算公式如下所示：

$$\text{Local Moran's } I = \frac{n\left(x_i - \bar{x}\right)\sum_{j=1}^{m} W_{ij}\left(x_j - \bar{x}\right)}{\sum_{i=1}^{n}\left(x_i - \bar{x}\right)} \tag{3.1.18}$$

式中，各项定义与式（3.1.15）一致。

莫兰指数的计算结果为−1～1，结果的绝对值越大，表明空间自相关性越强。当I大于 0 时，说明农业排放在空间上呈现正的自相关性，表现是同类聚集；当 I 小于 0 时，说明农业排放在空间上呈现负的自相关性，表现是非同类聚集；当I等于 0 时，说明农业排放在空间上未表现出自相关性，分布较为随机。

（4）数据来源

此研究需要的基础数据均从广东省、江西省统计年鉴及其流域内各市级统计年鉴获取。农作物参数主要来源于《广东省市县（区）级温室气体清单编制指南（试行）》，清单未明确给出的参数则参考相关学者研究。各农作物施肥参数取自《全国农产品成本收益资料汇编》。缺失数据采用插补法进行处理。

3.1.2 碳氮磷排放历史演变特征

2000～2021 年东江流域农业源碳氮磷排放总量（以下简称碳氮磷排放）的变

化趋势如图 3.1.1 所示。总体来看，2000～2021 年流域碳排放量呈现波动上升的趋势，年均增长 6.57 万 t；氮排放量呈现波动上升的趋势，年均增长 0.01 万 t；磷排放量呈现出波动上升的趋势，年均增长 23.64 t。具体地，流域农业碳排放量由 2000 年的 472.08 万 t 上升到 2021 年的 578.28 万 t，增加了 106.20 万 t，涨幅 22.50%，排放最低值出现在 2004 年（438.17 万 t），近几年排放增长速度较为缓慢，可能原因是随着农业的现代化与技术创新，尤其是绿色农业和低碳农业的发展，碳排放量增长速度随着农业转型而趋缓。氮排放量由 2000 年的 3.07 万 t 增长至 2021 年的 3.17 万 t，增长了 0.1 万 t，增幅为 3.26%，排放峰值为 2017 年的 3.36 万 t，而后 2019 年出现排放最低值（3.05 万 t），近几年来仍表现为增长趋势。磷排放量整体表现为上升趋势，与 2000 年相比，2021 年增长了 600 t，增幅为 75.00%，排放峰值为 2017 年的 1410 t，排放最低值为 2000 年的 800 t，近几年来略有下降。2017 年作为氮、磷排放峰值年份可能是因为 2017 年前后国内食糖价格上涨，刺激了甘蔗的种植和扩展，推动农民增加甘蔗的生产，统计数据表明 2017 年东江流域甘蔗产量同比增加 38.59%，进一步导致氮肥和磷肥施用量的增大，最终导致氮磷排放量呈现大幅度增长。2000～2021 年东江流域农业源碳、氮、磷排放总量的波动上升趋势，揭示了农业生产过程中排放问题的复杂性与持续性。在推动农业现代化和绿色转型的同时，如何平衡农业发展与环境保护，特别是降低农业排放的综合影响，是未来可持续发展的关键。

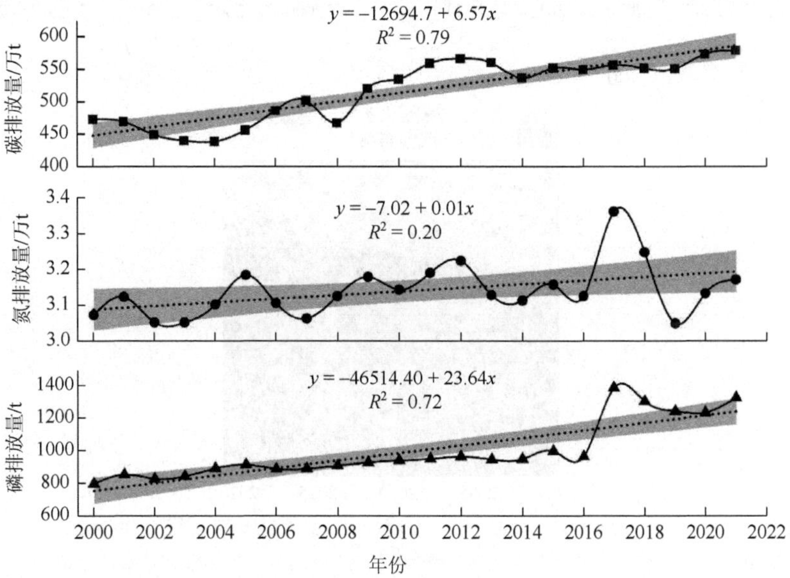

图 3.1.1　2000～2021 年东江流域农业源碳氮磷排放量时间变化特征

对东江流域农业源碳氮磷排放结构分析如图 3.1.2 所示。碳排放以农用地排放、电力消费排放和畜禽排放为主，其中农用地是其首要排放来源。研究期间农用地排放占比呈波动下降趋势，由 2000 年的 65.80%下降至 2021 年的 45.70%，2000～2021 年平均占比 53.80%；电力消费排放占比呈波动上升趋势，由 2000 年的 7.09%增加至 2021 年的 38.25%，2000～2021 年平均占比 25.38%。电力消费成为碳排放的第二大来源，其占比显著增加，反映出社会经济发展带动的能源需求增长以及电力结构的变化。畜禽排放占比呈波动下降趋势，由 2000 年的 25.29%下降至 2021 年的 13.91%，2000～2021 年平均占比 18.75%，但近几年来占比呈现上升趋势。

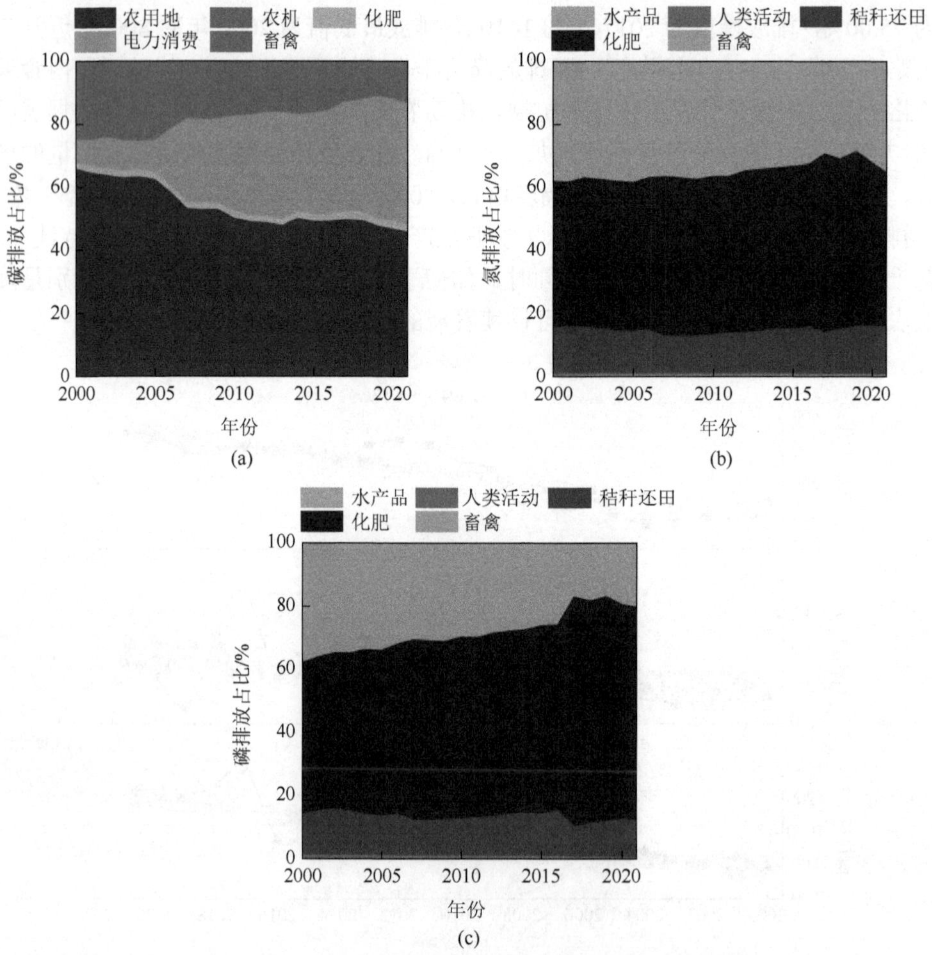

图 3.1.2　2000～2021 年东江流域农业源碳氮磷排放结构

（扫封底二维码获取彩图）

氮、磷排放均以秸秆还田、化肥、畜禽排放为主，其中化肥是二者的首要排放来源，但各来源排放占比变化存在差异。秸秆还田排放占比在氮磷排放中变化趋势相异，秸秆还田在氮排放中的占比呈波动上升趋势，变化幅度较小，由 2000 年的 14.56%增加至 2021 年的 15.36%，在磷排放中的占比则呈波动下降趋势，变化幅度较小，由 2000 年的 12.73%下降至 2021 年的 11.31%。化肥排放占比在氮和磷排放中变化趋势相似，均呈波动上升趋势，但是变化幅度差异较大，分别由 2000 年的 46.32%和 47.61%增加至 2021 年的 48.06%和 67.36%，近几年又呈下降趋势。畜禽排放占比在氮和磷排放中变化趋势相似，均呈波动下降趋势，但变化幅度差异较大，分别由 2000 年的 38.20%和 38.01%减少至 2021 年的 35.75%和 20.43%。化肥作为氮磷排放的首要来源，其占比呈波动上升趋势，尤其是磷排放中的增幅显著，反映出农业生产对化肥的依赖性。

3.1.3　碳氮磷排放强度时间分布特征

东江碳氮磷排放时空分布特征如图 3.1.3 所示。图中显示 2000 年东江碳排放集中在下游；2010 年东江碳排放主要分布在下游，对比 2000 年，下游排放强度明显增加；2021 年东江碳排放仍集中在下游，整体排放强度与 2010 年相比明显减少。2010 年后除龙岗区和坪山区外，其他区县排放强度均高于 100 t/km^2。2000～2021 年东江氮排放空间分布表现为上游和下游高，中游低，而时间变化特征不明显。2000 年东江磷排放主要集中在下游，以博罗县排放为主；2010 年排放重心依旧集中在下游，但较 2000 年上游和下游排放强度明显增加；2021 年排放重心转移至上游，上游排放大幅度增加。研究期间，碳氮磷的排放重心呈异化分布，其转移方向各不相同，目前属中游区域排放强度较低，但随时间呈增长趋势发展。

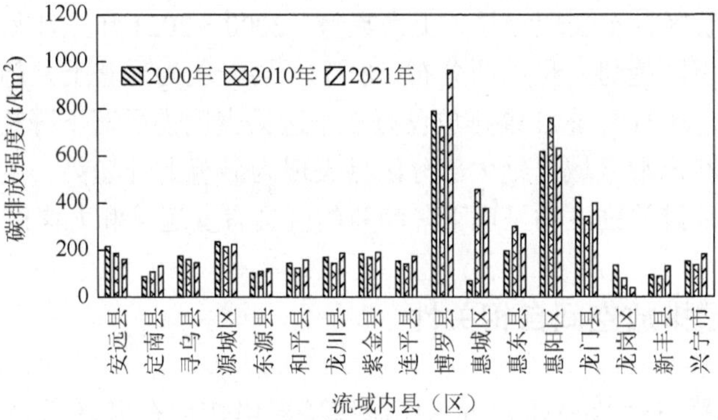

(a)

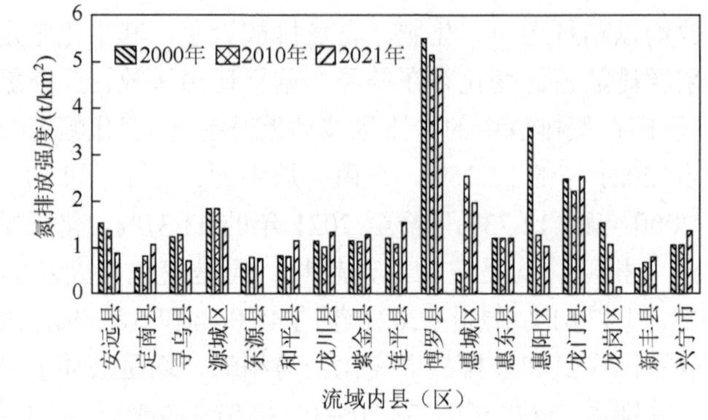

(b)

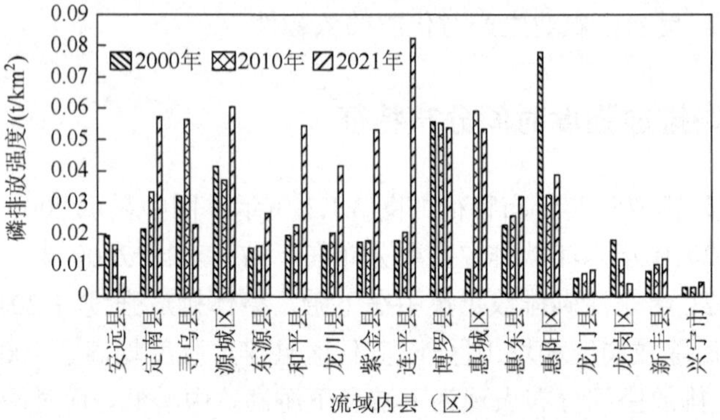

(c)

图 3.1.3　东江流域区县碳氮磷排放时空分布特征

东江区县碳氮磷排放强度 M-K 趋势检验结果如图 3.1.4 所示。图中显示，2000～2021 年东江碳排放仅有 3 个区县表现为显著下降趋势，东江上、中、下游各一个；中下游区县多表现为显著上升趋势。2000～2021 年东江氮排放有 5 个区县表现为显著下降趋势，呈东西分布；8 个区县表现为显著上升趋势，集中在东江中游。2000～2021 年东江磷排放仅有 2 个区县表现为显著下降趋势，分别在东江的源头区域和末端区域；绝大部分区县表现为显著上升趋势，主要分布在中上游区域。碳氮磷排放强度均呈现下降趋势的区县有安远县和龙岗区。

3.1.4　碳氮磷排放空间自相关性

利用全局莫兰指数验证分析东江流域碳氮磷排放在各区县是否存在聚集效应，结果如表 3.1.5 所示。2000～2021 年东江碳排放量的全局莫兰指数均大于 0，表明其在空间上具有一定的聚集效应，且 2007～2021 年绝大部分时间的 *P* 值均

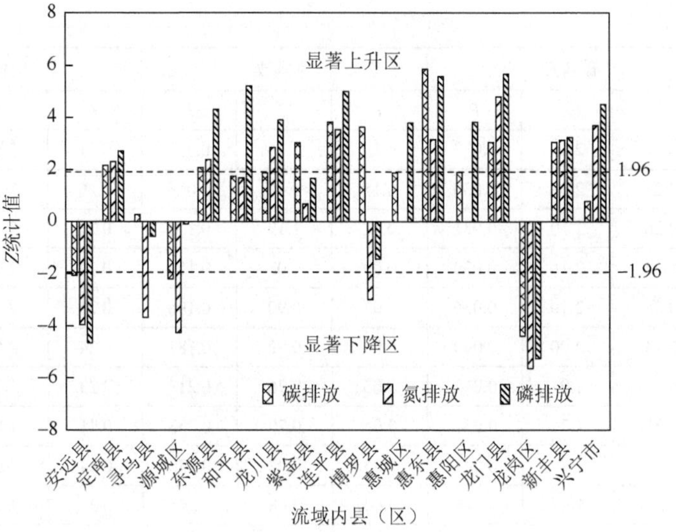

图 3.1.4　2000～2021 年东江区县碳氮磷排放强度 M-K 趋势检验结果

小于 0.05，Z 值大于 1.96。全局莫兰指数通过 5%的显著性检验，表明相邻区县的碳排放具有显著的空间聚集效应。在年际变化上，全局莫兰指数呈现波动上升趋势，P 值总体呈下降趋势，这表明农业源碳排放量空间聚集效应逐步增强。2000～2020 年氮排放全局莫兰指数均大于 0，但 Z 值始终小于 1.96，空间聚集效应不显著，且在 2021 年全局莫兰指数小于 0，表现出空间离散效应。2000～2020 年磷排放全局莫兰指数均大于 0，且 2004～2012 年和 2015 年 Z 值大于 1.96，表现出显著的空间聚集效应，但 2015 年后全局莫兰指数呈现下降趋势，并于 2021 年小于 0，表现为空间离散效应。2000～2021 年氮磷排放的全局莫兰指数总体呈下降趋势，P 值呈增长趋势，表明氮磷排放空间聚集效应逐步减弱。

表 3.1.5　2000～2021 年东江流域碳氮磷排放全局莫兰指数

年份	碳排放			氮排放			磷排放		
	I	Z	P	I	Z	P	I	Z	P
2000	0.15	1.40	0.093	0.15	1.46	0.085	0.15	1.52	0.084
2001	0.18	1.63	0.071	0.21	1.84	0.050	0.11	1.30	0.106
2002	0.18	1.62	0.067	0.21	1.83	0.052	0.20	1.87	0.048
2003	0.15	1.44	0.093	0.19	1.72	0.057	0.20	1.85	0.048
2004	0.17	1.57	0.075	0.17	1.65	0.062	0.29	2.40	0.024
2005	0.16	1.50	0.082	0.18	1.72	0.059	0.28	2.33	0.023
2006	0.19	1.67	0.064	0.15	1.51	0.078	0.27	2.32	0.023

续表

年份	碳排放			氮排放			磷排放		
	I	*Z*	*P*	*I*	*Z*	*P*	*I*	*Z*	*P*
2007	0.28	2.29	0.023	0.19	1.76	0.055	0.31	2.56	0.013
2008	0.26	2.08	0.030	0.15	1.40	0.096	0.26	2.17	0.030
2009	0.26	2.10	0.031	0.11	1.17	0.122	0.27	2.28	0.028
2010	0.27	2.16	0.030	0.09	1.03	0.154	0.27	2.26	0.022
2011	0.25	2.10	0.036	0.07	0.90	0.196	0.25	2.07	0.029
2012	0.24	2.00	0.040	0.08	0.92	0.181	0.24	2.01	0.036
2013	0.24	1.97	0.042	0.06	0.76	0.219	0.23	1.94	0.039
2014	0.21	1.76	0.057	0.05	0.70	0.238	0.21	1.80	0.050
2015	0.23	1.89	0.047	0.05	0.72	0.230	0.24	2.00	0.037
2016	0.22	1.97	0.044	0.04	0.68	0.245	0.20	1.75	0.056
2017	0.25	2.03	0.038	0.04	0.63	0.248	0.00	0.39	0.317
2018	0.25	2.05	0.038	0.04	0.64	0.245	0.01	0.41	0.320
2019	0.29	2.26	0.026	0.09	0.94	0.176	0.05	0.70	0.230
2020	0.24	1.94	0.039	0.02	0.47	0.307	0.06	0.75	0.226
2021	0.20	1.69	0.056	−0.03	0.14	0.427	−0.04	0.06	0.451

基于 Queen 空间权重矩阵绘制了东江流域碳氮磷排放强度的局部莫兰指数散点图，结果如图 3.1.5 所示。碳排放强度始终呈现稳定的空间聚集效应，多数区县分布于第一象限（高-高聚集）和第三象限（低-低聚集），表明碳分布的空间依赖性较强且随时间波动较小。相比之下，氮排放强度经历了由空间聚集效应向空间离散效应的转变历程，到 2021 年有部分区县向第二象限（高-低异常）迁移，表明氮污染热点区与低值邻域的交错分布，反映差异化治理政策的效果。磷排放强度的空间格局变化最为显著，散点分布显示高值聚集区瓦解，部分区县出现低值包围高值的离散模式（第四象限），可能与农业源污染控制的阶段性成效有关。

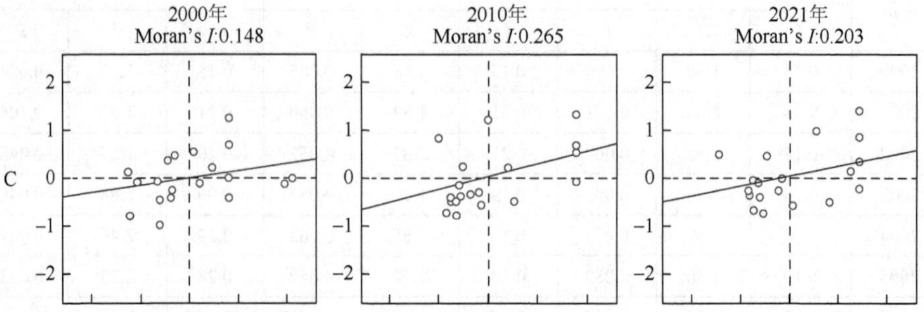

(a)　(b)　(c)

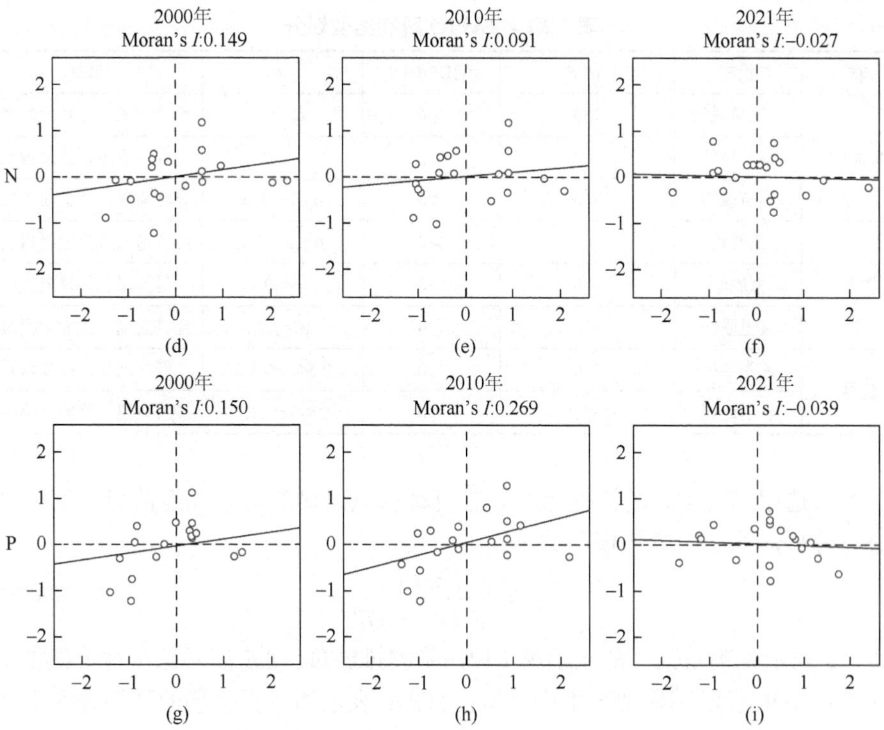

图 3.1.5　东江流域碳氮磷排放局部莫兰指数散点图

3.2　碳氮磷排放的脱钩弹性分析

3.2.1　TAPIO 脱钩模型

1993 年，经济合作与发展组织（OECD）首次提出“脱钩”概念，用于描述经济驱动因子与环境压力因子之间的耦合关系，并将脱钩关系划分为绝对脱钩和相对脱钩两种状态。绝对脱钩表现为经济增长，而资源消耗保持不变或出现负增长，反映经济发展与资源使用之间的独立变化；相对脱钩则指经济增速快于资源消耗的增速。然而，OECD 脱钩模型存在明显缺陷：首先，其对变量基准期和期末取值具有较高的敏感度，容易导致计算偏差；其次，其对脱钩关系类型的划分过于笼统，无法细分经济增长与环境压力之间的具体关系。为此，2005 年 TAPIO 在 OECD 模型的基础上进一步提出了“脱钩弹性”概念，也称为碳排放弹性，指经济增长幅度与碳排放量变化程度的比值，用于反映碳排放量变化对经济增长的敏感程度。根据脱钩弹性的值，TAPIO 定义了八种脱钩状态，具体包括扩张负脱钩、强负脱钩、弱负脱钩、弱脱钩、强脱钩、衰退脱钩、扩张连接和衰退连接（表 3.2.1）。

表 3.2.1　TAPIO 脱钩类型划分

指标	状态	$\Delta E/E$	ΔGDP/GDP	e	解释
负脱钩	扩张负脱钩	>0	>0	$e>1.2$	经济增长，排放大幅增长
	强负脱钩	>0	<0	$e<0$	经济衰退，排放增长
	弱负脱钩	<0	<0	$0\leqslant e<0.8$	经济衰退，排放缓慢减少
脱钩	弱脱钩	>0	>0	$0\leqslant e<0.8$	经济增长，排放缓慢增长
	强脱钩	<0	>0	$e<0$	经济增长，排放减少
	衰退脱钩	<0	<0	$e>1.2$	经济衰退，排放大幅减少
连接	扩张连接	>0	>0	$0.8\leqslant e\leqslant1.2$	经济增长，排放增长
	衰退连接	<0	<0	$0.8\leqslant e\leqslant1.2$	经济衰退，排放大幅减少

本节选用 TAPIO 脱钩指标对东江流域碳氮磷排放与农业经济增长的脱钩关系进行分析，建立的脱钩模型如下：

$$e=\frac{\Delta E_i\ /\ E_i}{\Delta \mathrm{GDP}\ /\ \mathrm{GDP}} \tag{3.2.1}$$

式中，e 表示脱钩系数；E_i 表示第 i 种污染物排放量；ΔE_i 表示第 i 种污染物排放变化量；GDP 表示基期地区生产总值；ΔGDP 表示相对于基期的现期地区生产总值变化量。

3.2.2　碳氮磷脱钩状态变化

通过 TAPIO 模型分析了东江流域农业源碳氮磷排放与经济发展的脱钩弹性，结果如表 3.2.2 所示。结果表明，研究区农业源碳氮磷排放脱钩状态总体在“强脱钩”和“弱脱钩”两种状态间波动，但多数年份呈现弱脱钩状态，表明经济增长速度快于碳排放增幅。2001～2012 年碳排放多数年份处于“弱脱钩”状态，表明该时间段 GDP 持续增长，而碳排放的增速相对较低。2013～2021 年总体表现为“强脱钩”，这可能是由于绿色技术的逐步应用以及农业现代化在一定程度上减缓了碳排放的增幅。2020 年和 2021 年表现为“扩张负脱钩”和“弱脱钩”，反映出尽管经济有所恢复，但碳排放依然存在增长压力，可能是由于经济复苏带来的能源需求增加，以及低碳农业技术的推广效果未能完全抵消新增碳排放量。

2001～2021 年农业源氮排放脱钩状态以“强脱钩”为主，尤其在 2002 年到 2016 年期间，氮排放和经济增长基本没有显著相关性，表明在这一时期可能通过提升农业管理水平，如减少化肥使用和优化种植结构等方式实现了氮排放的控制。2017 年和 2020 年氮排放状态变为“扩张连接”和“扩张负脱钩”，意味经济活动的增加导致氮排放的显著增长，可能与农业扩展或氮肥施用量增加有关。2001～

2021年磷排放在大部分年份表现为“弱脱钩”，尤其在2003年到2013年期间，表明东江流域在农业源磷排放的管理上取得了较好的进展，可能与精细化施肥和磷资源回收利用技术的推广相关。2017年和2021年磷排放呈现“扩张负脱钩”和“扩张连接”状态，可能与磷肥的过度使用、农业生产模式未能有效转型等因素有关。

总体来看，东江流域的氮、磷排放与经济增长之间呈现较为明显的强脱钩状态，表明农业管理和环保政策的推动在此领域取得了显著成效。

表3.2.2　2001～2021年东江流域碳氮磷排放脱钩状态

年份	ΔGDP/GDP	碳排放脱钩状态	氮排放脱钩状态	磷排放脱钩状态
2001	−0.033	弱负脱钩	强负脱钩	强负脱钩
2002	0.251	强脱钩	强脱钩	强脱钩
2003	0.180	强脱钩	弱脱钩	弱脱钩
2004	0.156	弱脱钩	弱脱钩	弱脱钩
2005	0.262	弱脱钩	弱脱钩	弱脱钩
2006	0.182	弱脱钩	强脱钩	强脱钩
2007	0.192	弱脱钩	强脱钩	强脱钩
2008	0.149	弱脱钩	弱脱钩	弱脱钩
2009	0.067	弱脱钩	弱脱钩	弱脱钩
2010	0.192	弱脱钩	强脱钩	弱脱钩
2011	0.205	弱脱钩	弱脱钩	弱脱钩
2012	0.123	弱脱钩	弱脱钩	弱脱钩
2013	0.121	强脱钩	强脱钩	强脱钩
2014	0.113	强脱钩	强脱钩	弱脱钩
2015	0.100	弱脱钩	弱脱钩	弱脱钩
2016	0.135	强脱钩	强脱钩	强脱钩
2017	0.070	弱脱钩	扩张连接	扩张负脱钩
2018	0.084	强脱钩	强脱钩	强脱钩
2019	0.056	强脱钩	强脱钩	强脱钩
2020	0.013	扩张负脱钩	扩张负脱钩	强脱钩
2021	0.070	弱脱钩	弱脱钩	扩张连接

3.2.3　区县碳氮磷脱钩状态变化

东江流域跨越江西和广东两省，从上游到下游流经经济发展程度不同的地区，不同地区的农业源碳氮磷排放脱钩状态可能存在差异。表 3.2.3 展示了 2001～2021 年东江流域及各区县农业源碳氮磷排放与 GDP 增长的脱钩状态。东江流域农业源碳氮磷排放均表现为“弱脱钩”状态，意味着地区的经济增长较快，而农业源碳氮磷排放增速低于 GDP 增速。这表明东江流域在 2001～2021 年，经济增长对农业源碳氮磷排放的驱动作用有所减弱。尽管研究期间农业源碳氮磷排放总量依然有所增加，但整体增速相对较慢，低于经济增长速度。从具体区县看，东江流域不同区县之间的农业源碳氮磷排放脱钩状态有所差异，多数地区如定南县、东源县、和平县、龙川县、紫金县、连平县等均表现为农业源碳氮磷排放的“弱脱钩”状态。这些地区的碳氮磷排放增速较经济增长略慢，但整体仍呈上升趋势，显示出在经济发展的过程中，排放控制成效相对有限，未来针对这些地区的政策应着重于提高排放控制技术，如推广绿色农业技术和节能减排技术，并加强政策引导和投资支持。安远县、寻乌县和龙岗区等地区表现为碳氮磷排放的“强脱钩”，表明这些地区的排放量与经济增长之间的关系较为松散，可能与区域的产业结构有关，这些区域多分布在工业和服务业较为发达的地区，农业对经济增长的贡献相对较弱，未来可通过推动低碳技术、绿色能源发展等进一步减轻经济增长对排放的压力，继续保持或增强脱钩状态。

表 3.2.3　2001～2021 年东江流域及各区县脱钩状态

地区	ΔGDP/GDP	碳排放	氮排放	磷排放
东江流域	10.996	弱脱钩	弱脱钩	弱脱钩
安远县	9.799	强脱钩	强脱钩	强脱钩
定南县	31.522	弱脱钩	弱脱钩	弱脱钩
寻乌县	12.799	强脱钩	强脱钩	强脱钩
源城区	37.256	强脱钩	强脱钩	弱脱钩
东源县	12.605	弱脱钩	弱脱钩	弱脱钩
和平县	10.534	弱脱钩	弱脱钩	弱脱钩
龙川县	5.841	弱脱钩	弱脱钩	弱脱钩
紫金县	8.746	弱脱钩	弱脱钩	弱脱钩
连平县	6.362	弱脱钩	弱脱钩	弱脱钩
博罗县	8.065	弱脱钩	强脱钩	强脱钩

续表

地区	ΔGDP/GDP	碳排放	氮排放	磷排放
惠城区（旧）	11.974	弱脱钩	弱脱钩	弱脱钩
惠东县	7.033	弱脱钩	弱脱钩	弱脱钩
惠阳区	12.608	弱脱钩	强脱钩	强脱钩
龙门县	9.325	弱脱钩	弱脱钩	弱脱钩
龙岗区	11.935	强脱钩	强脱钩	强脱钩
新丰县	7.526	弱脱钩	弱脱钩	弱脱钩
兴宁市	3.674	弱脱钩	弱脱钩	弱脱钩

注：为保证数据的一致性和可比性，未将仲恺区、大亚湾区以及坪山区单独列出。

3.3　碳氮磷耦合协调度与驱动效应评估

3.3.1　耦合协调度模型

为评估东江流域农业源碳、氮、磷排放量三者间的协调性，采用耦合协调度进行测算。由于三者在数量级有一定差距，在计算耦合协调度之前对三者的指标进行标准化，采用极差法进行数据处理，由于排放指标被认为是越小越好，故采用负向指标标准化方法处理，以消除指标量纲带来的影响，具体计算方式如下：

$$U_{ij}=\frac{\max(x_j)-x_{ij}}{\max(x_j)-\min(x_j)} \tag{3.3.1}$$

式中，U 为指标标准化值；x_{ij} 为第 i 年中 j 指标的取值；$\max(x_j)$和 $\min(x_j)$分别为第 j 个指标的最大值和最小值。

耦合度的计算是引用物理学中的容量耦合系数模型，计算公式如下：

$$C_i=\sqrt[n]{\frac{\prod_j U_{ij}}{\frac{1}{n}\sum_j U_{ij}}} \tag{3.3.2}$$

式中，C_i 为第 i 年不同指标的耦合度；n 为指标的数量。耦合度 C 的取值范围为 0～1，当 C 趋于 0 时，表明系统各序参量处于无关且无序发展的状态，当 C 趋于 1 时，系统达到良性共振耦合且趋于良性有序发展状态。但耦合度只能反映系统相互作用程度的强弱，无法反映协调发展水平的高低。因此，需引入耦合协调度模型。

协调度反映了不同子系统表现出来的综合效能，其计算模型如下：

$$T_i = \sum_j W_j \cdot U_{ij} \tag{3.3.3}$$

式中，T 为协调度；W 为指标对综合评价的权重，这里认为评价指标具有相同的重要性，采用均权法确定权重，即 $W_j = 1/n$。

耦合协调度是耦合度和协调度两个指标的综合，其计算公式如下：

$$D_i = \sqrt{C_i \cdot T_i} \tag{3.3.4}$$

式中，D 为系统的耦合协调度，取值范围为 0～1，D 越接近 1 表示协调性越好，具体耦合协调度的等级划分如表 3.3.1 所示。

表 3.3.1　系统耦合协调度 *D* 等级划分

D	[0.0, 0.2)	[0.2, 0.4)	[0.4, 0.6)	[0.6, 0.8)	[0.8, 1.0]
协调水平	严重失衡	中度失衡	基本协调	适度协调	良好协调

3.3.2　LMDI 分解分析模型

研究碳排放和污染物负荷变化驱动效应的方法主要包括 LMDI 法、结构分解分析（SDA）法、IPAT 法及其改进的 STIRPAT 法和灰色关联度法等（张惠芳等，2019；刘茂辉等，2022；Makuteniene et al.，2022；Yu et al.，2022）。其中，LMDI 法具有原理简单、容易建模、分解项无残差余项、满足因素可逆等优势，成为研究碳排放和污染物变化驱动力的主流方法之一。本节选择 LMDI 法，结合现有碳氮磷排放驱动研究结果，将农业源碳氮磷的驱动力分解为污染物排放强度效应、农业生产效率、农业能源效率、能源强度、人口结构、人口规模、种植结构，采用 Kaya 恒等式分解如下：

$$E_i = \frac{E_i}{\mathrm{TSA}} \cdot \frac{\mathrm{TSA}}{\mathrm{PPV}} \cdot \frac{\mathrm{PPV}}{\mathrm{AEC}} \cdot \frac{\mathrm{AEC}}{P_{\mathrm{r}}} \cdot \frac{P_{\mathrm{r}}}{P_{\mathrm{t}}} \cdot P_{\mathrm{t}} \cdot \frac{\sum \mathrm{TSA}_j}{\mathrm{TSA}} \tag{3.3.5}$$

式中，E_i 表示区域农业源第 i 种污染物的排放量；TSA 为总种植面积；PPV 为第一产业增加值；AEC 为农业能源消耗总量；P_{r} 为农村人口数量；P_{t} 为总人口数量；TSA_j 为第 j 种农作物种植面积。其中 E_i/TSA 代表第 i 种污染物排放强度效应，下面用 Pei 表示；TSA/PPV 代表农业生产效率，下面用 Ape 表示；PPV/AEC 代表农业能源效率，下面用 Aee 表示；AEC/P_{r} 代表能源强度效应，下面用 Eie 表示，$P_{\mathrm{r}}/P_{\mathrm{t}}$ 表示人口结构效应，下面用 Pse 表示；P_{t} 表示人口规模，下面用 Ps 表示；$\Sigma\mathrm{TSA}_j$/TSA 表示种植结构效应，下面用 $\Sigma\mathrm{Pst}_j$ 表示。

根据 LMDI 因素分解，从时间 $t0$ 到 $t1$ 的 E_i 变化可以用如下公式推导：

$$\Delta E_i = \frac{E_i^{t1} - E_i^{t0}}{\ln\left(E_i^{t1}\right) - \ln\left(E_i^{t0}\right)} \cdot \sum_j \left[\ln\left(\frac{\text{Pei}^{t1}}{\text{Pei}^{t0}} \cdot \frac{\text{Ape}^{t1}}{\text{Ape}^{t0}} \cdot \frac{\text{Aee}^{t1}}{\text{Aee}^{t0}} \cdot \frac{\text{Eie}^{t1}}{\text{Eie}^{t0}} \cdot \frac{\text{Pse}^{t1}}{\text{Pse}^{t0}} \cdot \frac{\text{Ps}^{t1}}{\text{Ps}^{t0}} \cdot \frac{\text{Pst}_j^{t1}}{\text{Pst}_j^{t0}} \right) \right] \tag{3.3.6}$$

因此，污染物排放强度效应、经济结构、经济发展水平、城镇化水平和人口效应因素贡献可表示为

$$\Delta\text{Pei} = \alpha \cdot \ln\left(\frac{\text{Pei}^{t1}}{\text{Pei}^{t0}}\right) \cdot J \tag{3.3.7}$$

$$\Delta\text{Ape} = \alpha \cdot \ln\left(\frac{\text{Ape}^{t1}}{\text{Ape}^{t0}}\right) \cdot J \tag{3.3.8}$$

$$\Delta\text{Aee} = \alpha \cdot \ln\left(\frac{\text{Aee}^{t1}}{\text{Aee}^{t0}}\right) \cdot J \tag{3.3.9}$$

$$\Delta\text{Eie} = \alpha \cdot \ln\left(\frac{\text{Eie}^{t1}}{\text{Eie}^{t0}}\right) \cdot J \tag{3.3.10}$$

$$\Delta\text{Pse} = \alpha \cdot \ln\left(\frac{\text{Pse}^{t1}}{\text{Pse}^{t0}}\right) \cdot J \tag{3.3.11}$$

$$\Delta\text{Ps} = \alpha \cdot \ln\left(\frac{\text{Ps}^{t1}}{\text{Ps}^{t0}}\right) \cdot J \tag{3.3.12}$$

$$\Delta\text{Pst}_j = \alpha \cdot \ln\left(\frac{\text{Pst}_j^{t1}}{\text{Pst}_j^{t0}}\right) \tag{3.3.13}$$

式中，$\alpha = \dfrac{E_i^{t1} - E_i^{t0}}{\ln\left(E_i^{t1}\right) - \ln\left(E_i^{t0}\right)}$；$J$ 为农作物类型总数。

区域农业源碳、氮和磷的排放量变化可表示为

$$\Delta E_i = \Delta\text{Pei} + \Delta\text{Ape} + \Delta\text{Aee} + \Delta\text{Eie} + \Delta\text{Pse} + \Delta\text{Ps} + \sum \Delta\text{Pst}_j \tag{3.3.14}$$

3.3.3　碳氮磷排放耦合协调度演变特征

2000～2021 年东江流域农业源碳氮磷排放系统耦合协调分析结果如图 3.3.1 所示。从 2000 年到 2021 年，耦合协调度整体呈现出较为明显的波动和下降趋势。其中，在 2000～2008 年，耦合协调度保持在“良好协调”，在这个时期，东江流域的碳、氮、磷排放之间的耦合协调度保持在较高水平。在 2009～2016 年，耦合协调度有所下降，进入“基本协调”区间，仍能保持在较高的协调状态，碳氮磷排放处于相对稳定状态。2017 年耦合协调度急剧下降至 0.16，进入“严重失衡”状态，这可能是因为 2017 年河源市大力发展农业导致各县城氮肥和磷肥施用量大

幅度增加，给环境带来巨大压力。从2018年开始，耦合协调度有所回升，显示出一定的恢复迹象，但整体仍处于“基本协调”或“中度失衡”状态。总体来看，东江流域碳氮磷耦合协调度水平呈现波动下降的趋势，表明农业源碳氮磷排放逐步趋向不协调，三者之间的耦合度逐渐减弱，表现出排放量同步增长的趋势。因此，开展东江流域的农业源碳氮磷协同增效调控具有十分重要的意义。

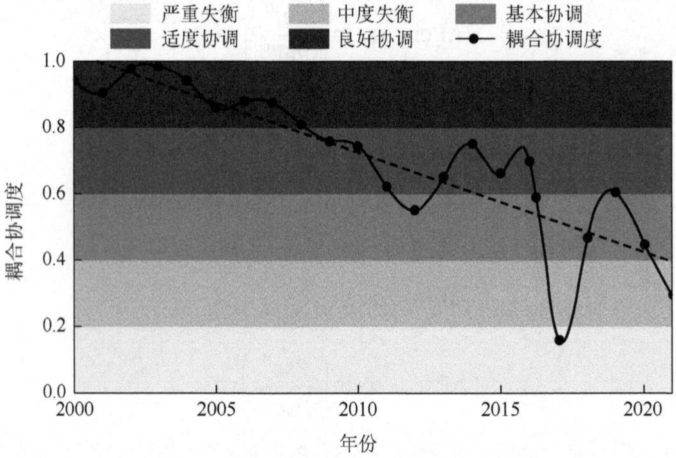

图 3.3.1　2000～2021年东江流域农业源碳氮磷排放系统耦合协调度分析结果

2000～2021年东江流域各区县碳氮磷排放耦合协调度M-K趋势检验结果如图3.3.2所示，$Z>1.96$的地区有安远县、龙岗区和坪山区共3个区县，表明这些

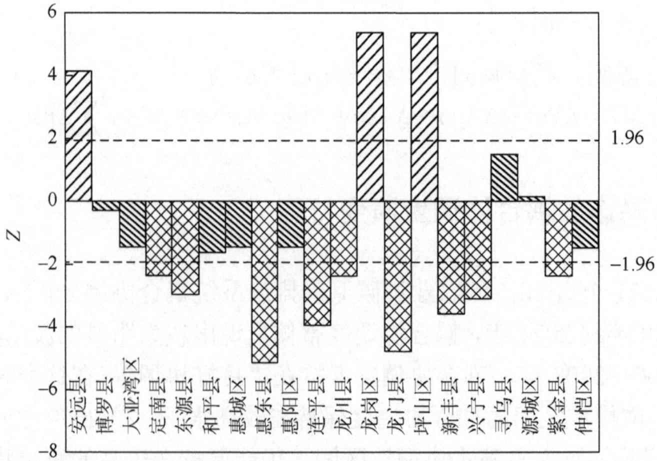

图 3.3.2　东江流域各区县耦合协调度M-K趋势检验结果

区县农业源碳氮磷排放系统的演变趋势表现出一致性。具体而言，这些区县中农业源碳氮磷排放耦合协调度呈现出同步上升的趋势，可能与地区农业源排放控制措施的加强、污染治理力度的提升或者农业生产方式的优化有关。$Z<-1.96$ 的地区有定南县、东源县和惠东县等 9 个区县，这些区域的农业源碳氮磷排放系统的发展趋势具有较大的差异性。区县的耦合协调度整体表现为下降的趋势，即农业源排放的碳、氮、磷之间未能有效协调，且随着时间的推移，这些区县的排放水平呈现出不断上升的趋势。部分区县在碳氮磷耦合协调度上未表现出明显的变化趋势。这些区县可能处于排放稳定或无显著变动的状态。

3.3.4 驱动因子与驱动效应评估

2000～2021 年东江流域碳氮磷排放量变化的驱动因子与驱动效应的解析结构如图 3.3.3 所示。碳排放驱动的正向驱动因子有种植结构、能源强度和人口规模。

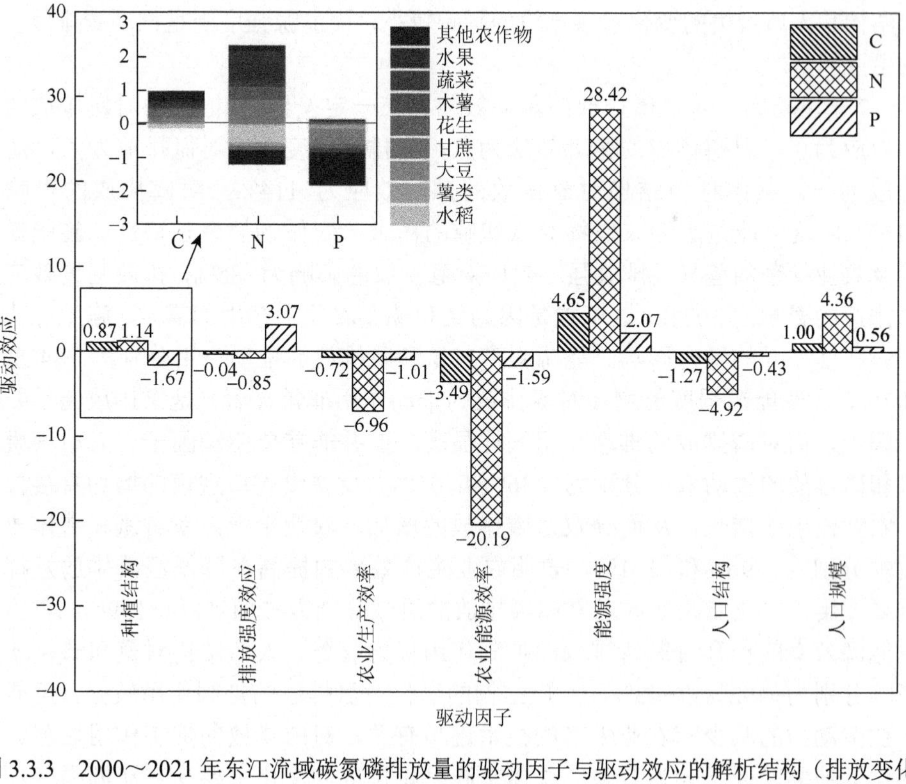

图 3.3.3　2000～2021 年东江流域碳氮磷排放量的驱动因子与驱动效应的解析结构（排放变化总量为 100%）

（扫封底二维码获取彩图）

其中，种植结构对碳排放的贡献为 87%，表明种植结构的变化在东江流域碳排放的变化中具有重要作用。能源强度对碳排放的贡献为 465%，表明能源强度的增加是导致碳排放上升的主要因素。在农业集约化进程加速推进的背景下，农业生产过程中的能源消耗，显著推动了碳排放的增加。人口规模对碳排放的贡献为 100%，随着人口的增长，农产品需求量以及农业生产活动水平提高，导致碳排放的增加。负向驱动因子有排放强度效应、农业生产效率、农业能源效率和人口结构。其中排放强度效应对碳排放的影响为−4%，这一负向作用显示出碳排放强度的降低对总排放的抑制作用，但其贡献相对较小，表明虽然碳排放强度有所减少，但在总体碳排放控制中的作用有限。农业生产效率的变化带来了−72%的贡献，表明农业生产效率的提升有效减少了碳排放。随着农业生产效率的提高，相同的生产量消耗了更少的资源，减少了碳排放。农业能源效率的变化产生了−349%的贡献，意味着农业能源效率的提升对碳排放的减少起到了显著的促进作用。提高农业能源效率显著降低了农业生产中能源的消耗，从而减少了与能源使用相关的碳排放。综上所述，碳排放的变化主要受种植结构、能源强度和人口规模的影响，其中种植结构和人口规模的变化对碳排放的影响较小，而能源强度则是推动碳排放上升的主要因素。

7 个驱动因子对氮磷排放的驱动效应存在一定差异。种植结构对氮排放的驱动效应为正，对磷排放的驱动效应为负，而排放强度效应对氮排放为负，对磷排放为正。其中种植结构对氮排放的推动效应为 114%，对磷排放的影响为−167%，这可能是因为农作物对氮和磷的需求、农作物的生长特性、施肥模式以及农业管理的差异。排放强度效应对氮排放的影响为−85%，排放强度效应对磷排放的影响为 307%，这可能是因为氮和磷在农业生产中的需求、施肥方式和肥料特性差异的综合影响。能源强度对氮和磷排放的推动作用分别为 2842%和 207%，表明能源强度的增加对氮排放的推动作用非常显著，是氮排放的首要驱动因子，而对磷排放的推动作用同样显著，但并非首要驱动因子。人口规模对氮和磷排放的推动效应分别为 436%和 56%，反映出人口规模的增加直接推动了农业需求的增长，从而导致氮磷排放的增加。农业生产效率对氮和磷排放的贡献分别为−696%和−101%，表明农业生产效率的提高在降低氮磷排放发挥了重要作用。农业能源效率对氮和磷排放的贡献分别为−2019%和−159%，表明农业能源效率的提升对氮磷排放的抑制作用极为显著。人口结构对氮和磷排放的影响分别为−492%和−43%，人口结构的变化对氮排放的抑制作用较强，可能与农业劳动力的减少和农业生产的技术进步有关，对磷排放的抑制作用显著，但相比其他驱动因子较为有限。总体来看，氮排放的变化主要受到能源强度、种植结构和人口规模的推动，其中能源强度的增加是导致氮排放上升的首要驱动因子，而农业生产效率和能源效率的提升在一定程度上减缓了氮排放的增长。

磷排放的变化主要受到排放强度效应和能源强度的推动作用，而种植结构、农业生产效率和能源效率的变化则有助于减少磷排放。

化肥是氮磷排放的主要来源，但结果表明种植结构的驱动效应并不显著，其原因可能在于种植结构的变化往往是渐进的，受到土壤肥力、气候条件、经济效益等多方面因素的制约。在短期内，种植结构的微小变化难以显著改变化肥的施用量或施肥方式，从而影响氮磷排放水平。因此，要在更大范围内实现氮磷排放的有效减少，还需对不同农作物的驱动效应进行分析，结果发现，对氮排放驱动效应最为显著的有蔬菜和大豆，驱动效应分别为 94.00%和 72.93%，对磷排放驱动效应最为显著的有花生和水果，驱动效应为 10.35%和 4.02%。

2000～2021 年东江流域碳氮磷排放驱动效应变化特征如图 3.3.4 所示。不同因素在不同年份对排放效应的贡献具有差异。2001～2008 年，种植结构对碳氮磷排放的驱动效应表现出正负交替的波动变化，表明农业生产方式的调整和种植模式的变化尚未充分优化，导致排放在不同年份表现出不一致的趋势；2009～2021 年，种植结构对碳氮磷排放的驱动效应普遍表现为正向驱动，反映了这一时期农业种植结构的进一步优化，优化调整促进了生产效率的提高，同时也导致了碳氮磷排放的增长。排放强度效应对碳氮磷排放的驱动效应呈现较为复杂的波动，大部分年份表现正向驱动，这一趋势反映了尽管生产过程中的效率有所提高，但由于生产规模的扩大和资源消耗的增加，排放强度依然维持在较高水平，碳氮磷排放的整体增加。农业生产效率对碳氮磷排放的驱动效应普遍为负向驱动，可能由于技术革新和生产方式的优化提高了农业生产效率，带来了排放的减少。农业能源效率在前期的波动较大，反映了当时农业生产模式、能源结构以及自然条件等多方面因素的交互作用和复杂性，后续随着技术的引入、政策的支持和农业结构的优化，农业能源效率在之后的时期逐渐得到改善。人口结构对碳氮磷排放的驱动效应呈现出正负交替的波动，但总体表现为负向驱动，人口结构的调整对农业生产模式产生了复杂影响，一些年份人口结构的优化有助于降低排放，但在其他年份，劳动力的缺乏和非农业人口的增多反而导致了农业生产排放的上升。人口规模对碳氮磷排放的驱动效应波动变化，总体呈现为正向驱动，表明随着人口规模的增加，农产品需求不断扩大，导致农业碳氮磷排放的上升。

尽管各因素的驱动效应在整个时期内正负交替波动，但 2011～2021 年驱动效应变化幅度相比 2000～2010 年较小。2000～2010 年，驱动效应幅度变化较大，主要与技术引入、政策波动、经济增长和农业转型初期的不稳定因素密切相关。而在 2011～2021 年，随着技术逐步成熟、政策体系逐渐稳定、产业结构持续优化，能源效率提升的幅度减小，驱动效应变得更加平稳。这一阶段，能源和环保政策逐步引导农业向绿色发展转型，同时经济增长放缓、市场需求趋稳，导致驱动效应趋于平稳。

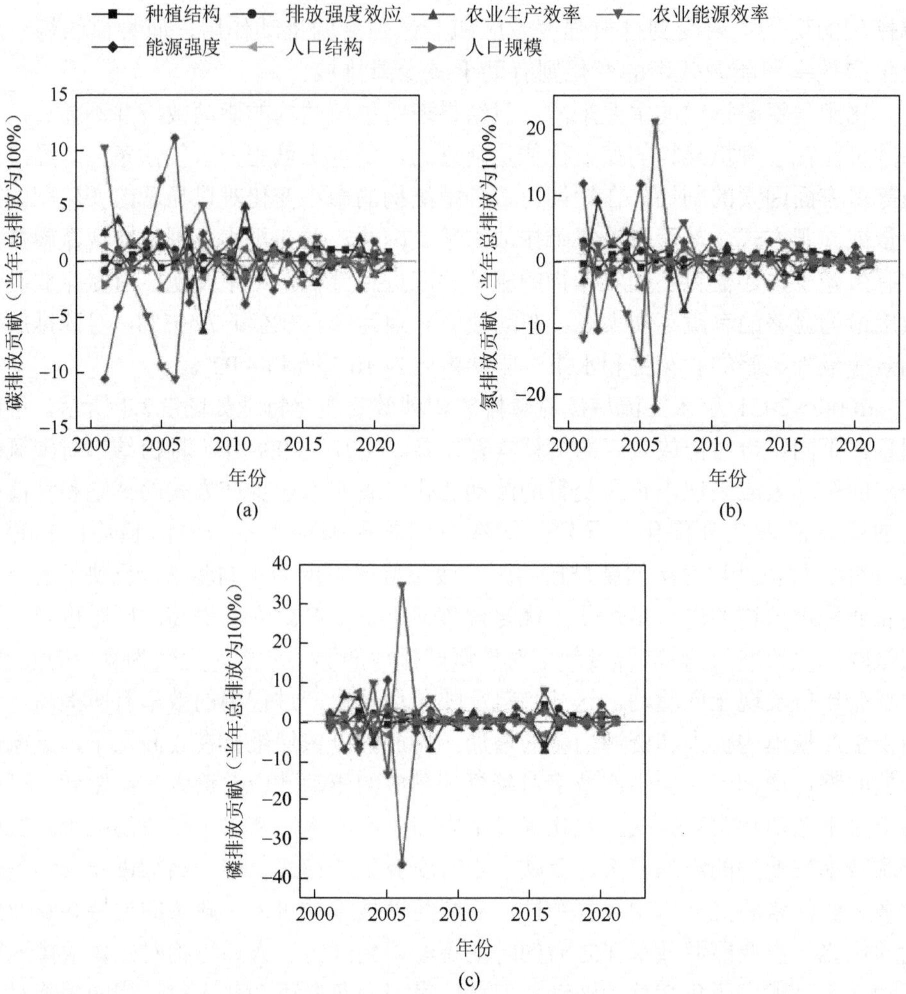

图 3.3.4　2000～2021 年东江流域碳氮磷驱动效应变化特征

（扫封底二维码获取彩图）

参 考 文 献

姜钰卿，唐旭，任凯鹏，等，2022. 基于双层嵌套 SDA 的中国减污降碳驱动因素研究[J]. 系统工程理论与实践，42（12）：3294-3304.

刘茂辉，刘胜楠，李婧，等，2022. 天津市减污降碳协同效应评估与预测[J]. 中国环境科学，42（8）：3940-3949.

刘晓永，李书田，2017. 中国秸秆养分资源及还田的时空分布特征[J]. 农业工程学报，33（21）：1-19.

毛中明，杨豪毅，刘陈思雨，等，2021. 基于 LMDI 方法的恩施州化肥施用驱动因素分析[J]. 农业工程学报，37（13）：111-120.

王家一，孙亭亭，沙润钰，等，2023. 富营养化湖泊蓝藻打捞减污降碳效果模拟研究[J]. 生态环境学报，32（6）：

1108-1114.

项颂，吴越，吕兴菊，等，2020. 洱海流域农业面源污染空间分布特征及分类控制策略[J]. 环境科学研究，33（11）：2474-2483.

尹岩，郗凤明，邴龙飞，等，2021. 我国设施农业碳排放核算及碳减排路径[J]. 应用生态学报，32（11）：3856-3864.

张惠芳，刘欢，苏辉东，等，2019. 1995～2014 年拉萨河流域水环境变化及其驱动力[J]. 生态学报，39（3）：770-778.

郑田甜，赵筱青，卢飞飞，等，2019. 云南星云湖流域种植业面源污染驱动力分析[J]. 生态与农村环境学报，35（6）：730-737.

邹凯波，张玉虎，刘晓伟，等，2022. 气候变化下乌伦古河流域农业面源污染负荷响应[J]. 干旱区研究，39（2）：625-637.

Dai X W，Sun Z L，Muller D，2021. Driving factors of direct greenhouse gas emissions from China's pig industry from 1976 to 2016[J]. Journal of Integrative Agriculture，20（1）：319-329.

Dubey A，Lal R，2009. Carbon footprint and sustainability of agricultural production systems in Punjab，India，and Ohio，USA[J]. Journal of Crop Improvement，23（4），332-350.

Makuteniene D，Perkumiene D，Makutenas V，2022. Logarithmic mean Divisia index decomposition based on Kaya identity of GHG emissions from agricultural sector in Baltic States[J]. Energies，15（3）：1195.

Tan S J，Xie D T，Ni J P，et al.，2023. Output characteristics and driving factors of non-point source nitrogen（N）and phosphorus（P）in the Three Gorges reservoir area（TGRA）based on migration process：1995-2020[J]. Science of the Total Environment，875：162543.

West T O，Marland G，2002. A synthesis of carbon sequestration，carbon emissions，and net carbon flux in agriculture: Comparing tillage practices in the United States[J]. Agriculture，Ecosystems & Environment，91（1-3）：217-232.

Yu F，Dong H J，Geng Y，et al.，2022. Uncovering the differences of household carbon footprints and driving forces between China and Japan[J]. Energy Policy，165：112990.

第 4 章　东江流域水环境碳氮磷源解析

溶解性有机质（dissolved organic matter，DOM）是人为干扰河流中有机污染物的关键来源，解析其组成和来源特征对于河流水质安全保障具有重要意义。东江是粤港澳大湾区的重要水源地和水质变化敏感区，尚缺乏针对东江干流和支流 DOM 分布特征与来源分析的研究。本章基于东江干流和支流的水环境样品，采用平行因子分析（parallel factor analysis，PARAFAC）对该流域水体的三维荧光光谱（3D-EEM）特征进行解析，并结合常规水质指标和流域特征数据，探究水体 DOM 的组分特征、空间分布特性以及来源。

4.1　基于三维荧光光谱的东江碳源解析

DOM 是陆地和水生生态系统中一种重要的活跃化学组分，广泛分布于土壤、河流、湖泊、湿地等环境中，其存在对维持生态系统的健康具有深远的影响。DOM 的组成成分较为复杂，包含了富里酸和腐殖酸两类典型的天然有机酸以及蛋白质、脂肪和多种小分子有机酸等物质。在水环境中，DOM 多以溶解性有机碳（DOC）的形式存在，是全球水体有机碳的一个重要储存库。它不仅能为水生生物提供生长代谢所需的营养物质及丰富的碳源和能源（Ni and Li，2020），而且能参与水体中金属离子和持久性有机污染物（POPs）等无机或有机污染物的络合反应，从而影响它们的运输、转化与生物利用过程（Liang et al.，2023）。DOM 的来源复杂多样，除水环境中动植物残体与代谢产物等自然生成的自生源外，也包括了陆地、大气以及人类活动所产生的外生源等（吴函鸿等，2024）。DOM 在水体中的组分与分布特征反映了人与自然为复合因素对水生生态系统健康的复合影响，开展 DOM 溯源对解析水体受胁迫状态和污染控制具有重要支撑作用。

水体中 DOM 是一类具有复杂来源、多种结构和环境效应的有机混合物，其复杂成分和性质导致难以有效解析其来源。针对有机质的源解析方法，目前常用的溯源技术包括稳定同位素技术、紫外可见吸收光谱、三维荧光光谱等（吴函鸿等，2024）。其中，Toming 等（2013）采用了稳定同位素技术对大型浅水富营养化湖泊的有机质来源进行解析，结果表明稳定同位素技术是一种追踪有机质转化过程的有效方法，但稳定同位素技术测定成本较高，仅能分析有机质中单一的碳素来源；紫外可见吸收光谱由于操作简便被广泛应用于大量 DOM 样品的初步筛选和分类，但存在对低浓度 DOM 来源及有机质组成信息解析的不足。近年来，3D-EEM 成为解析水体有机质组分和来源的重要技术，将 3D-EEM 与 PARAFAC 相结合的源解析技术被广泛应用于解析河流和湖泊等各类水体中 DOM 的组成结构与各组分的分布特征，这一技术也成为了当前探究流域水体中 DOM 特性的热点方法（Stedmon and Bro，2008）。在国内外各专家对流域 DOM 来源解析中，证实了 PARAFAC 模型可以对流域水体所检测出的复杂三维荧光光谱进行数据信息分解，同时实现对低浓度 DOM 的来源和组成结构更加精确地解析（侯嫔等，2024）。

东江流域跨越江西和广东两省，是珠江三大干流之一，承担粤港澳大湾区生产和生活水源的重要功能。在自然环境和人类活动等变化的影响下，东江干支流水质呈现显著变化，尤其是有机污染问题突出，严重威胁了东江水质安全保障。目前在针对东江流域的水环境质量研究中，主要关注水体氮磷通量、污染物赋存、土地利用变化影响等，部分研究针对支流的 DOM 特征开展了评估，发现东江支流的有机污染较为严重，但对东江干支流全水系中 DOM 组分及来源等的研究较少，亟须开展东江全流域多维空间尺度的 DOM 源解析研究。本节基于东江全流域水环境采样数据，利用 PARAFAC 对流域水体 3D-EEM 进行解析，深入探讨东江干支流中 DOM 的组成结构及其空间分布特征。此外结合常规水质指标和流域特征数据，挖掘流域中 DOM 荧光组分及其来源与水质超标之间的潜在相关性。通过上述方法，旨在为维护东江流域的水生生态系统健康及水质安全管理提供科学支撑。

4.1.1　三维荧光光谱-平行因子分析法

（1）样品测定

本节选择在东江流域干流及其典型支流汇入口区域进行水样采集，采样点位以广东省最大的干流型水库——枫树坝水库为始发点，自北向南共布设了 23 个采样点位，剔除不可用数据后，保留 19 个采样点位（表 4.1.1）。采样时间选择在 2024 年 6 月，该时期正处于东江流域的丰水期。将采集的样品放入低温避光的保温箱中保存，并及时运回实验室进行相关指标检测。对采集水样进行高锰酸盐指数（COD_{Mn}）、溶解性有机碳（DOC）、总氮（TN）、总磷（TP）等常规水质指标检测。使用总有机碳测定仪（岛津 TOC-L CPH）对 DOC 指标进行测定，其余指标均采用哈希 DR-1900 便携式分光光度计。根据哈希公司配备的《水质分析实用手册》中提供实验方法，采用 TNT 试管测定 COD_{Mn}；采用过硫酸盐氧化法测定 TN；采用 USEPA PhosVer® 3 消解-抗坏血酸法测定 TP，并对数据结果进行统计处理。

表 4.1.1　东江 DOM 等水质数据采样点位

采样点位名称	采样点位编号	位置	经度	纬度
枫树坝水库	G1	干流	115°36′	24°41′
浰江口	Z1	支流	115°14′	24°29′
龙川	G2	干流	115°25′	24°12′
康禾河口	Z2	支流	115°07′	23°94′
新丰江口	Z3	支流	114°68′	23°74′
河源	G3	干流	114°70′	23°73′
柏埔河口	Z4	支流	114°70′	23°66′
义容河口	Z5	支流	114°70′	23°52′
秋香江口	G4	支流	114°64′	23°41′
岭下	Z6	干流	114°57′	23°25′
西枝江口	G5	支流	114°45′	23°07′
博罗	Z7	干流	114°27′	23°16′
石马河口	G6	支流	114°06′	22°95′
石龙	G7	干流	113°89′	23°11′
增江口	Z8	支流	113°79′	23°17′
樟村	G8	干流	113°77′	23°07′
大墩	G9	干流	113°68′	23°13′
大盛	G10	干流	113°54′	23°07′
沙田泗盛	G11	干流	113°59′	22°91′

对采集水样中 DOM 进行三维荧光光谱测定。检测仪器使用日立 F-4700 FL 分光光度计，将三维荧光光谱的扫描范围设定为激发波长（EX）与发射波长（EM）均为 200～600 nm，且狭缝宽度为 5 nm，以 12 000 nm/min 的扫描速度运行，扫描光谱进行仪器自动校正。后续将超纯水作为空白对照进行扫描，为消除拉曼散射对荧光光谱成像的影响，需将水样三维荧光光谱数值减去对应超纯水的三维荧光光谱数值，最终得到以拉曼（R. U.）为单位的荧光强度。

（2）平行因子分析法与荧光指数

PARAFAC 模型是一种高维数据分析方法，是当前确定 DOM 组分的常用方法。本节基于 PARAFAC 法对东江流域所采样品中 DOM 进行解析，该方法主要基于交替最小二乘法原理及其强大的多维数据矩阵分解技术，可将复杂的三维荧光光谱数据集拆解成三个重要的载荷矩阵以及一个残差矩阵，进而从复杂的 DOM

结构中解析出不同组分。运行 PARAFAC 模型的具体步骤包括：①数据预处理，主要包括消除拉曼散射和瑞利散射对荧光光谱成像的影响；②模型维度构建，通过构建 2～6 组分进行对比筛选，逐步确定因子矩阵被分解成多少个维度，即优选出最优的组分数量；③模型验证，利用 SplitData 函数对三维荧光光谱数据进行拆半检验分析，当拆半后两组数据均能通过检验才可证明模型拟合效果较好；④模型随机初始化，通过多次随机初始化和拟合，确保最终的模型是全局最优解。PARAFAC 模型计算公式表达如下：

$$X_{ijk} = \sum_{n=1}^{N} a_{jn} b_{kn} c_{in} + \varepsilon_{ijk} \tag{4.1.1}$$

式中，X_{ijk} 和 ε_{ijk} 分别代表三维矩阵和残差矩阵中的元素；a_{jn}、b_{kn} 和 c_{in} 分别表示激发光谱矩阵、发射光谱矩阵和相对浓度矩阵中的元素；N 代表独立的荧光组分数。

由于荧光强度与有机质组分浓度和性质密切相关，因此解析后所得到的最大荧光强度（F_{max}）常用于表征各有机质组分的相对含量。该模型独特之处在于，当数据满足一定的条件时，其分解结果是唯一的，这为数据的解释和后续分析提供了计算基础。使用 MATALB 软件中 DOMFluor 工具包对 19 个水样（23 个样品中剔除了 4 个异常值）中 DOM 的三维荧光光谱数据进行解析，识别荧光组分特征，并导出荧光特征参数如荧光指数（FI）、自生源指数（BIX）、腐殖化指数（HIX）。在 R studio 软件平台上，采用 ggplot2 和 corrplot 等包用于水质指标、荧光组分及荧光特征参数等之间的相关性分析以及数据图绘制。

基于东江流域 19 个采样点位的水质监测数据，统计了 COD_{Mn}、DOC、TN 和 TP 共 4 项常规水质指标的变化特征。东江流域中干流 COD_{Mn} 平均浓度为 2.74 mg/L，其中 63%的干流点位水样符合 I 类地表水标准，支流 COD_{Mn} 平均浓度为 2.24 mg/L，91%的支流点位水样符合 II 类以上地表水标准。DOC 可以反映水体中 DOM 的赋存水平，测得东江流域中 DOC 含量为 1.72～11.49 mg/L，干流和支流水体中平均浓度分别为 4.02 mg/L 和 3.81 mg/L，自然水体中 DOC 浓度介于 1～5 mg/L 时可认为水体中含有中等浓度的有机物。

4.1.2 DOM 的三维荧光光谱特征

将采集的水样进行三维荧光光谱分析，建立对应的 PARAFAC 模型，最终分析得到两类 3 种荧光组分，具体为 2 种类腐殖质荧光峰 C1 和 C3，以及 1 种类蛋白质荧光峰 C2，识别出各荧光组分的激发和发射光谱与传统荧光峰及已发表的研究结果较为接近（表 4.1.2）。

表 4.1.2　PARAFAC 模型获得的 DOM 荧光峰及其特征

组分	荧光类型	传统荧光峰	传统峰值/nm		本节测得峰值/nm		文献中的峰值/nm	
			EX	EM	EX	EM	EX	EM
C1	类腐殖质	A 峰	237～260	400～500	240	405	250 330	400（Kim et al.，2020）
		M 峰	约 312	380～420	325		250 310	400（Kowalczuk et al.，2009）
C2	类蛋白质	T2 峰	225～237	340～381	225	330	<230 275	334（Du et al.，2019）
		T1 峰	275	340	280		275	330（Du et al.，2019）
C3	类腐殖质	A 峰	237～260	400～500	270	465	<260 370	475（Dainard et al.，2015）
		C2 峰	370～390	460～480	360		<260 365	476（Chen et al.，2018）

从 3 种组分的 DOM 三维荧光光谱中可知（图 4.1.1），组分 C1、C2 和 C3 均具有 2 个激发峰和 1 个发射峰。其中组分 C1（EX/EM = 240～325 nm/405 nm）类似于传统 A 峰和 M 峰的组合，在以往河流等自然水体的研究中同样检测出相似组分，传统 M 峰主要来源于海洋自生腐殖质，分子结构复杂且稳定，在微生物降解中由较难降解的 DOM 组成，因此将组分 C1 定义为微生物自生腐殖质。组分 C3（EX/EM = 270～360 nm/465 nm）则类似于传统 A 峰和 C2 峰的组合，属于紫外光区类富里酸和可见光区类富里酸物质，主要与腐殖质结构中的羰基和羧基等有关，具有较高分子量，一般认为是陆源腐殖质，来源于陆地土壤及植物残体等。组分 C2（EX/EM = 225～280 nm/330 nm）类似于传统 T2 峰和 T1 峰的组合，属于高激发区类色氨酸和低激发区类色氨酸物质，该组分为游离氨基酸与蛋白质结合类物质，由微生物自身衍生生成的产物，主要代表自生源类色氨酸物质，其来源与水体富营养化和人类生活排污密切相关。

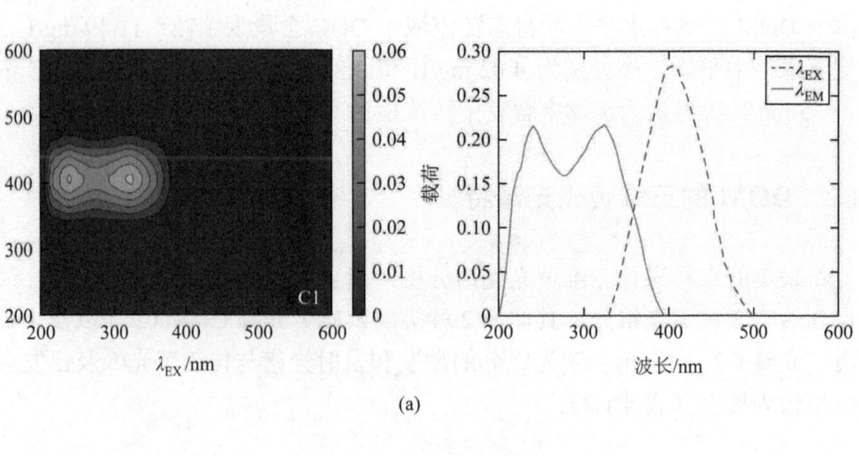

(a)

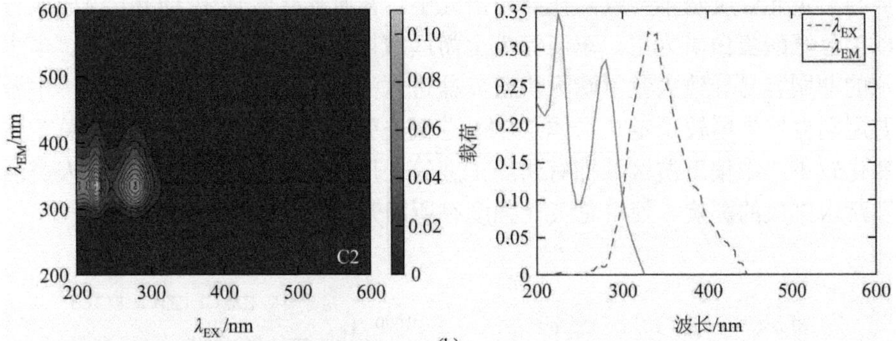

(b)

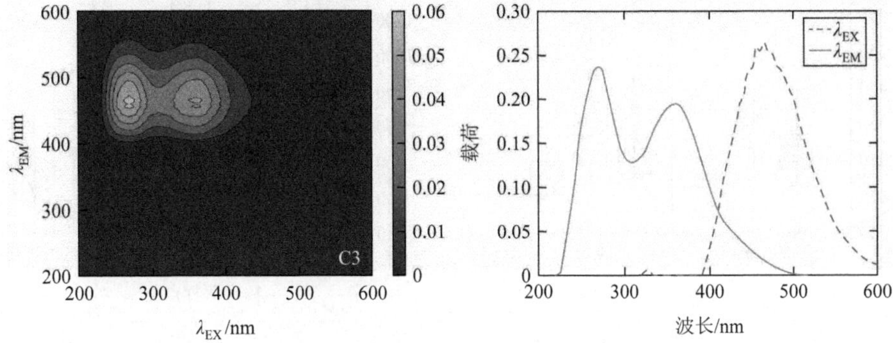

(c)

图 4.1.1　东江流域 DOM 荧光组分及其最大激发/发射波长分布

（扫封底二维码获取彩图）

4.1.3　水体 DOM 的三维荧光组分比例

本节采用各组分荧光强度（F_{max}）表征各对应有机质组分相对浓度的占比情况。根据东江流域所采水样中 DOM 各组分荧光强度及荧光组分占总组分比例可知，各采样点位中类色氨酸蛋白质组分 C2 明显占据较大的比例，所占比例基本在 40%以上，平均占比约为 41%；其次是微生物自生腐殖质组分 C1，平均占比约为 35%；陆源腐殖质组分 C3 所占比例最小，平均占比约为 24%。由图 4.1.2 观察可知，组分 C2 虽然在各采样点位中所占比例相对其他组分较大，但总体上看与组分 C1 所占比例相差较小。

从 F_{max} 空间分布变化趋势来看，从上游到下游总荧光强度呈现显著的波动变化特征（图 4.1.2）。Z2 点位的 DOM 总荧光强度最强，说明该点位周边环境受到污水排放影响较大或水体中生物降解残留物较多，从而导致类色氨酸蛋白质以及微生物自生腐殖质含量增加。各采样点位测得组分 C1 与 C2 在空间分布中的变化趋势与总荧光强度基本一致。在前人研究中，富营养化水体中 DOM 组成成分一般以类色氨酸蛋白质为主。东江流域上游区域以农业及畜禽养殖业为主，丰水期降水的冲刷容易导致大量氮磷无机营养盐进入河流，造成水体富营养化；中游和下游尾端自然生境较稳定，水体 DOM 总荧光强度降低且相邻采样点位总荧光强度变化较小；中偏下游区域拥有纺织工业等工厂以及密集的居民区，受人类活动以及污水排放的影响，使得总荧光强度有所回升。

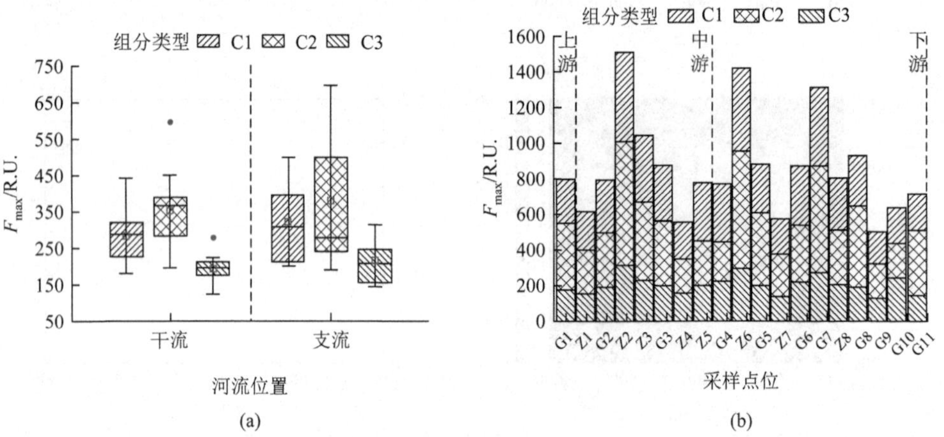

图 4.1.2　（a）干流各组分 F_{max} 的空间分布与（b）采样点位各组分相对比例

一方面可能受人为因素包括农业种植、居民活动等影响较大，从而导致水体中 N、P 等无机营养盐物质含量增加，微生物生长增殖活动加剧，使得各采集水样检测结果中类色氨酸蛋白质荧光组分含量较高，也增加了微生物自生腐殖质组分浓度；另一方面通过文献得知，东江流域在丰水期浮游植物的总密度约为 8.09×10^7 cells/L，该时期的优势物种有 4 种，以绿藻门和蓝藻门为主。而藻类死亡后大量堆积会释放类色氨酸蛋白质等物质，增强了水体的自生源特征，同时藻类也为水体中的微生物提供了丰富的碳源，促使微生物优先分解易降解有机物，从而降低了水体腐殖化程度。这与水质指标的分析结果一致，进一步支持了对东江流域该时期水体可能处于富营养化早期阶段的推断。

综上所述，不同采样点位水样中的 DOM 来源及其物质组成成分差异较小，可视为东江流域中 DOM 来源包括了自生源和外生源两种途径，但主要以自生源为主，成分以类色氨酸蛋白质为主。总荧光强度呈现出明显“升—降—升”的趋势，表明了上游与中偏下游区域水体中 DOM 浓度较高。因此在东江流域水质监管治理工作中，需要重视河岸周边工业废水排放、农业畜牧业污水排放以及人类活动对河流的影响。

4.1.4　DOM 的荧光特征参数分析

本节选取了荧光指数（FI）、自生源指数（BIX）、腐殖化指数（HIX）共 3 项荧光特征参数作为评估 DOM 来源特征的指标（表 4.1.3）。东江干支流的 FI 平均值为 2.23，最小值为 2.07，FI＞1.9 代表水体微生物活动自生源特征强烈，这表明了东江流域水体中 DOM 主要来源于微生物自生源（微生物代谢等自生源的转化）。BIX 的变化范围为 0.89～1.08，均值为 0.97，BIX 值越高代表着水体中 DOM 降解程度越高，当 BIX＞0.8 时表明微生物等生物活动活跃以及产生新自生源有机质的能力更强，水体自生源特征明显。HIX 可表征水体中 DOM 腐殖化程度，本节中测得 HIX 为 1.97～4.59，当 HIX＜4 时 DOM 呈弱腐殖化程度；4～6 时则呈较强腐殖化程度，东江流域大部分区域（除 g 点位和 j 点位外）HIX 值小于 4，表现出较弱的腐殖化程度。

表 4.1.3　荧光特征参数统计结果

指标	平均值	最大值	最小值	样本标准差
FI	2.23	2.49	2.07	0.11
BIX	0.97	1.08	0.89	0.05
HIX	2.85	4.59	1.97	0.69

从各荧光指数在空间分布趋势来看（图 4.1.3），FI 值与 BIX 值几乎保持稳定状态，但流域中 HIX 值呈现剧烈上下波动现象，这表明了各采样点位水质差异较大，不同点位环境较为复杂，可能受工业排放及人类活动影响为主。总体上看，各荧光指标统计数据均表明了东江流域有较强的 DOM 自生源，主要以类蛋白质为主，类腐殖质相对较少，这一分析结果与东江流域现有的溶解性有机质污染特征研究结果基本一致。

本节将 10 项指标进行皮尔逊（Pearson）相关性分析（图 4.1.4）。结果表明，C1、C3 与 TP 之间的相关系数均呈显著负相关（$p<0.05$），TP 作为东江流域主要污染物质，高浓度 TP 可能对 C1、C3 两种腐殖质产生抑制或加速降解的作用；C1 与 COD_{Mn} 之间呈显著负相关，皮尔逊相关系数为–0.47（$p<0.05$），说明了水体中生物活动增强时，易降解的有机物被优先分解，类富里酸物质由于结构稳定不易被氧化分解，因此残留腐殖质组分 C1 比例上升；同时 C1、C2 与 C3 三种组分之间互为显著正相关（$p<0.01$），并且 C1、C3 与 FI 之间呈显著正相关（$p<0.05$），这说明东江流域中 DOM 不同组分可能存在相同的来源或变化趋势，微生

物自生腐殖质与陆源腐殖质、自生源类色氨酸蛋白质组分均具有相似的环境行为，因此水体 DOM 组成成分主要以自生源组分为主。

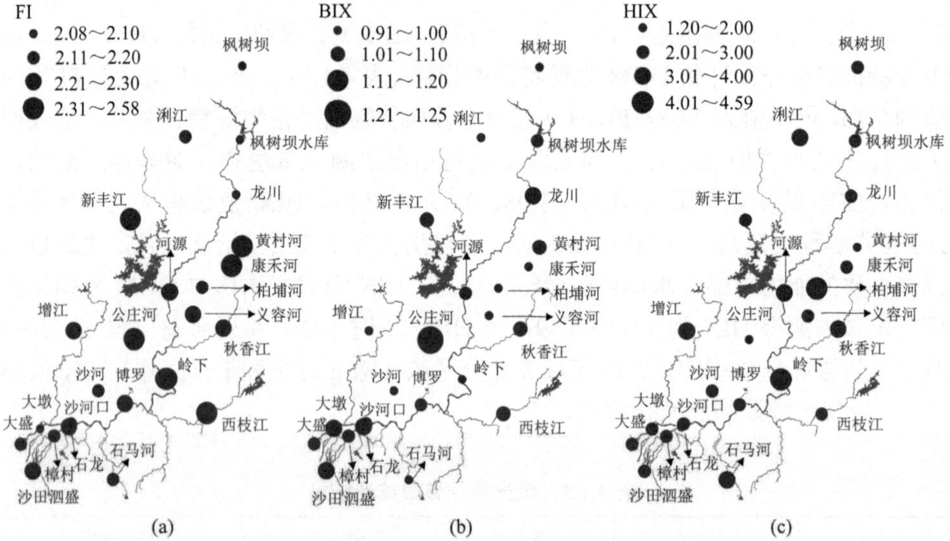

图 4.1.3　东江 DOM 的荧光指数的空间分布

（扫封底二维码获取彩图）

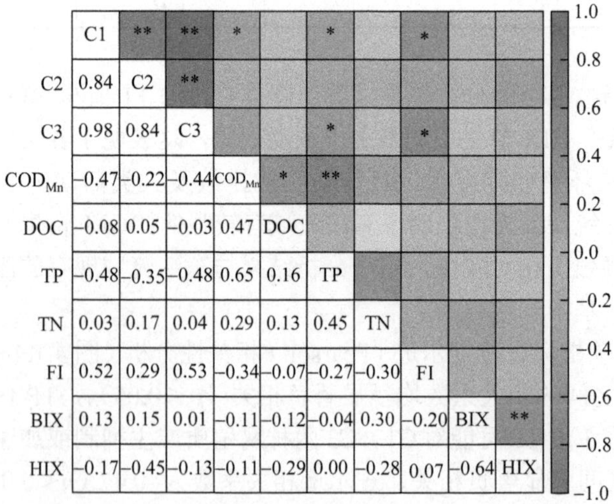

图 4.1.4　东江流域水样各指标皮尔逊相关性分析

（扫封底二维码获取彩图）

不同水质指标与土地利用的相关性如图 4.1.5 所示，相关性结果显示 DOC 与主要土地利用类型的比例之间没有显著相关性，进一步验证了流域 DOM 的自源性特征，其主要来源于水生生态系统内部过程，外生源贡献较低；与 DOC 不同，高锰酸盐指数、总氮和总磷均与不同土地利用类型存在显著相关性，其中高锰酸盐指数和总氮与建设用地呈显著正相关，表明其与居民生活和工业活动密切相关；总磷与农田和建设用地呈显著正相关，说明其主要来源是农业农村非点源和城市点源。值得注意的是，高锰酸盐指数、总氮和总磷三者之间存在显著正相关，而 DOC 与三者均没有显著相关性，进一步说明 DOC 与这三项指标来源的差异。

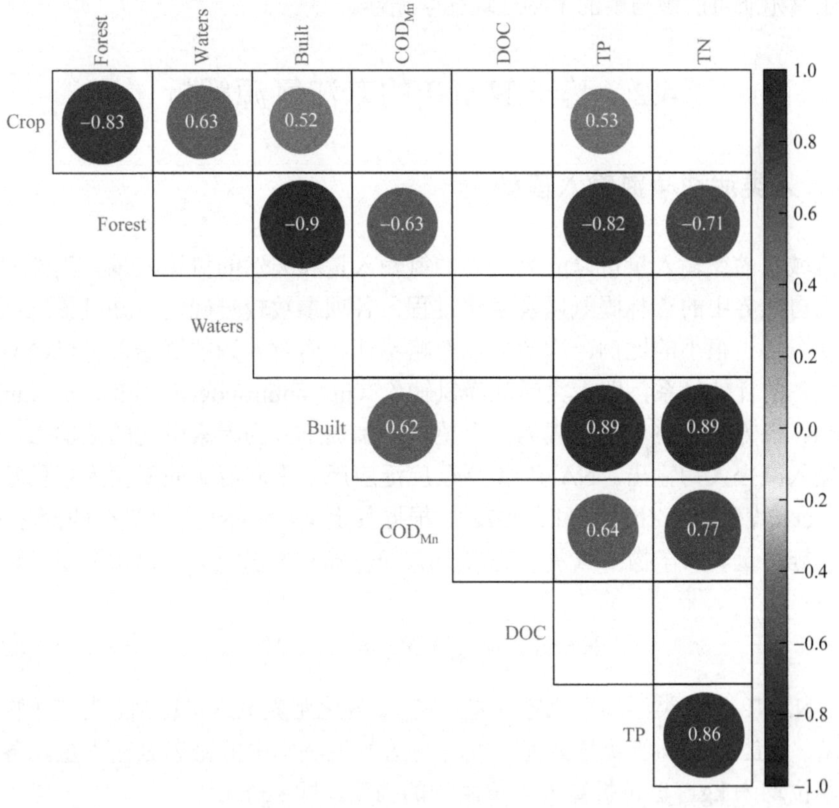

图 4.1.5　东江支流 DOM 组分与土地利用相关性（Crop、Forest、Waters 和 Built 分别指农田、林地、水域和建设用地）

（扫封底二维码获取彩图）

基于东江干流和支流的水环境样品，采用平行因子分析法对该流域水体 3D-EEM 特征进行解析，并结合常规水质指标和流域特征数据，探究水体 DOM 的组分特征、空间分布特性以及来源。结果表明，东江流域溶解性有机碳、总氮和总磷的平均浓度在支流和下游水体表现出高碳、氮、磷负荷特征；东江流域水体中 DOM 主要来源为微生物自生源（FI = 2.23），具有明显的自生源特征（BIX = 0.97）和较弱的腐殖化程度（HIX = 2.85）；东江流域 DOM 主要由微生物自生腐殖质 C1（占比 35%）、自生源类色氨酸蛋白质 C2（占比 41%）和陆源腐殖质 C3（占比 24%）3 种组分构成，整体呈现自生源主导、腐殖化程度低的特征，表明东江水环境受人类活动的强烈干扰；DOM 总荧光强度在上游和中下游形成双高峰，其中中下游 C2 组分异常富集，揭示了中下游水体受到显著的城市和工业污染压力；C1、C3 与 TP 呈显著负相关（$p<0.05$），表明陆源腐殖质与微生物自生腐殖质可能参与磷的生物地球化学循环。

4.2　基于 NANI 的东江氮源解析

4.2.1　人类活动净氮输入模型

流域总的氮输入量可以分为人为的氮输入量和天然的氮输入量。天然的氮输入量为自然界中的森林固氮以及生化过程，各项参数较难确定，并且该过程在总体氮输入上占很小的比例，因此可以忽略不计。而对人为的氮输入量已经有一个非常成熟的评估体系，即人类活动净氮输入（net anthropogenic nitrogen inputs，NANI）。该方法将整个流域视为一个整体，聚焦于人为因素引起的氮输入，即人为氮输入减去人为输出。NANI 模型已广泛应用于不同流域的氮输入量估算研究（Hong et al.，2013；Zhao et al.，2022）。根据其定义，NANI 主要包括四部分来源：化肥氮施用量、农作物固氮量、食物/饲料净氮输入量以及大气氮沉降量，计算公式如下：

$$\mathrm{NANI} = N_{\mathrm{chem}} + N_{\mathrm{fix}} + N_{\mathrm{im}} + N_{\mathrm{dep}} \tag{4.2.1}$$

式中，NANI 为人类活动净氮输入量；N_{chem} 为化肥氮输入量；N_{fix} 为农作物固氮量；N_{im} 为食物/饲料净氮输入量；N_{dep} 为大气氮沉降中的硝态氮输入量。各项因子的单位均为 kg，也可折算为单位面积的强度，即 $\mathrm{kg/km^2}$。

（1）化肥氮输入

化肥是农业生产过程中流域氮输入的重要来源，通常为对耕地等的直接输入。我国农业上使用的化肥通常包含四个主要类型，分别是复合肥、钾肥、氮肥和磷肥。此外，粪肥也是一种农作物生产的肥料，但是这部分的估算被纳入在了畜禽氮输入部分，此处不作考虑。因此与 NANI 相关的为氮肥与复合肥中的氮含量，两者之和即为化肥氮输入总量，计算公式如下：

$$N_{\mathrm{chem}} = \mathrm{NF} + \mathrm{CF} \times r \tag{4.2.2}$$

式中，NF 与 CF 分别指的是氮肥和复合肥的折纯量；r 为复合肥的含氮比例（32.64%）。

（2）农作物固氮

由于多种农作物本身或其种植环境具有固氮作用，因此农作物固氮成为流域农业活动氮输入的重要途径之一。目前具有固氮作用的农作物主要是大豆、花生和水稻，可根据农作物种植面积和单位面积固氮能力计算。农作物的固氮量计算见以下公式：

$$N_{\text{fix}} = \sum_{i=1}^{3}(S_i \times N_i) \tag{4.2.3}$$

式中，S_i 为农作物的种植面积（km^2），数据可直接从统计年鉴中获取；N_i 为农作物的固氮能力，水稻、花生和大豆的固氮能力分别为 3000 kg/km^2、8000 kg/km^2 和 9600 kg/km^2（Zhang et al.，2015）；i 为农作物类型，其中 $i = 1$、2、3 分别指水稻、花生、大豆。

（3）食品/饲料净氮输入

食物/饲料净氮输入表示的是区域内人类与畜禽的氮消费量与所有农产品（农作物和畜禽产品）的氮产量差值，反映的是区域食物氮供需变化导致的氮在空间上流动的特征。当 $N_{\text{im}}>0$ 时，表明该区域的食物氮需求量超过当地氮产量，需要从外地输入氮满足氮平衡需求；反之，当 $N_{\text{im}}<0$ 时，表明该地区的氮产量过剩，将会以农产品的形式流动到核算区域外，导致氮的输出。具体计算公式如下：

$$N_{\text{im}} = \text{HC} + \text{AC} - (\text{GP} + \text{AP}) \times (1 - \alpha) \tag{4.2.4}$$

式中，HC 和 AC 分别为人类食品和畜禽饲料的氮消费量；GP 和 AP 分别为农作物和畜禽产品的氮产量；α（通常为 10%）为畜禽产品和农产品在加工、运输、存储等过程中造成的损失（Hong et al.，2011）。

1）人类氮消费量（HC）。人类氮消费量指的是人类从日常饮食中摄入的食品氮含量，可通过人均氮消费系数乘以人口数量计算。本节以区域内所有居民在满足正常的生长发育所需要摄入的蛋白质量计算人均氮消费系数，其中蛋白质与氮的折算系数一般采用 6.25。城镇和乡村人口的蛋白质摄入量来源于《2019 年中国居民营养与健康现状调查报告》，城镇和乡村年末常住人口数据可直接从相关统计年鉴中获取，人类氮消费量的计算公式如下：

$$\text{HC} = \sum_{j=1}^{2}(\text{HQ}_j \times \text{HN}_j) \tag{4.2.5}$$

式中，HQ 为人口数量（人）；j 为人口类型，$j = 1$ 和 2 分别指城镇人口和农村人口；HN 为年人均氮摄入量，根据城乡人口的蛋白质摄入量，核算出研究区城镇人口和农村人口人均氮摄入量分别为 4.035 kg/人和 3.790 kg/人。

2）畜禽氮消费量（AC）。畜禽氮消费量是指畜禽在养殖时通过饲料摄入的氮量。动物氮消费量的计算方法可以表示为畜禽养殖量与畜禽的氮摄入系数的乘积。畜禽养殖量有两种计算方法：静态核算法和动态核算法。其中动态核算法同时考虑养殖的存栏数和出栏数，对数据的利用更为充分。由于本研究区的统计数据将畜禽养殖的出栏数与存栏数进行了区分，因此可以直接从统计年鉴中获取这两类数据，故畜禽养殖量采用动态核算方法计算，具体如下：

$$\mathrm{AC}=\sum_{k=1}^{K}(\mathrm{AL}_k \times \mathrm{AN}_k) \tag{4.2.6}$$

$$\mathrm{AL}=\mathrm{IN}\times\frac{1}{\mathrm{CY}}+\frac{\mathrm{SA}}{\mathrm{CY}}\times\frac{\mathrm{CY}-1}{\mathrm{CY}} \tag{4.2.7}$$

式中，AL 为畜禽的养殖数量（头）；AN 为畜禽的氮摄入量（kg/头）；IN 为畜禽年末存栏数（头）；SA 为畜禽年末出栏数（头）；CY 为畜禽的养殖周期，计算方法为 365 除以畜禽的养殖天数；*k* 为畜禽的种类，根据研究区农业养殖的实际情况，共统计了 4 种主要畜禽类型；*K* 为畜禽的种类数。畜禽氮消费量计算的相关参数如表 4.2.1 所示。

表 4.2.1　畜禽的氮摄入量和养殖周期

畜禽种类	氮摄入量/(kg/头)	数据来源	养殖周期/d	数据来源
猪	8.70	（高伟等，2016）	199	（王方浩等，2006）
牛	51.30		365	
羊	5.97		365	
家禽 [a]	0.26		155	

a 家禽为鸡、鸭、鹅的统称，对应参数为三者平均值。

3）畜禽产品的氮产量（AP）。畜禽产品氮产量是指肉、奶和蛋等以动物性蛋白为主的畜禽产品氮含量。目前对畜禽产品氮产量主要有两种计算方法：一种是用畜禽的饲料氮消费量与畜禽氮排泄量的差值表示；另一种是用畜禽产品的产量与畜禽产品中的氮含量进行计算。由于畜禽产品的产量数据可直接从统计年鉴中获取，较前者的数据获取更为便捷，故采用第二种方法进行估算。综上，畜禽产品氮产量的计算方法如下：

$$\mathrm{AP}=\sum_{n=1}^{N}(\mathrm{AW}_n \times \mathrm{APN}_n) \tag{4.2.8}$$

式中，AW 为畜禽产品的产量（kg）；APN 为畜禽产品中的氮含量；*n* 为畜禽的种类；*N* 表示有 *N* 种畜禽。

4）农产品的氮产量（GP）。与畜禽产品的氮产量计算过程类似，农产品的氮产量采用农作物的产量与产品的氮含量相乘获得，具体公式如下：

$$GP = \sum_{l=1}^{L}(GW_l \times GPN_l) \tag{4.2.9}$$

式中，GW 为农作物的产量（kg）；GPN 为农作物产品中的氮含量；l 为农作物的种类；L 表示有 L 种农产品。

（4）大气氮沉降

大气氮沉降可以分为 NH_y 和 NO_y 两种形式。Howarth 等（2006）在研究中指出，大气氮沉降中的 NH_y 主要来自化肥和粪肥的氨挥发，其沉降范围局限于某地，因此不计入外源性输入，而 NO_y 则是来自化石燃料或生物质等的燃烧，其迁移距离长，可以视为外界氮输入。NANI 计算中仅纳入 NO_y 的干湿沉降量。NO_y 数据来源于中国科学院生态系统研究网络数据中心发布的《中国大气无机氮干沉降时空格局数据集（2006～2015 年）》及《中国大气无机氮湿沉降时空格局数据集（1996～2015 年）》。结合其他变量的时间范围，本书选取 2011～2015 年 NO_y 的干湿沉降总量作为流域大气氮沉降的多年平均值。1949～1995 年的总氮沉降数据是根据 Lu 和 Tian（2014）提供的变化速率进行折算。

4.2.2　NANI 及其组分的时间演变

1949～2021 年东江流域的 NANI 及各组分的时间变化特征如图 4.2.1 所示。整体上看，NANI 呈现先增加后下降的趋势，由 1949 年的 1869 kg/km^2 增长到 2017 年的 6743 kg/km^2，然后下降至 2021 年 6115 kg/km^2。73 年间，NANI 增长了 2.27 倍，多年平均值为 4415 kg/km^2。将 NANI 划分为多个时段来看，NANI 于 1957 年出现首次下降，下降至 1962 年的 2458 kg/km^2 后开始回升，1963～1974 年呈波动式增长，1976～1992 年增长迅速，1993～2021 年呈现波动状态，但总体仍然略微有上升。其间 NANI 增长速率最高的 10 年是 1982～1991 年，年均增长率为 4.6%，增长速率最低的 10 年为 1997～2006 年，这段时期 NANI 为负增长，年均增长率为–0.4%。全国各地区在流域尺度上对 NANI 进行长时间尺度的研究较少，长时间尺度的研究仅有高伟等（2019）分析了长江经济带 1952～2016 年的 NANI，东江流域 1952 年的 NANI（2198 kg/km^2）要略高于长江经济带同期水平（1996 kg/km^2）。与中国其他流域相比，姚梦雅等（2021）估算的 1980～2015 年长江流域 NANI 的多年平均值（6993 kg/km^2）要高于同期的多年平均值（5510 kg/km^2）；东江流域 NANI 与全国的平均水平相比，其 2010 年的水平（5778 kg/km^2）要远高于高伟等（2014）研究的同期水平（4716 kg/km^2）。

从 NANI 的各种组成成分上看（图 4.2.1），化肥氮输入（N_{chem}）从 1949 年的 184 kg/km^2 变化到 2021 年的 3266 kg/km^2，增长了 16.75 倍，多年平均值为 1739 kg/km^2，

1949～2017 年呈现增长趋势，2017 年后进入了下降阶段，最小值在 1949 年，最大值在 2017 年（3784 kg/km^2），化肥增长速率最高的 10 年是 1976～1985 年，年均增长率达到了 8.7%，2001～2010 年的增长速率最低，年均增长率仅为 0.8%，1980～2015 年东江流域的化肥氮输入（1404 kg/km^2 至 3272 kg/km^2）略低于长江流域同期水平（1712 kg/km^2 至 4532 kg/km^2）。N_{im} 由 1949 年的 447 kg/km^2 增长到 2021 年的 687 kg/km^2，多年平均值为 772 kg/km^2，1958～1980 年则呈现出了较大的波动，总体呈现下降趋势，由 1958 年的 603 kg/km^2 下降至 1980 年的 442 kg/km^2，1980～1993 年则呈现了快速的增长趋势，1993 年为最大值（1367 kg/km^2），增长 2.09 倍，随后又开始进入一个快速的下降阶段。N_{dep} 在 1949～2021 年呈现逐年增加的趋势，从 1949 年的 172 kg/km^2 增加到 2021 年的 1472 kg/km^2。N_{fix} 在 1949～1999 年则呈现出较为平缓的波动状态（1949 年为 1066 kg/km^2，1999 年为 1167 kg/km^2），2000～2021 年为快速下降阶段，由 2000 年的 1020 kg/km^2 下降到 2021 年的 691 kg/km^2。

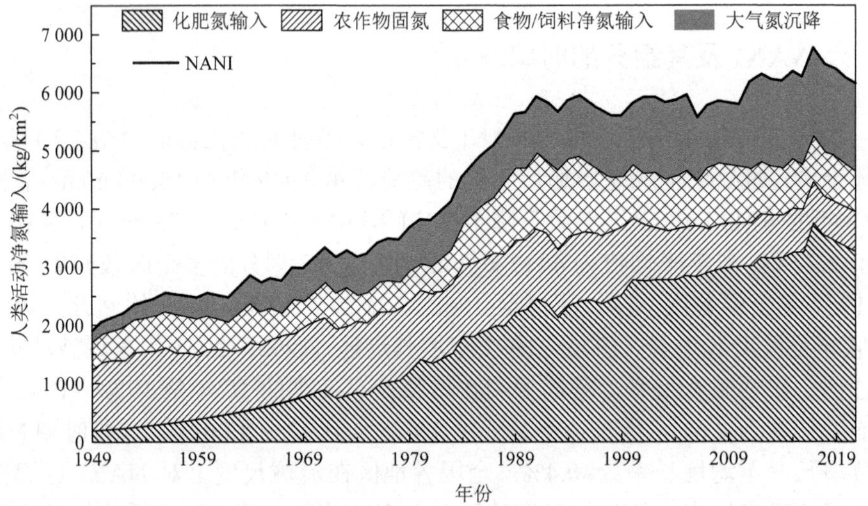

图 4.2.1 1949～2021 年东江流域 NANI 及其各组分的时间变化特征

从各组分对 NANI 的贡献上看（图 4.2.2），1949～1979 年，农作物固氮是 NANI 的主要贡献因子，贡献率为 33.5%～57.7%，这可能是因为这段时间农业生产技术较为落后，以传统种植模式为主。其中，1949～1965 年，来自食品/饲料的输入是第二大氮来源，贡献率为 16.7%～23.6%，该部分主要涉及了畜禽养殖和农作物种植，1966 年后，随着化肥技术的不断发展，化肥成为了第二大氮来源，1966～1979 年，贡献率为 22.4%～32.6%。1980～2021 年，化肥氮输入取代农作物固氮成为主要贡献因子，贡献率为 35.7%～56.1%。其中，1980～1999 年，N_{fix} 和 N_{im} 交替成为 NANI 的第二大氮来源，2000～2020 年，N_{dep} 成为流域的第二大氮来源，贡献率为 17.8%～24.1%。从它们贡献率变化趋势来看，化肥氮输入的贡献率呈现了持续上升的趋势，农作物固氮的贡献率则是持续下降，来自食品/饲料的氮输入则呈现波动式下降趋势，大气氮沉降的占比则呈现了持续的升高特征。

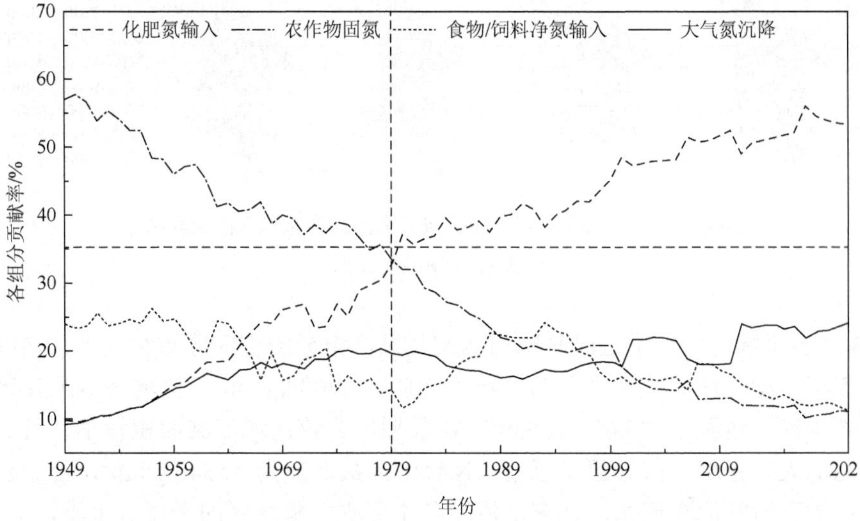

图 4.2.2　1949～2021 年东江流域人类活动净氮输入各组分贡献率的时间特征

4.2.3　NANI 及其组分的空间分布

分析东江流域的 NANI 输入的空间特征对于东江流域的氮治理具有重要意义。为了降低误差，在对 1949～2011 年的空间分析时，将流域划分为上中下游，并进行每 9 年平均，2012～2021 年为 10 年平均，探讨了它们在这 8 个时期的空间变异性。结果可以发现东江流域氮输入的空间特征始终呈现下游（平均为 6092 kg/km^2）大于中游（平均为 4009 kg/km^2），而中游大于上游（平均为 3089 kg/km^2）的空间格局（图 4.2.3）。其中，下游的 NANI 由第 1 个时期的 3703 kg/km^2 增长到第 8 个时期的 7832 kg/km^2，增加 1.12 倍，增幅最小；中游的 NANI 则是由 1937 kg/km^2 增加到 6132 kg/km^2，增加 2.17 倍；上游的 NANI 则由 1099 kg/km^2 增加到 4593 kg/km^2，增加 3.18 倍，增幅最大。

为了更加详细地探究东江流域的 NANI 空间分布特征，为氮污染治理提供更加精确的指导意见，本节选取了 2012～2021 年的 10 年平均值，将东江流域划分

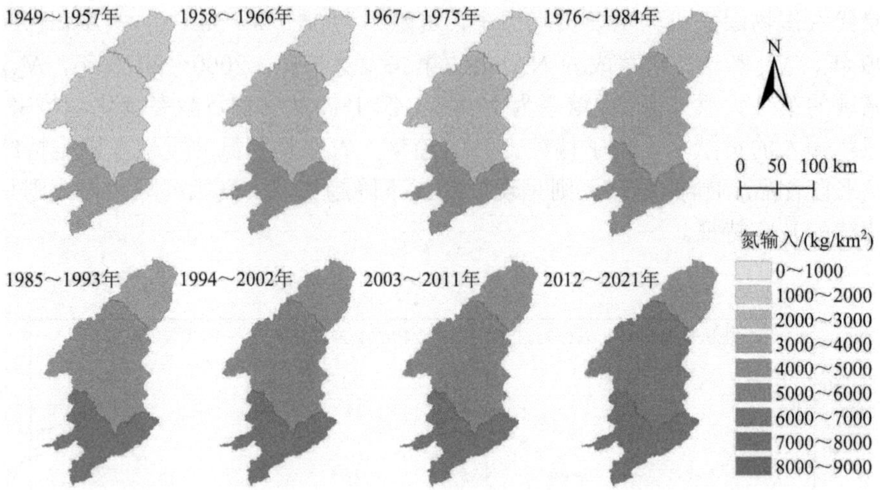

图 4.2.3　1949～2021 年东江流域人类活动净氮输入的空间特征

（扫封底二维码获取彩图）

为 73 个子流域，分析了这段时间内 NANI 及其组分的空间分布特征。10 年间，东江流域 NANI 在流域水平上的多年平均值为 6308 kg/km^2，流域内 NANI 最高值为淡水河，达到了 25 697 kg/km^2，主要原因是该区域流域面积较小，且具有相当高的人口密度，故导致了极值。NANI 的最低值为 1554 kg/km^2，位于枫树坝水库的下游支流车田水。从东江流域各主要支流集水区的子流域来看，NANI 较高的支流有浰江、西枝江、公庄河，其中西枝江的支流——淡水河 NANI 达到了 21 210 kg/km^2，其来源主要是人类的氮摄入量。化肥氮输入是 NANI 的主要贡献因子，其与 NANI 呈现了极为相似的空间分布（皮尔逊相关系数为 0.51，p<0.01），流域水平上的化肥平均氮输入量为 3128 kg/km^2，其是流域 NANI 值整体偏高的原因，化肥氮输入在公庄河、寻乌水、西枝江等河流呈现了较高水平，其集水区的子流域多数超过了 5000 kg/km^2。大气氮沉降是 NANI 的第二大氮来源，流域平均值为 1469 kg/km^2。食物/饲料净氮输入在流域水平上的平均值为 991 kg/km^2，整体水平较低，最大达到 16 734 kg/km^2，位于淡水河部分集水区，其主要是由该区域的人类氮摄入量过高导致，达到了 17 552 kg/km^2，该区域位于深圳市龙岗区，区域内人口密度高达 0.244 万人/km^2。通过分析东江流域 NANI 分布特征（图 4.2.4），发现东江流域的 NANI、化肥氮输入、大气氮沉降均呈现了显著的上游<中游<下游的空间格局（p<0.05），农作物固氮和食物/饲料净氮输入却并没有呈现显著的上下游分布差异。综上，东江流域下游区氮输入始终是历史上最高值区域，该地区应当是流域氮污染治理的重点区域，且减少化肥的施用量是降低 NANI 的关键。

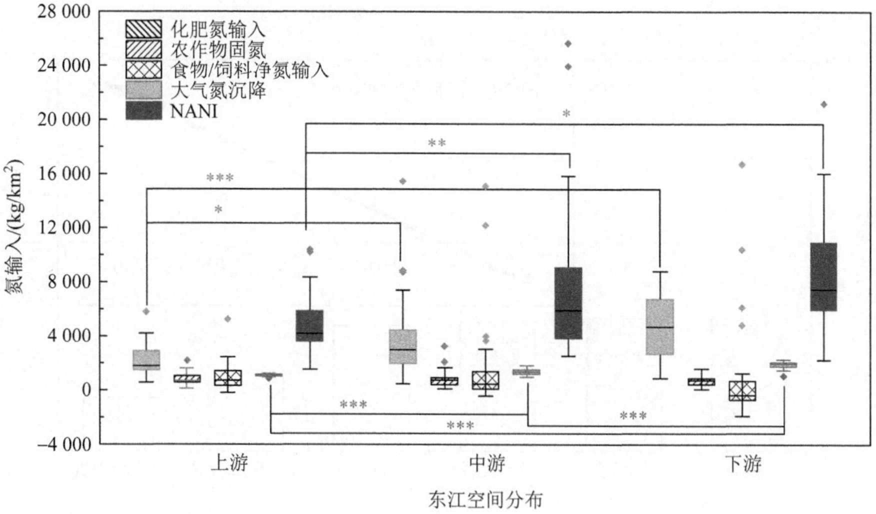

图 4.2.4　2012～2021 年东江流域 NANI 及其组分多年平均值在上中下游的分布差异性

4.2.4　NANI 影响因素分析

分析 NANI 的时空驱动因子对于如何治理流域的氮污染至关重要。NANI 在过去的研究中被认为受到了土地利用、人口数量等因素的影响（张汪寿等，2014），因此，在时间尺度影响因素分析上选取了土地利用（耕地面积、建设用地面积）、农业因素（化肥施用量、农作物固氮、畜禽饲养数量）、人口密度共 6 个驱动因子。通过随机森林模型分析了 1949～2021 年东江流域人类活动净氮输入（NANI）的时间驱动因子，基于均方差减少法评估了各驱动因子对 NANI 影响的重要性排序（图 4.2.5）。结果表明：耕地以最高的重要性得分（15.01）成为主导驱动因子，表明农耕行为在长时间尺度上对 NANI 变化具有决定性作用；建设用地次之（13.56），反映城市化进程通过改变土地覆被和强化人类活动对氮输入产生持续影响。值得注意的是，尽管流域耕地面积呈下降趋势，但化肥氮输入（13.13）的波动式上升导致其贡献率持续凸显，揭示农业集约化生产中单位面积化肥投入强度的增加是驱动 NANI 变化的核心机制。人口数量（12.79）作为人类生活污染强度的表征指标，其重要性仅次于农业相关因子，说明人口增长通过生活污水排放和资源消耗间接强化了氮输入压力。相比之下，畜禽饲养数量（7.81）与农作物固氮（5.40）的贡献率较低，这表明他们并非流域内的主要贡献因子。模型结果显示，随机森林模拟值与实测值高度吻合（$R^2 = 0.99$，$p < 0.001$），证实该方法能有效识别 NANI 的关键驱动因子。

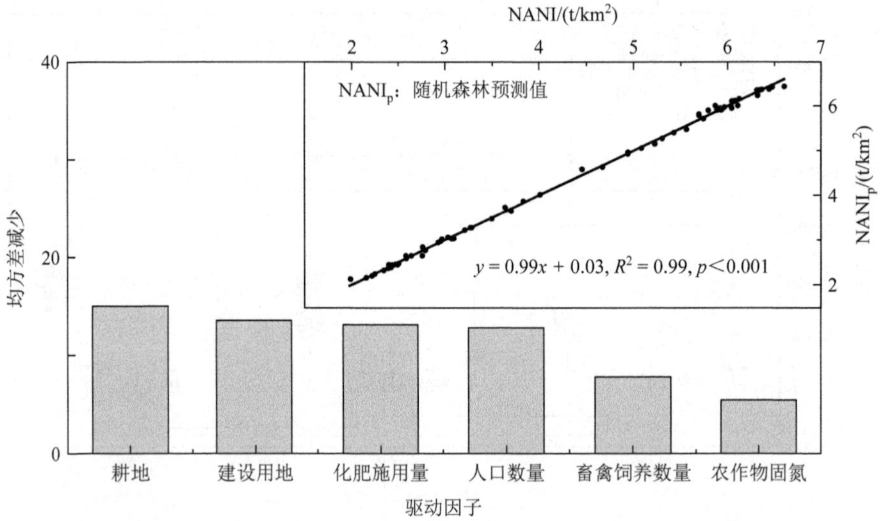

图 4.2.5　1949～2021 年东江流域人类活动净氮输入时间驱动因子分析

本节在 NANI 空间特征分析的基础上，探讨了 2012～2021 年 NANI 多年平均值的空间驱动因子，与时间尺度不同的是，在这里一共选取了 7 个空间驱动因子，分别是土地利用因素（耕地比例和建设用地比例）、社会经济因素（GDP 和人口密度）和农业因素（化肥氮输入、农作物固氮和畜禽养殖数量），新增了农作物固氮与 GDP，这是因为农作物固氮在空间尺度上与 NANI 具有相似的分布，而 GDP 则是被用来分析 NANI 的空间分布特点，结果如图 4.2.6 所示。选择的 7 个驱动因子中，人口密度和建设用地比例对 NANI 的影响最大。建设用地的增加通常伴随着耕地的减少和土地开发强度的提高，这对区域土地利用格局产生了显著影响。在空间尺度上，建设用地的扩张会减少自然植被和耕地的覆盖面积，从而对 NANI 的分布造成主导性影响。化肥氮输入和耕地比例也是重要影响因子，表明农业活动是驱动 NANI 的重要因素之一。化肥氮输入直接反映了农业种植活动的强度，而耕地比例则与农业生产空间分布密切相关。这两者共同作用决定了农业生产活动在空间尺度上对 NANI 的影响程度。此外，农作物固氮的重要性较高，表明农业种植结构的调整和氮素固定能力对区域氮输入的贡献不容忽视。GDP 和禽畜养殖则呈现较低的重要性，这是因为发达地区农业活动强度较低，没有以化肥等为主的氮输入活动，故表现为较低水平，而禽畜养殖数量较低则表明了东江流域的氮输入结构是以农业种植为主而非禽畜养殖，这也解释了东江较高的化肥施用强度。模型结果显示，随机森林模拟值与实测值高度吻合（$R^2 = 0.97$，$p < 0.001$），表明这些因子能够较好的解释 NANI 空间变化。

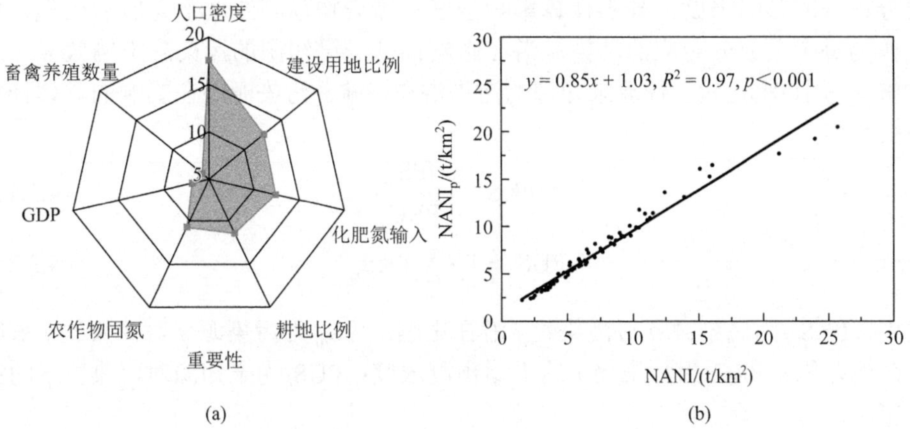

图 4.2.6　2012～2021 年东江流域 NANI 空间驱动因子分析

NANI 的时空驱动因子在不同尺度上表现出显著差异。在时间尺度上，土地利用变化是 NANI 变化的主导因素，而在空间尺度上，人口密度对 NANI 分布的影响最为突出。农业活动与土地利用变化在两种尺度下均发挥了重要作用，同时社会经济活动通过间接途径影响了 NANI 的时空分布特征。

4.3　基于 APCS 的东江碳氮磷源解析

4.3.1　方法概述

主成分分析是一种污染源解析的重要方法，通过主成分载荷识别污染源，并将主成分得分与污染物浓度之间建立响应关系，从而识别不同污染源的贡献。当前主流模型是绝对主成分得分-多元线性回归（APCS-MLR）模型（后希康等，2021；涂春霖等，2023）。该模型是一种将主成分分析与多元线性回归相结合的源解析方法。然而，APCS-MLR 模型在计算污染源贡献时假定污染源强与环境中污染物浓度之间是线性响应，是一种现实复杂非线性过程的简化。采用机器学习与统计模型结合可以为污染源解析提供一种非线性的响应模型（张志豪等，2022；高越等，2023）。

（1）APCS-RF 模型

APCS-RF 模型是将绝对主成分模型（APCS）与随机森林模型（RF）融合的源解析方法，以绝对主成分得分为预测变量，以污染物含量为响应变量，对随机森林模型进行训练，预测 APCS 变化对污染物浓度的影响范围。根据每个绝对主成分得分的影响强度，分别计算影响强度占污染物预测浓度平均值的比重，以此作为每个主成分对应的污染源潜在影响；基于已知源的污染总影响效应，通过将其与 100%比较，计算未知源的污染潜在影响。污染源潜在影响的具体计算公式如下：

$$\mathrm{PKS}_{nj}=\frac{\mathrm{IPS}_{nj}}{\mathrm{PRC}_{j}} \tag{4.3.1}$$

$$\mathrm{PUS}_{j}=1-\sum_{n}\mathrm{PKS}_{nj} \tag{4.3.2}$$

式中，PKS_{nj} 为污染源 n 对污染物 j 潜在影响；IPS_{nj} 为污染源 n 对污染物 j 浓度的影响范围；PRC_j 为污染物 j 的平均预测浓度；PUS_j 为未知源对污染物 j 的潜在影响。

（2）APCS-MLR 模型

为了与传统模型进行对比，本节还构建了 APCS-MLR 模型。与 APCS-RF 相比，它们的主要区别在于污染物指标与源之间的响应模式不同，APCS-MLR 是采用多元线性回归的方法建立它们的响应关系，并基于此计算源贡献。以上运算主要涉及主成分分析、多元线性回归和随机森林模型构建，均在 R 语言平台上完成，使用包括 random Forest 和 psych 等。

（3）数据来源

本节共使用两套数据，第一套数据是 2013～2018 年东江流域国控站的逐月、全要素水质监测数据，用于分析流域上、中、下游和河网四个不同区域的污染源，其中上游地区的站点为庙咀里和兴宁电站，中游地区的代表性站点为龙川城铁路桥和江口，下游地区的代表性站点为博罗城下（新角）和惠州汝湖，河网区站点为大墩、樟村（家乐福）和沙田泗盛。剔除缺失量或低于检出限比例较多的指标和样本，共获得 9 个指标。各指标的名称、样本和统计特征如表 4.3.1～表 4.3.4 所示。

第二套数据是基于两次全流域调查的数据，相对于第一套数据，第二套数据包含了 DOC 指标，能够直接反映水体的碳含量变化。此外，第二套数据是 2024 年调查获得的，在时间上能够代表东江的碳氮磷现状水平，数据统计特征见表 4.3.5。

表 4.3.1　2013～2018 年东江上游污染源解析主要水质指标统计值

指标	符号	单位	样本量/个	平均值	标准差	范围	
						最小值	最大值
pH	pH	量纲一	120	6.94	0.32	6.12	7.70
溶解氧	DO	mg/L	120	6.76	1.29	3.80	10.40

续表

指标	符号	单位	样本量/个	平均值	标准差	范围	
						最小值	最大值
高锰酸盐指数	COD_{Mn}	mg/L	120	1.81	0.60	1.00	4.20
五日生化需氧量	BOD_5	mg/L	120	1.47	0.69	0.20	3.70
氨氮	NH	mg/L	119	0.52	0.41	0.02	2.02
化学需氧量	COD	mg/L	120	7.57	3.30	2.00	19.00
总氮	TN	mg/L	120	2.38	0.87	0.94	4.87
总磷	TP	mg/L	120	0.04	0.03	0.01	0.18
氟化物	F	mg/L	120	0.24	0.07	0.09	0.45

表 4.3.2　2013～2018 年东江中游污染源解析主要水质指标统计值

指标	符号	单位	样本量/个	平均值	标准差	范围	
						最小值	最大值
pH	pH	量纲一	132	7.11	0.34	6.20	8.21
溶解氧	DO	mg/L	132	7.44	0.83	5.93	10.21
高锰酸盐指数	COD_{Mn}	mg/L	132	1.45	0.47	0.73	3.50
五日生化需氧量	BOD_5	mg/L	132	1.35	0.54	0.25	3.00
氨氮	NH	mg/L	132	0.19	0.11	0.02	0.48
化学需氧量	COD	mg/L	132	6.02	2.37	2.00	15.00
总氮	TN	mg/L	132	1.68	0.46	0.67	3.02
总磷	TP	mg/L	132	0.04	0.02	0.01	0.09
氟化物	F	mg/L	132	0.22	0.07	0.03	0.50

表 4.3.3　2013～2018 年东江下游污染源解析主要水质指标统计值

指标	符号	单位	样本量/个	平均值	标准差	范围	
						最小值	最大值
pH	pH	量纲一	139	7.14	0.34	6.30	8.35
溶解氧	DO	mg/L	139	7.11	0.95	4.50	9.74
高锰酸盐指数	COD_{Mn}	mg/L	139	1.74	0.69	0.55	3.67
五日生化需氧量	BOD_5	mg/L	139	1.76	0.61	0.45	2.97
氨氮	NH	mg/L	139	0.30	0.16	0.02	0.70
化学需氧量	COD	mg/L	139	7.76	3.42	2.00	16.00
总氮	TN	mg/L	139	1.88	0.45	1.02	3.43

续表

指标	符号	单位	样本量/个	平均值	标准差	范围	
						最小值	最大值
总磷	TP	mg/L	139	0.06	0.02	0.01	0.12
氟化物	F	mg/L	139	0.25	0.09	0.06	0.53

表 4.3.4　2013～2018 年东江河网（三角洲）污染源解析主要水质指标统计值

指标	符号	单位	样本量/个	平均值	标准差	范围	
						最小值	最大值
pH	pH	量纲一	190	7.11	0.31	6.27	8.32
溶解氧	DO	mg/L	190	4.73	1.67	0.95	9.54
高锰酸盐指数	COD_{Mn}	mg/L	190	4.19	1.88	1.69	9.80
五日生化需氧量	BOD_5	mg/L	190	3.64	1.67	0.50	9.80
氨氮	NH	mg/L	190	1.46	1.34	0.10	6.94
化学需氧量	COD	mg/L	190	15.59	6.75	5.00	38.00
总氮	TN	mg/L	190	4.74	2.59	1.31	11.20
总磷	TP	mg/L	190	0.23	0.13	0.06	0.59
氟化物	F	mg/L	190	0.45	0.26	0.01	1.38

表 4.3.5　2024 年东江全流域主要水质指标统计值

指标	符号	单位	样本量/个	平均值	标准差	范围	
						最小值	最大值
水温	WT	℃	46	22.02	5.68	13.80	31.50
溶解氧	DO	mg/L	46	7.94	1.97	5.30	15.79
pH	pH	量纲一	46	7.51	0.26	6.89	8.04
氧化还原电位	ORP	mV	46	95.55	267.70	−1016.80	703.10
电导率	CON	μS/cm	46	0.38	1.46	0.05	9.80
总氮	TN	mg/L	46	2.13	1.95	0.20	9.30
亚硝酸盐	nitrite	mg/L	46	0.04	0.06	0.00	0.32
余氯	CL	mg/L	46	0.03	0.02	0.01	0.09
硝酸盐	nitrate	mg/L	46	1.23	0.87	0.00	4.10
硫化物	S	μg/L	46	13.88	15.33	0.00	65.00

续表

指标	符号	单位	样本量/个	平均值	标准差	范围	
						最小值	最大值
氨氮	NH	mg/L	46	0.21	0.20	0.00	0.90
正磷酸盐	PO	mg/L	46	0.19	0.10	0.05	0.64
铜	Cu	mg/L	46	0.03	0.03	0.00	0.23
六价铬	Cr(VI)	mg/L	46	0.01	0.01	0.00	0.05
氟化物	F	mg/L	46	0.25	0.18	0.01	0.72
氯化物	TCL	mg/L	46	6.86	7.98	1.00	38.00
化学需氧量	COD	mg/L	46	2.31	2.07	0.00	8.90
溶解性有机碳	DOC	mg/L	46	2.82	1.98	0.74	11.49

4.3.2　上游源解析

（1）主成分分析

在 APCS 模型中，主成分分析的功能是确定污染源类型。在进行主成分分析前，需要检验数据是否适合进行主成分分析。检验的主要方法有两种，分别是 KMO（Kaiser-Meyer-Olkin）检验和巴特利特（Bartlett）球形检验。其中 KMO 检验是检验原始变量之间的简单相关系数和偏相关系数，取值为 0～1，数值越大表明原始变量之间的相关性越强，偏相关性越弱，越适合做主成分分析，要求 KMO 检验统计值取样适切性量数（MSA）大于 0.5。Bartlett 球形检验是检验变量之间的独立性，如果变量之间不独立，适合做主成分和因子分析，要求检验的显著性水平小于 0.05。检验结果表明，东江上游样本数据集的 MSA 取值为 0.54，Bartlett 球形检验显著性水平小于 0.05，因此该样本数据集可进行主成分分析（表 4.3.6）。

表 4.3.6　东江上游水质指标的 KMO 检验和 Bartlett 球形检验

样本集	统计指标	统计值
KMO 检验	MSA 值	0.54
Bartlett 球形检验	近似卡方	267
	自由度	36
	显著性	<0.001

为使每个主成分在不同指标上载荷更加集中，对方差进行旋转，采用旋转方差抽取法提取主成分。根据特征值的分布情况和模型推荐结果，研究区的水质监测数据可提取出 4 个主成分（图 4.3.1），累计方差解释率为 76%（表 4.3.7）。根据该方法的原理，研究区的污染物来源可以划分为 4 类，各主成分的提取结果见表 4.3.7。

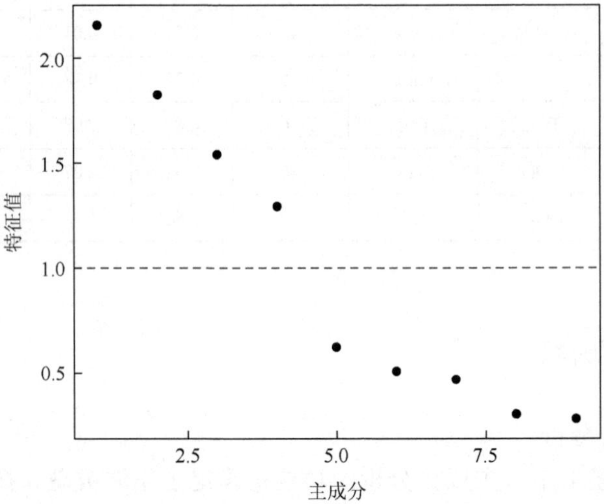

图 4.3.1　东江上游水质指标主成分特征值分布

表 4.3.7　东江上游水质指标的主成分提取结果（旋转方差抽取法）

主成分	方差解释率/%	累计方差解释率/%
P1	22	22
P2	20	42
P3	18	60
P4	16	76

根据主成分的因子载荷矩阵，分析各主成分在不同污染指标上的载荷情况，从而为主成分定名，以确定该主成分主要污染源类型。不同载荷分布表征该污染源的成分谱，根据各污染源的成分谱特征，基于经验判断可以确定污染源类型。从各主成分的指标正相关载荷系数来看（图 4.3.2），样本的第 1 主成分主要载荷指标为 TP、DO 和 pH，与氟化物呈负相关；第 2 主成分的主要载荷指标为 COD 和 BOD_5，这两种指标均与还原性有机物有关，可以认为第 2 主成分是有机质源；

第 3 主成分的主要载荷指标是 TN、NH 和 F，可以认为是氮素来源；第 4 主成分的最大载荷在 COD_{Mn} 上，且与 pH 呈负相关。

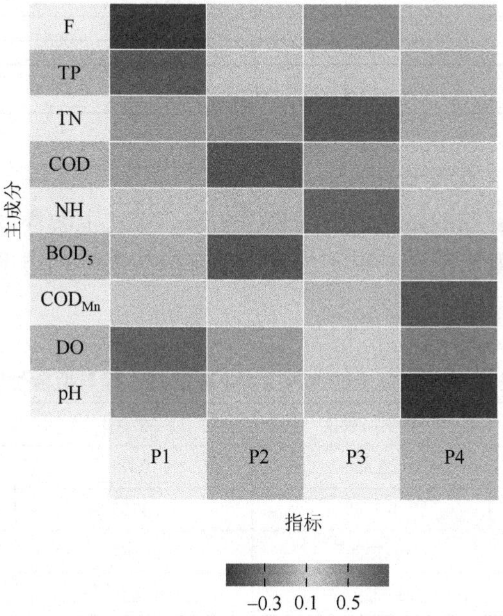

图 4.3.2　东江上游主要水质指标主成分因子载荷热图

（扫封底二维码获取彩图）

进一步导出各个样本的主成分得分系数，为绝对主成分计算提供参数依据，各个样本的主成分得分系数如表 4.3.8 所示。

表 4.3.8　东江上游主要水质指标主成分得分系数矩阵

指标	P1	P2	P3	P4
pH	0.2165	0.1768	−0.0110	−0.4699
溶解氧	0.3708	−0.0479	0.0875	−0.1438
高锰酸盐指数	0.1268	0.0607	0.0404	0.6078
五日生化需氧量	0.0038	0.4881	0.0529	−0.1446
氨氮	0.1416	0.0788	0.4604	0.0625
化学需氧量	−0.0331	0.5141	−0.1500	0.1123

续表

指标	P1	P2	P3	P4
总氮	−0.0266	−0.1738	0.5557	0.0059
总磷	0.4330	0.0292	0.0865	0.2450
氟化物	−0.3040	0.0847	0.2728	−0.0168

（2）APCS-MLR 模型构建

基于多元线性回归的结果表明（表 4.3.9），东江上游样本的源解析拟合模型在化学需氧量、总氮和总磷指标上均取得较好的效果，判定系数达到 0.78～0.85（图 4.3.3）。

表 4.3.9　东江上游 APCS-MLR 回归方程与拟合优度

指标	化学需氧量	总氮	总磷
调整 R^2	0.85	0.78	0.79
截距	0.2789	1.1733*	−0.0580***
P1 的系数	−0.3280**	−0.1064**	0.0238***
P2 的系数	2.9029***	−0.1444***	0.0017
P3 的系数	−0.3920**	0.7504***	0.0019
P4 的系数	0.7369***	−0.0395	0.0086***

*表示显著性水平小于 0.05，**表示小于 0.01，***表示小于 0.001。

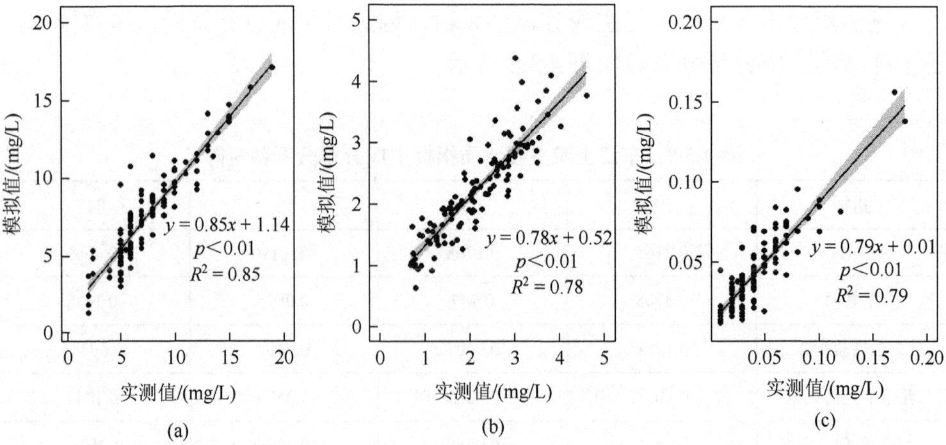

图 4.3.3　东江上游基于 APCS-MLR 回归结果与实测值的比较（a、b 和 c 分别为化学需氧量、总氮和总磷）

采用逐步回归法，化学需氧量、总氮和总磷最终进入模型的绝对主成分均为 4 个，表明东江上游影响这三种指标的主要污染源有 4 个。基于 APCS-MLR 的污染源解析方法，P2 是东江上游 COD 最大的污染源，P3 是总氮最大的污染源，P1 是总磷最大的污染源。由此可知，东江上游碳氮磷来源具有显著的差异。此外，从未知源（如 UK）的贡献看，在氮磷来源上，常规水质指标难以全面解析氮磷来源贡献，未知源对氮磷浓度有较大贡献（图 4.3.4）。

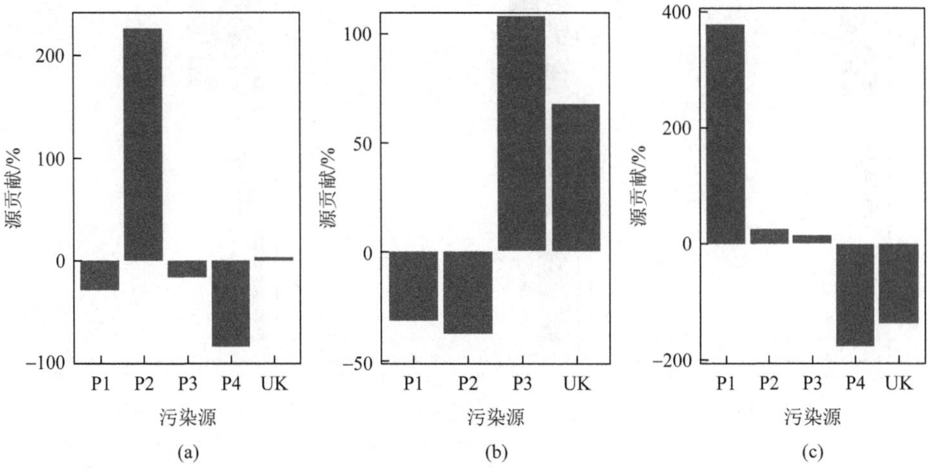

图 4.3.4　基于 APCS-MLR 的东江上游污染源贡献（a、b 和 c 分别为化学需氧量、总氮和总磷）

（3）APCS-RF 模型构建

以绝对主成分得分为预测变量，以样本中的污染物含量为响应变量，对随机森林模型进行训练。决策树数量选择 500，测试结果表明，当决策树数量（N_{trees}）达到 200 以后模型误差即可维持在较低水平，因此决策树数量取 500 是足够的。基于训练后的随机森林模型，提取绝对主成分得分对污染物含量影响的显著性水平，各样本中主成分得分对 COD 浓度预测精度的影响如图 4.3.5 所示。结果表明，对于化学需氧量，影响最大的是 P2，对总氮影响最大的是 P3，对总磷影响最大的是 P1，这与 APCS-MLR 模型的污染源贡献解析结果一致。

根据绝对主成分得分，分析每个绝对主成分得分的取值范围，从最低到最高设置取值水平。根据绝对主成分得分取值水平，将其代入随机森林模型，预测不同绝对主成分得分水平下的污染物浓度，并读取污染物浓度的最高值和最低值。根据不同绝对主成分得分水平下导致的污染物浓度最高值和最低值，计算最高值和最低值的差，记为绝对主成分得分的影响强度。不同污染源的影响强度计算结果如图 4.3.6 所示。在机器学习的源解析模型中，可以模拟出污染源强（APCS）变化对各个指标浓度的非线性效应。

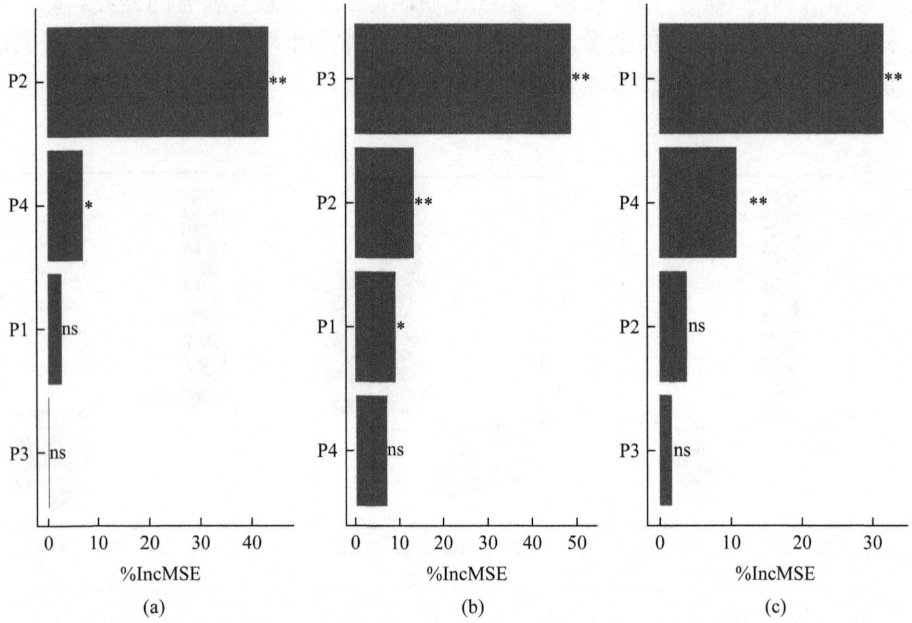

图 4.3.5　绝对主成分得分对水质的重要性排序（a、b 和 c 分别为化学需氧量、总氮和总磷，ns 表示不显著，*表示显著性水平小于 0.05，**表示显著性水平小于 0.01）

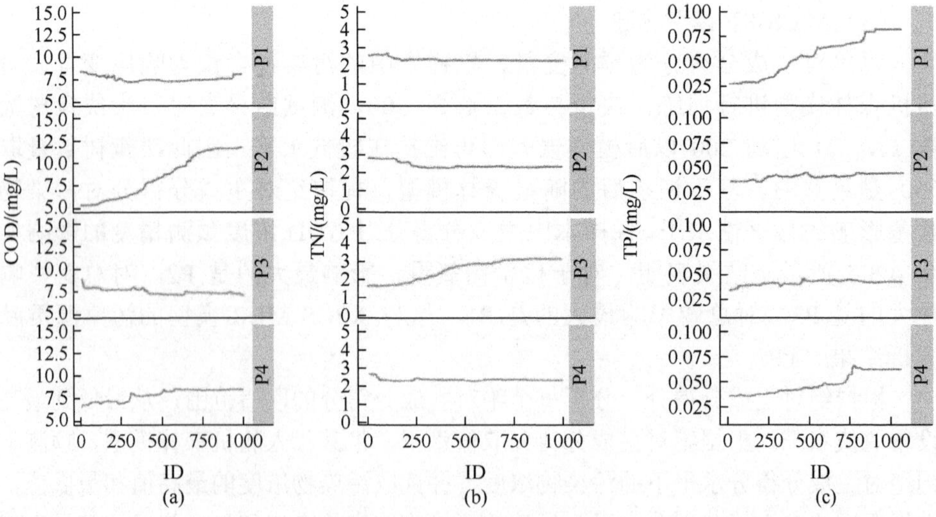

图 4.3.6　东江上游不同主成分数值变化对水质的影响（a、b 和 c 分别为化学需氧量、总氮和总磷）

基于每个绝对主成分得分的影响因子，分别计算每个绝对主成分得分影响强度占污染物预测浓度平均值的比重，以此作为每个主成分对应的污染源贡献。基于所述的每个污染源贡献，将所有污染源贡献相加，获得已知源的污染总贡献；基于已知源的污染总贡献，通过将其与 100%比较，计算未知源的污染贡献。基于随机森林模型建立绝对主成分得分与碳氮磷的响应关系发现，随机森林模型在各指标的预测能力上表现出突出的性能，3 个指标的平均判定系数均高于 0.9（表 4.3.10）。相较于传统方法，随机森林模型在模型预测能力上具有显著的优势。然而，值得注意的是，在袋外样本的检验上，不同指标对变异度的解释能力有所下降，表明模型存在一定的过拟合问题（图 4.3.7）。总体来看，机器学习的拟合效果优于线性回归模型。

表 4.3.10　东江上游 APCS-RF 拟合优度（% Var explained 为袋外样本检验结果）

指标	化学需氧量	总氮	总磷
解释的变异度/%	66.22	73.22	59.10
全样本 R^2	0.97	0.96	0.95

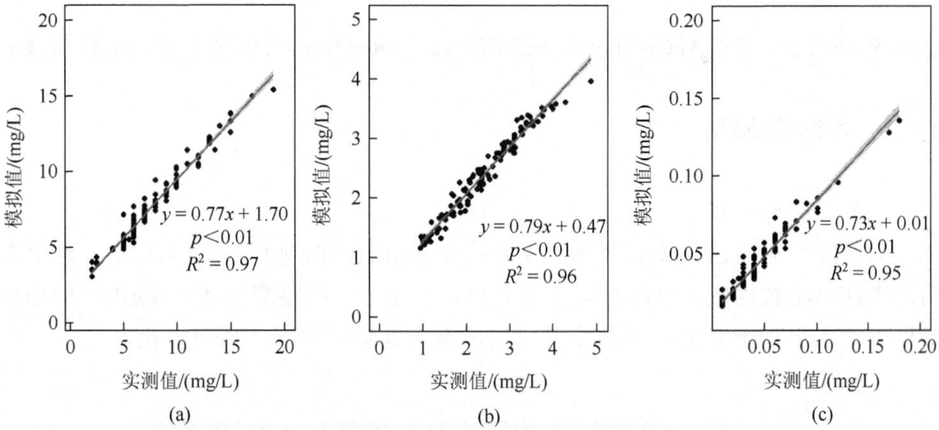

图 4.3.7　东江上游基于 APCS-RF 回归结果与实测值的比较（a、b 和 c 分别为化学需氧量、总氮和总磷）

APCS-RF 的源解析结果表明，P2、P3 和 P1 分别为东江上游化学需氧量、总氮和总磷的最大贡献源（图 4.3.8）。值得注意的是，在该模型中，所有指标的未识别源的贡献均为负值，表明当前识别的污染源可能存在高估贡献问题，主要原因是各个源的贡献是以最大扰动幅度为衡量指标的，而最大扰动幅度可能与实际影响范围存在差异。

综合以上分析结果，两种源解析方法均得出 P2、P3 和 P1 分别为东江上游化学需氧量、总氮和总磷的主要来源，结果具有一致性。然而，从具体贡献率看，两个模型又存在较大差异，说明当前源解析方法在源贡献计算方面尚存在较大的不确定性。

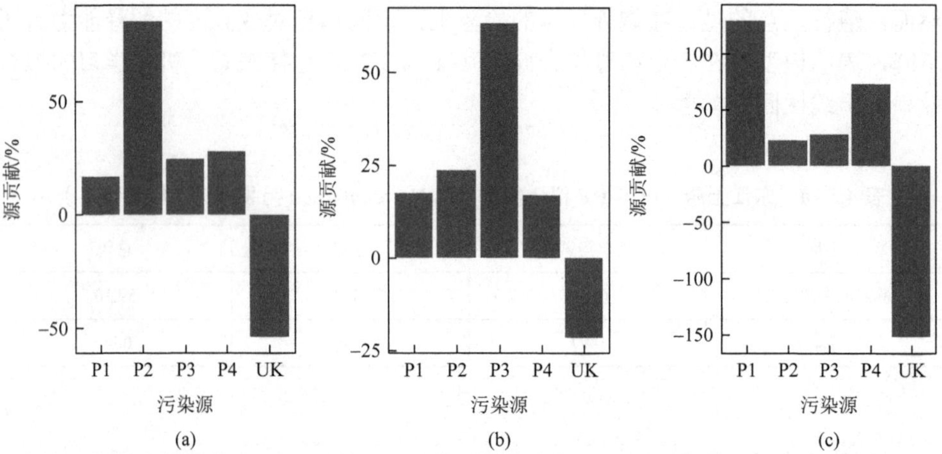

图 4.3.8　东江上游基于 APCS-RF 的污染源贡献（a、b 和 c 分别为化学需氧量、总氮和总磷）

4.3.3　中游源解析

（1）主成分分析

对东江中游水质样本进行 KMO 检验和 Bartlett 球形检验（表 4.3.11）。结果表明，东江中游数据集的 MSA 取值为 0.51，大于 0.5 的临界限值；Bartlett 球形检验显著性水平小于 0.05，因此中游水质样本数据集可进行主成分分析。

表 4.3.11　东江中游水质指标的 KMO 检验和 Bartlett 球形检验

样本集	统计指标	统计值
KMO 检验	MSA 值	0.51
Bartlett 球形检验	近似卡方	189
	自由度	36
	显著性	<0.001

采用旋转方差抽取法提取主成分，选取特征值大于 1 的主成分，共提取出 4 个主成分，累计方差解释率为 66%。各主成分的特征值与方差解释率见图 4.3.9 和表 4.3.12。

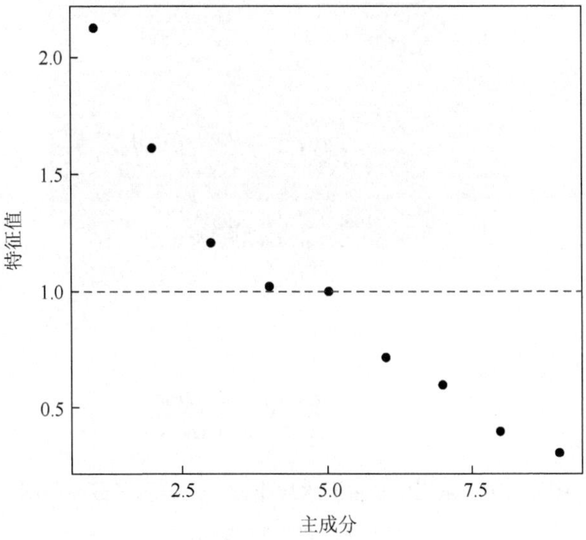

图 4.3.9　东江中游水质指标主成分特征值分布

表 4.3.12　东江中游水质指标的主成分提取结果（旋转方差抽取法）

主成分	方差解释率/%	累计方差解释率/%
P1	19	19
P2	19	39
P3	15	54
P4	13	66

根据提取的主成分的因子载荷矩阵，可以判断每个主成分所代表的污染源特征。由东江中游水质指标的因子载荷矩阵可知（图 4.3.10），第 1 主成分的主要载荷指标为 TN、NH 和 TP，表明该主成分与氮磷营养盐有关，可以表征农业非点源；第 2 主成分的主要载荷指标为 COD、BOD_5 和 COD_{Mn}，均与有机质有关，可以认为是森林凋落物、粪便、农田秸秆等有机质来源；第 3 主成分的主要载荷指标是 DO 和 pH，这些指标与季节相关，可以认为是环境影响因子；第 4 主成分的最大载荷在 F（氟化物）上，与地质因子密切相关，可以表征地下水或环境背景源。

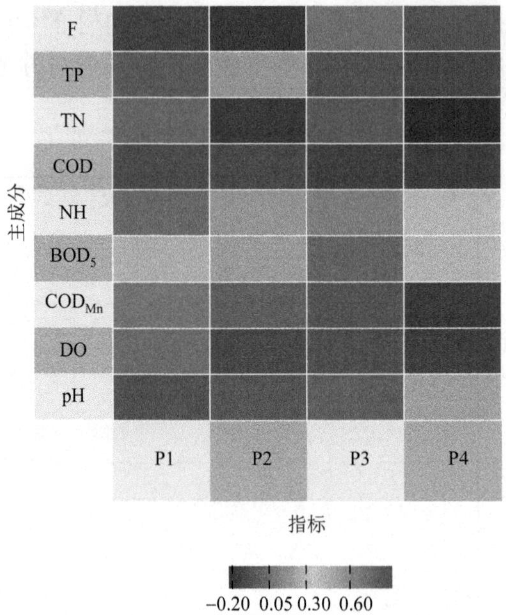

图 4.3.10　东江中游主要水质指标主成分因子载荷热图

（扫封底二维码获取彩图）

表 4.3.13 为各个主成分的成分系数，用于计算绝对主成分。

表 4.3.13　东江中游主要水质指标主成分系数矩阵

指标	P1	P2	P3	P4
pH	−0.0494	0.0795	0.5713	0.1101
溶解氧	0.0166	0.0152	0.6630	−0.2262
高锰酸盐指数	−0.0362	0.4407	0.0609	−0.0812
五日生化需氧量	0.1031	0.3039	0.0294	0.2891
氨氮	0.4013	0.0829	0.0478	0.3646
化学需氧量	−0.1365	0.5214	0.0031	−0.0562
总氮	0.4457	−0.1987	−0.0347	−0.2115
总磷	0.4386	0.0211	−0.0323	−0.0804
氟化物	−0.0608	−0.0326	−0.0748	0.7566

（2）APCS-MLR 模型构建

基于 APCS-MLR 模型，建立碳氮磷浓度与绝对主成分得分之间的回归关系

（表 4.3.14）。结果表明，不同指标的源解析拟合模型优度存在显著差异，判定系数变化范围为 0.60～0.82，化学需氧量的拟合效果最好，总氮和总磷相对较差（图 4.3.11）。

表 4.3.14　东江中游 APCS-MLR 回归方程与拟合优度

指标	化学需氧量	总氮	总磷
调整 R^2	0.82	0.60	0.65
截距	3.6486*	1.9592***	0.0220
P1 的系数	−0.1950*	0.3344***	0.0162***
P2 的系数	2.0857***	−0.0778**	0.0040***
P3 的系数	−0.3294***	−0.0151	−0.0013
P4 的系数	−0.3553***	−0.1029***	−0.0024*

*表示显著性水平小于 0.05，**表示小于 0.01，***表示小于 0.001。

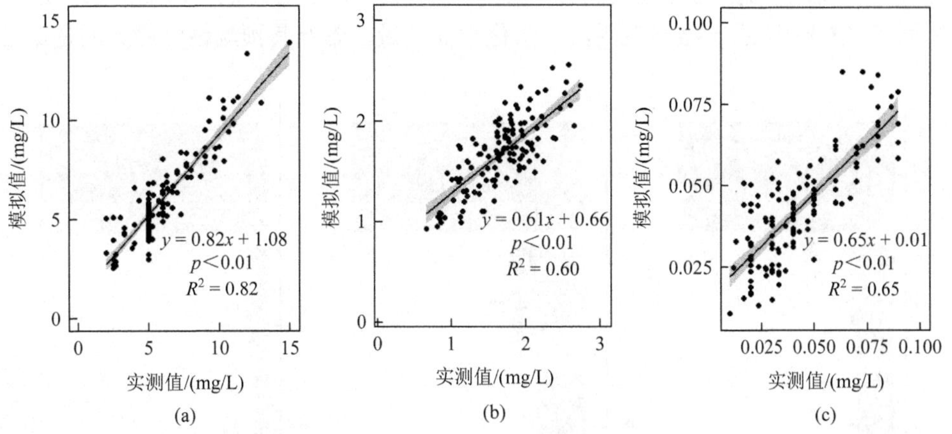

图 4.3.11　东江中游基于 APCS-MLR 回归结果与实测值的比较（a、b 和 c 分别为化学需氧量、总氮和总磷）

采用逐步回归方法，获得对预测指标影响显著的绝对主成分，对于化学需氧量，最终进入模型的绝对主成分为 4 个，分别为 P1、P2、P3 和 P4；对于总氮和总磷，最终进入模型的绝对主成分均为 P1、P2 和 P4（图 4.3.12）。从具体贡献率看，P2 是化学需氧量最大的贡献源，P1 是总氮和总磷最大的贡献源。值得注意的是，P3 和 P4 在污染源贡献中具有显著的负向作用，表明气象和地下水等环境因子对东江中游的碳氮磷含量影响显著。

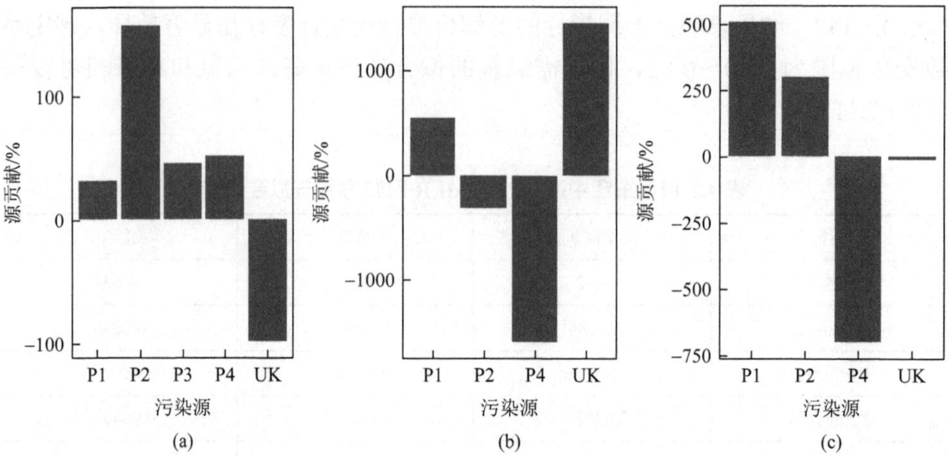

图 4.3.12　基于 APCS-MLR 的东江中游污染源贡献（a、b 和 c 分别为化学需氧量、总氮和总磷）

（3）APCS-RF 模型构建

基于训练的随机森林模型，获得各绝对主成分得分对碳氮磷影响的水平，具体如图 4.3.13 所示。结果表明，对于化学需氧量，影响其预测精度最大的是第 2

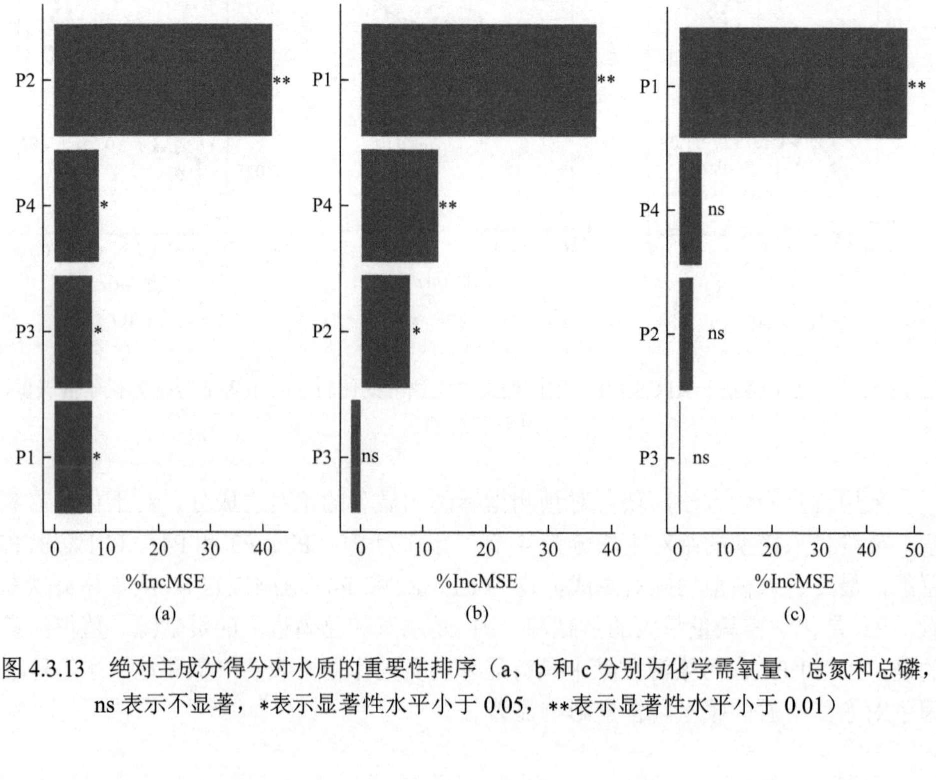

图 4.3.13　绝对主成分得分对水质的重要性排序（a、b 和 c 分别为化学需氧量、总氮和总磷，ns 表示不显著，*表示显著性水平小于 0.05，**表示显著性水平小于 0.01）

主成分，对总氮和总磷，影响最大的是第 1 主成分。总体来看，第 1 和第 2 主成分是影响最大的两个污染源，这与 APCS-MLR 模型的结果一致。

根据不同绝对主成分得分水平对目标污染物的影响强度（图 4.3.14）。可以发现，在机器学习的源解析模型中，可以模拟出污染源强（如 APCS）变化对碳氮磷浓度的非线性效应。对于第 1 主成分得分，其变化对化学需氧量的影响相对较小，但是对总氮和总磷浓度具有显著的促进作用；第 2 主成分得分对化学需氧量的促进作用最大，但对总氮和总磷浓度的影响较小；第 3 和第 4 主成分得分变化对各指标的变化影响不大。

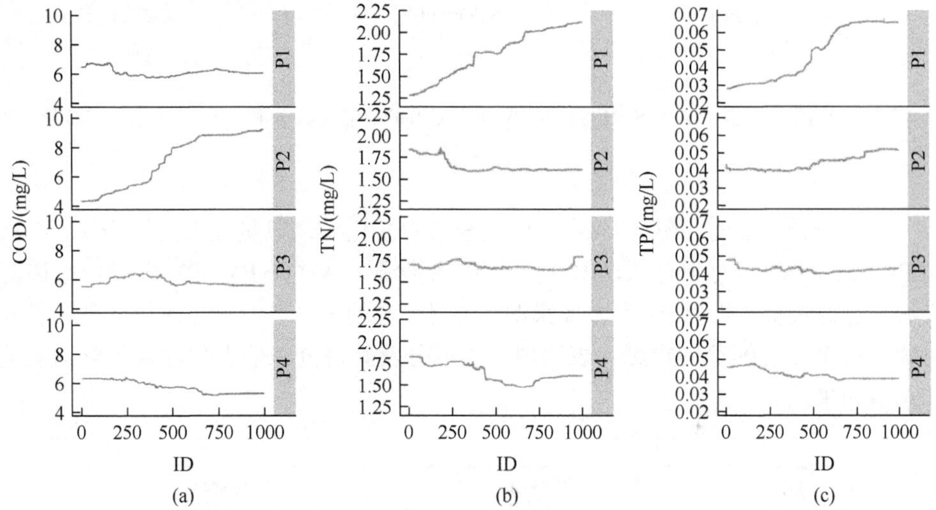

图 4.3.14　东江中游不同主成分数值变化对水质的影响（a、b 和 c 分别为化学需氧量、总氮和总磷）

基于随机森林模型建立绝对主成分得分与各指标浓度的响应关系发现，随机森林模型在指标的预测能力上表现出突出的性能，3 个指标的平均判定系数均高于 0.9，相较于传统的线性模型，随机森林模型在模型预测能力上具有显著的优势（表 4.3.15）。然而，值得注意的是，在袋外样本的检验上，各指标模型的变异度解释能力相对较低，模型的结果仍然具有一定的不确定性。从全样本的总体表现来看，随机森林模型对碳氮磷的拟合均达到了较好的反演效果，特别是化学需氧量（图 4.3.15）。

表 4.3.15　东江中游 APCS-RF 拟合优度（% Var explained 为袋外样本检验结果）

指标	化学需氧量	总氮	总磷
解释的变异度/%	68.84	48.95	55.98
全样本 R^2	0.96	0.94	0.94

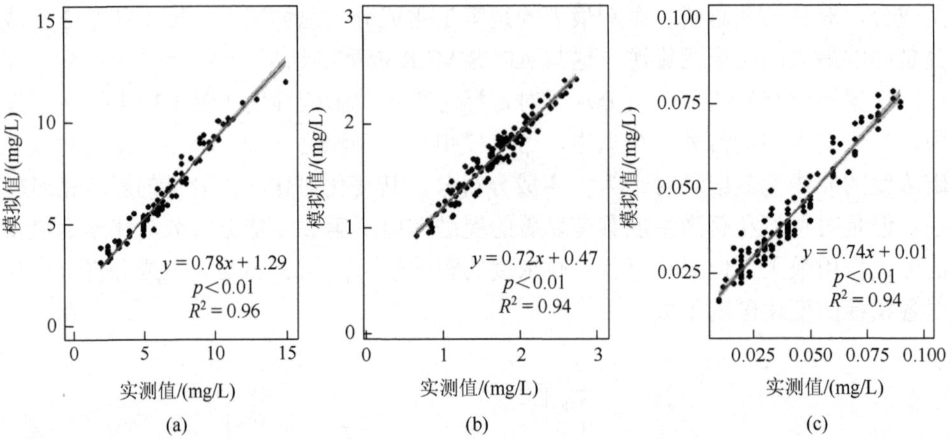

图 4.3.15　东江中游基于 APCS-RF 回归结果与实测值的比较（a、b 和 c 分别为化学需氧量、总氮和总磷）

从污染源贡献看（图 4.3.16），P2 是东江中游化学需氧量最大的污染源，其次是 P4、P1 和 P3；对于总氮，P1 是最大的污染源，其次是 P4、P2 和 P3；总磷的来源与总氮类似，均以 P1 为主要来源。值得注意的是，未识别源在化学需氧量和总磷上占有显著的负向贡献，表明现有主成分及其得分未能有效涵盖化学需氧量和总磷的来源。

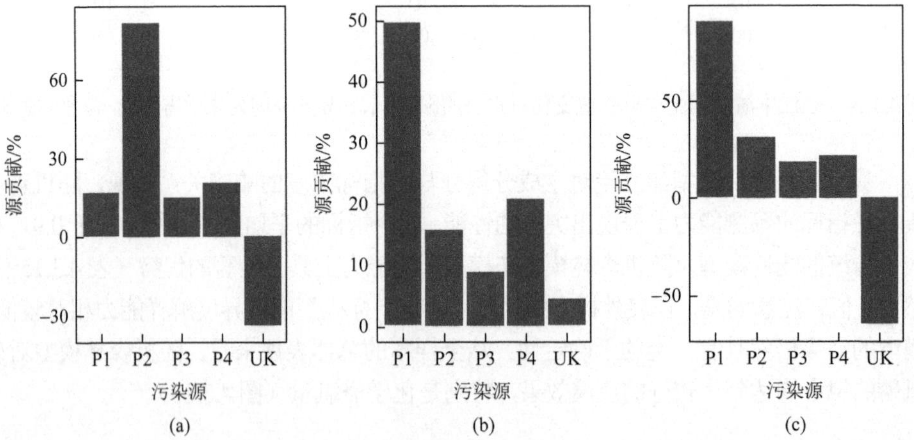

图 4.3.16　东江中游基于 APCS-RF 的污染源贡献（a、b 和 c 分别为化学需氧量、总氮和总磷）

总体来看，基于多元线性回归和机器学习的两种源解析方法在主要污染源识别上具有一致性，但是对不同污染源的贡献计算上差异较大。对于东江中游，化学需氧量的主要来源可能是林地和农业的各种腐殖质；总氮和总磷的来源可能是以农业农村非点源为主，同时受到气象水文因素影响较大。

4.3.4　下游源解析

（1）主成分分析

对东江下游水质数据集开展 KMO 检验和 Bartlett 球形检验，检验结果如表 4.3.16 所示。所有检验统计值均符合主成分分析的要求，表明数据集存在较大信息冗余，可进行数据降维处理。

表 4.3.16　东江下游水质指标的 KMO 和 Bartlett 球形检验

样本集	统计指标	统计值
KMO 检验	MSA 值	0.68
Bartlett 球形检验	近似卡方	383
	自由度	36
	显著性	<0.001

根据特征值的分布情况（图 4.3.17），以特征值大于 1 为标准，东江下游的水质监测数据可提取出 3 个主成分（表 4.3.17），累计方差解释率为 65%。

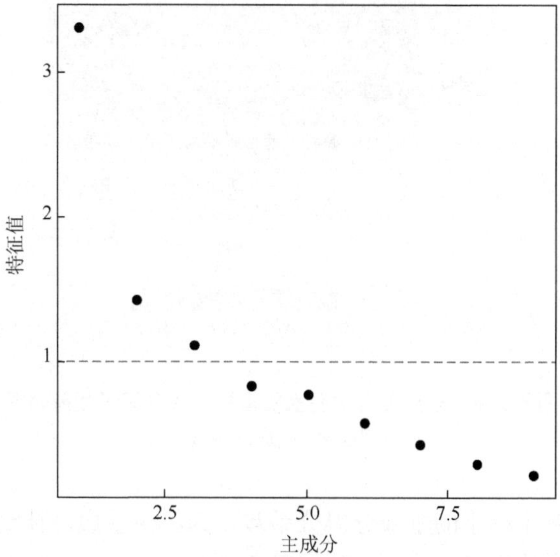

图 4.3.17　东江下游水质指标主成分特征值分布

表 4.3.17　东江下游水质指标的主成分提取结果（旋转方差抽取法）

主成分	方差解释率/%	累计方差解释率/%
P1	25	25
P2	22	47
P3	18	65

从各主成分的指标正相关载荷系数来看（图 4.3.18），东江下游的第 1 主成分主要载荷指标为 COD、BOD_5 和 COD_{Mn}，表明该主成分与有机质密切相关，与中游的第 2 主成分类似；第 2 主成分的主要载荷指标为 TP、TN 和 NH，表征氮磷营养盐，主要来源是农业农村非点源，这与中游的第 1 主成分类似；第 3 主成分的主要载荷指标是氟化物、DO 和 pH，这些指标与地下水和气象水文因子密切相关，反映自然背景和气候因子。

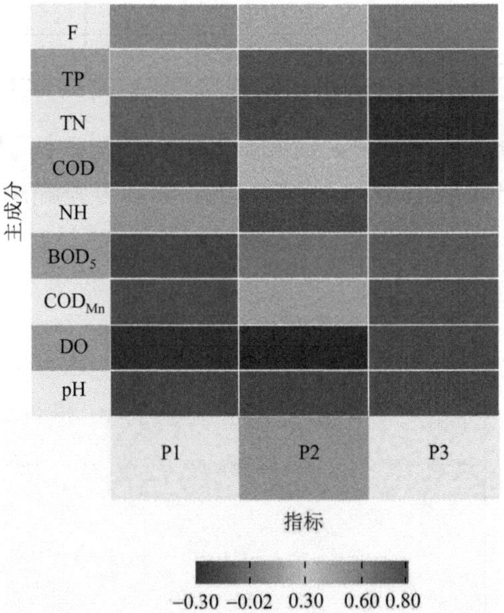

图 4.3.18　东江下游主要水质指标主成分因子载荷热图

（扫封底二维码获取彩图）

进一步导出各个样本的主成分得分系数，为绝对主成分计算提供参数依据，东江下游水质样本的主成分得分系数如表 4.3.18 所示。

表 4.3.18　东江下游主要水质指标主成分系数矩阵

指标	P1	P2	P3
pH	0.0427	–0.0096	0.4865
溶解氧	0.0221	–0.0885	0.4630
高锰酸盐指数	0.3787	–0.0907	0.0334
五日生化需氧量	0.4661	–0.1956	0.0759
氨氮	0.0546	0.3776	0.1438
化学需氧量	0.3987	–0.0714	–0.0270
总氮	–0.2302	0.4683	–0.1212
总磷	–0.0873	0.4028	0.0387
氟化物	0.0247	0.2456	0.4160

（2）APCS-MLR 模型构建

基于多元线性回归的结果表明（表 4.3.19），不同指标的源解析拟合优度存在差异，化学需氧量最高，总氮和总磷偏低，这与上游和中游类似，表明在污染源表征能力上，东江上、中、下游的水质因子具有相似性。具体来看，化学需氧量的拟合优度最高，其次是总氮，最差的是总磷（图 4.3.19）。由于化学需氧量的实测绝对数值高于总氮，总氮高于总磷，这种拟合优度的差异与数据本身的数量级也存在一定的关联性，可能与数据实测误差有关。

表 4.3.19　东江下游 APCS-MLR 回归方程与拟合优度

指标	化学需氧量	总氮	总磷
调整 R^2	0.81	0.61	0.53
截距	6.4556**	2.6904***	0.0121
P1 的系数	2.8681***	0.0003	0.0046**
P2 的系数	0.8927***	0.3385***	0.0176***
P3 的系数	–0.6854***	–0.1093***	–0.0007

表示显著性水平小于 0.01，*表示小于 0.001。

与前文类似，采用逐步回归方法得到最终进入源解析模型的主成分，结果表明有机质源是东江下游化学需氧量的最大来源，农业农村非点源是总氮和总磷的主要来源（图 4.3.20）。对于化学需氧量，自然背景与气象因子对其具有显著的负向贡献。总氮的浓度构成中有很大比重来自未识别源，表明总氮的来源较为复杂，其他未识别源，如城镇生活源等可能对其有显著贡献。

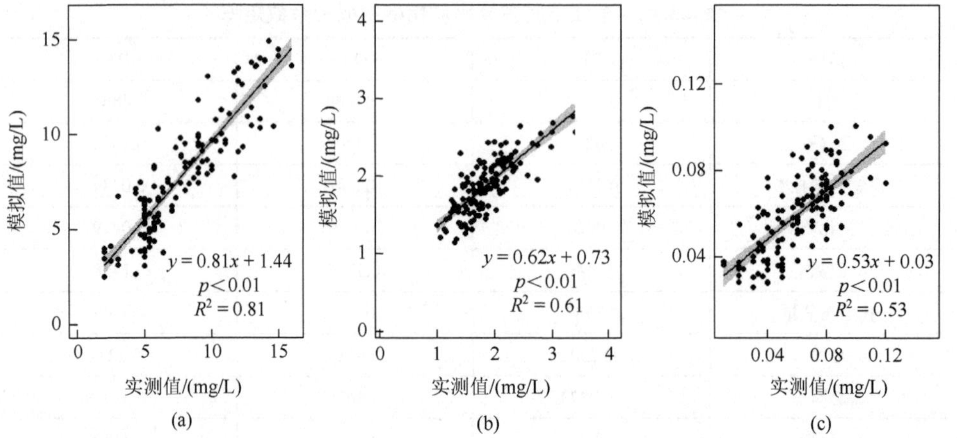

图 4.3.19　东江下游基于 APCS-MLR 回归结果与实测值的比较（a、b 和 c 分别为化学需氧量、总氮和总磷）

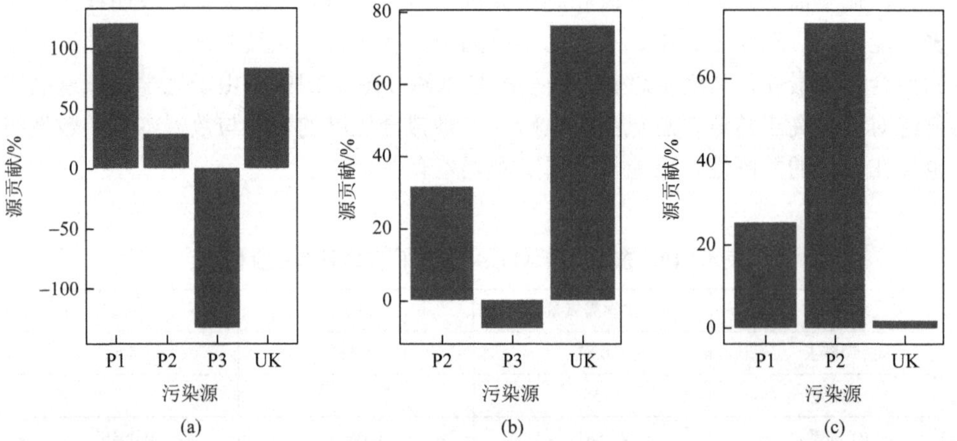

图 4.3.20　基于 APCS-MLR 的东江下游污染源贡献（a、b 和 c 分别为化学需氧量、总氮和总磷）

（3）APCS-RF 模型构建

对下游水质样本的随机森林模型训练结果表明，主成分得分变化对碳氮磷浓度预测精度的影响因指标不同而不同，具体如图 4.3.21 所示。P1 对化学需氧量的影响最大，P2 对总氮和总磷的影响最为显著，这与 APCS-MLR 的源解析结果一致。

不同污染源的影响强度计算结果如图 4.3.22 所示。对于第 1 主成分，其绝对主成分得分变化上升会显著促进化学需氧量的上升，但是存在阈值效应，第 1 主成分得分变化对总氮和总磷的影响不大；第 2 主成分得分上升对碳氮磷三个指标均有正向促进作用，但是对氮磷的促进作用高于化学需氧量；第 3 主成分得分变化对三个指标的影响较小，对化学需氧量和总氮浓度有抑制作用。总体来看，三个污染源对碳氮磷的影响是不同的，且具有显著的非线性响应特征。

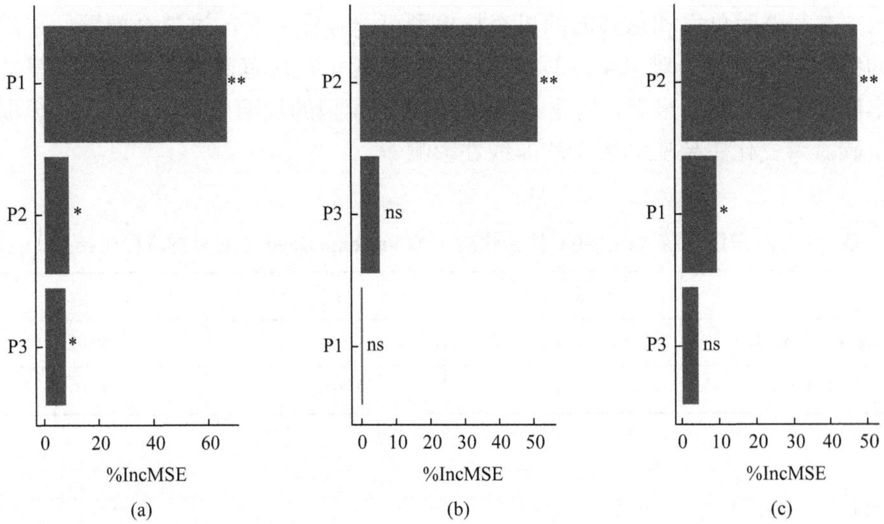

图 4.3.21　绝对主成分得分对水质的重要性排序（a、b 和 c 分别为化学需氧量、总氮和总磷，ns 表示不显著，*表示显著性水平小于 0.05，**表示显著性水平小于 0.01）

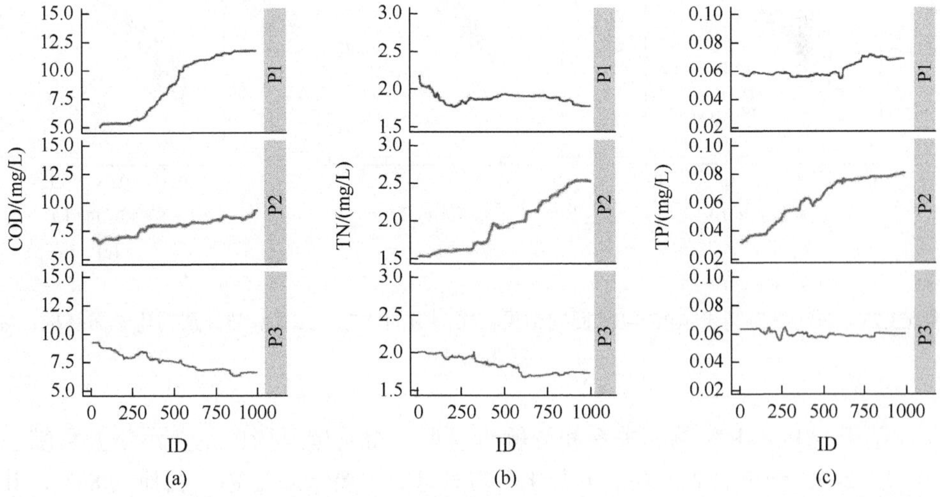

图 4.3.22　东江下游不同主成分得分变化对水质的影响（a、b 和 c 分别为化学需氧量、总氮和总磷）

基于随机森林模型，建立绝对主成分得分与各个指标的响应模型，模型的拟合优度较高（图 4.3.23），在化学需氧量指标上，全样本的判定系数达到 0.96，在总氮和总磷上分别达到 0.92 和 0.91，不同指标的平均判定系数均高于 0.9，具有显著优于传统线性方法的特点（表 4.3.20）。然而，值得注意的是，在袋外样本的检验上，除了化学需氧量表现出较高的解释性能外，其他两个指标的模型仅达到 50%左右，表明总氮和总磷的随机森林模型可能存在一定的过拟合问题，采用当前的绝对主成分得分难以全面解释氮磷的复杂变化，还有部分导致氮磷改变的因子未能覆盖到。总体来看，构建的 APCS-MLR 模型的反演效果较好，能够抓取样本中碳氮磷变化主要驱动因子的非线性影响。

表 4.3.20　东江下游 APCS-RF 拟合优度（% Var explained 为袋外样本检验结果）

指标	化学需氧量	总氮	总磷
解释的变异度/%	72.94	51.42	49.92
全样本 R^2	0.96	0.92	0.91

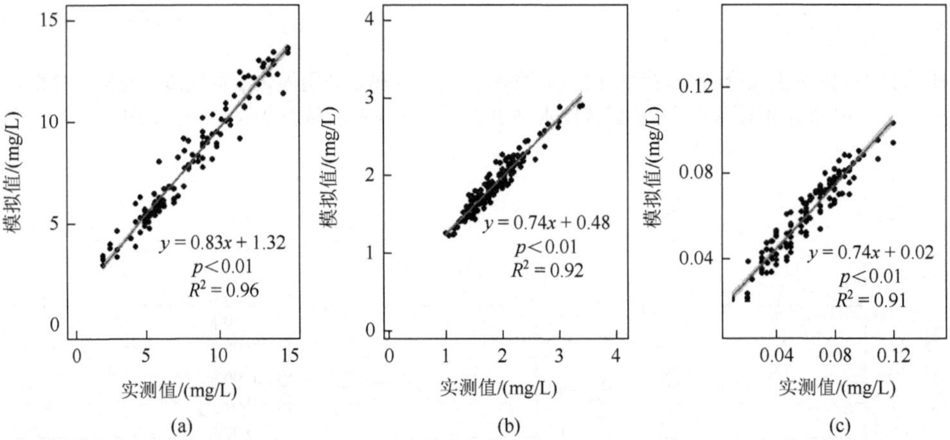

图 4.3.23　东江下游基于 APCS-RF 回归结果与实测值的比较（a、b 和 c 分别为化学需氧量、总氮和总磷）

基于 APCS-RF 响应关系和源解析模型，得到碳氮磷的主要污染源贡献值（图 4.3.24）。结果表明，东江下游化学需氧量的主要来源是 P1，占比为 88%，其次是 P3（39%）和 P2（37%），未识别源的贡献为负值，表明当前解译的污染源贡献可能存在高估问题；总氮的最大污染源是 P2，占比 54%，其次是 P1（22%）和 P3（18%）；总磷的污染源结构与总氮类似，均以 P2 和 P1 为主要来源，P2 占比82%，P1占比29%，表明两者可能存在同源性特征。相对于东江上游和中游，下游的氮磷表现出更加一致的来源结构，可能与东江下游城市生活污染源占比增加导致来源结构单一有关。

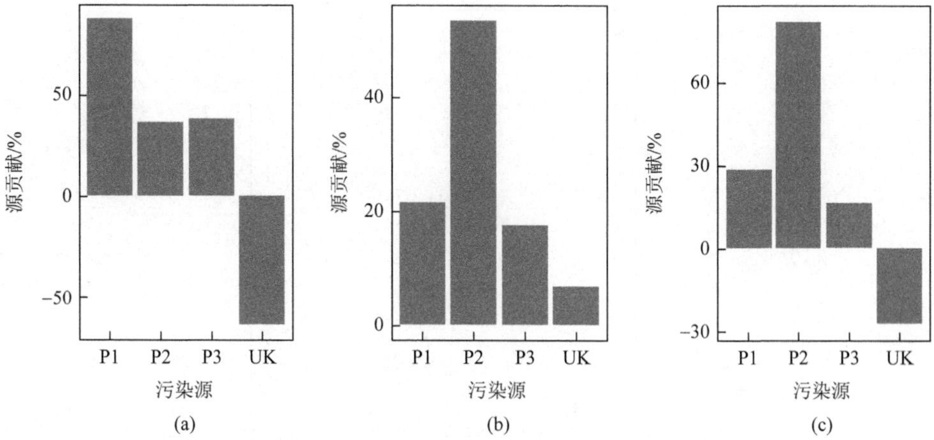

图4.3.24　东江下游基于APCS-RF的污染源贡献（a、b和c分别为化学需氧量、总氮和总磷）

综合以上分析结果，东江流域下游化学需氧量的主要来源是P1，氮磷主要来源是P2，氮磷来源均有较高的相似性。

4.3.5　河网区源解析

（1）主成分分析

东江三角洲河网区的水质数据集的KMO检验和Bartlett球形检验均满足主成分分析要求（表4.3.21）。其中，MSA值远高于0.5，Bartlett球形检验显著性小于0.05。

表4.3.21　东江河网区水质指标的KMO检验和Bartlett球形检验

样本集	统计指标	统计值
KMO检验	MSA值	0.86
Bartlett球形检验	近似卡方	1366
	自由度	36
	显著性	<0.001

根据主成分的特征值大于 1 的选取标准（图 4.3.25），可选出 2 个主成分，其中第 1 主成分方差解释率为 57%，第 2 主成分方差解释率为 16%，以及累计方差解释率为 73%（表 4.3.22）。

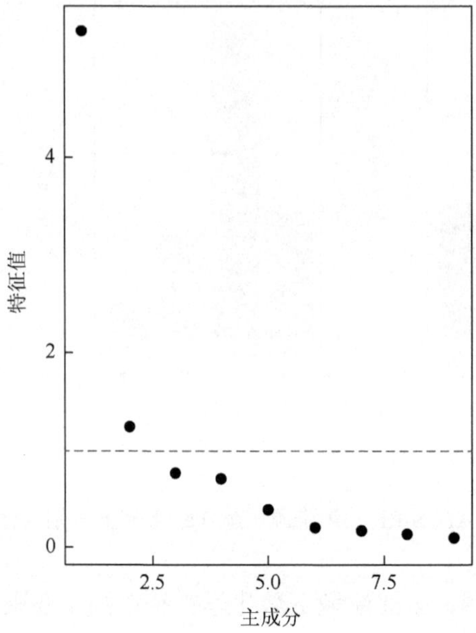

图 4.3.25　东江河网区水质指标主成分特征值分布

表 4.3.22　东江河网区水质指标的主成分提取结果（旋转方差抽取法）

主成分	方差解释率/%	累计方差解释率/%
P1	57	57
P2	16	73

从各主成分的指标正相关载荷系数来看（图 4.3.26），大多数指标均在第 1 主成分上负载，第 2 主成分仅负载 pH 指标，因此该数据集的因子载荷过于集聚，难以解析出有效的污染源信息，表明河网区污染源可能是高度混合型的。

两个主成分得分系数如表 4.3.23 所示。

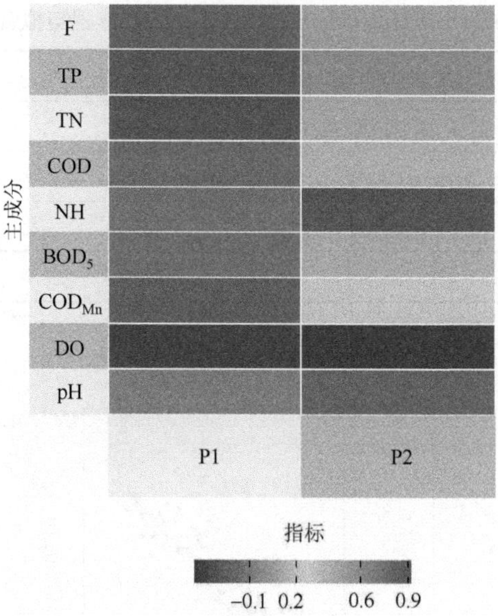

图 4.3.26　东江河网区主要水质指标主成分因子载荷热图

（扫封底二维码获取彩图）

表 4.3.23　东江河网区主要水质指标主成分系数矩阵

指标	P1	P2
pH	−0.1308	0.6558
溶解氧	−0.0305	−0.2971
高锰酸盐指数	0.1507	0.1136
五日生化需氧量	0.1085	0.2354
氨氮	0.2054	−0.3443
化学需氧量	0.1195	0.2087
总氮	0.1900	−0.0489
总磷	0.2035	−0.1486
氟化物	0.1784	−0.0703

（2）APCS-MLR 模型构建

基于多元线性回归的结果表明，三个指标的源解析拟合优度相对较高（图 4.3.27），判定系数达到 0.79～0.87，回归系数在 P1 上显著（表 4.3.24）。

表 4.3.24　东江河网区 APCS-MLR 回归方程与拟合优度

指标	化学需氧量	总氮	总磷
调整 R^2	0.79	0.87	0.83
截距	-18.3241^{***}	3.5347^{***}	0.4113^{***}
P1 的系数	5.3324^{***}	2.4030^{***}	0.1199^{***}
P2 的系数	2.7134^{***}	0.2446^{***}	−0.0048

***表示显著性水平小于 0.001。

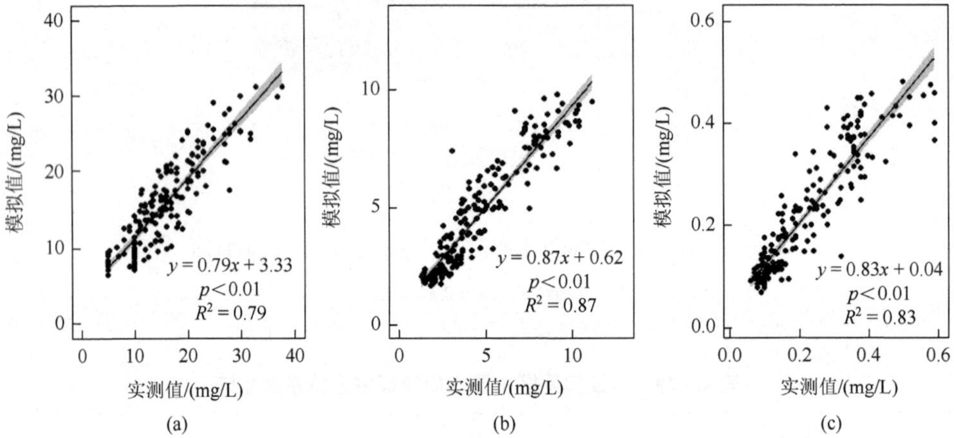

图 4.3.27　东江河网区基于 APCS-MLR 回归结果与实测值的比较（a、b 和 c 分别为化学需氧量、总氮和总磷）

基于逐步回归方法，可以发现 P1 和 P2 均进入了化学需氧量和总氮的回归模型，总磷的回归模型中仅进入 P1 污染源（图 4.3.28）。值得注意的是，对于化学需氧量和总氮，影响其浓度上升的主要因素不是 P1 综合污染源，而是 P2，表明河网区总氮浓度变化的主要因素不再是污染源，而是与 pH 密切相关的因素；对于总磷，主要影响因素在当前源解析的因子中无法充分解释，最大贡献源是未识别源。由此说明，基于 APCS-MLR 的源解析方法可能无法有效解释河网区碳氮磷来源。

（3）APCS-RF 模型构建

基于随机森林的重要性排序结果（图 4.3.29），影响河网区碳氮磷浓度的主要因子均为 P1，P2 对化学需氧量、总氮和总磷浓度的影响较小，这与线性模型的结果有一定差异。

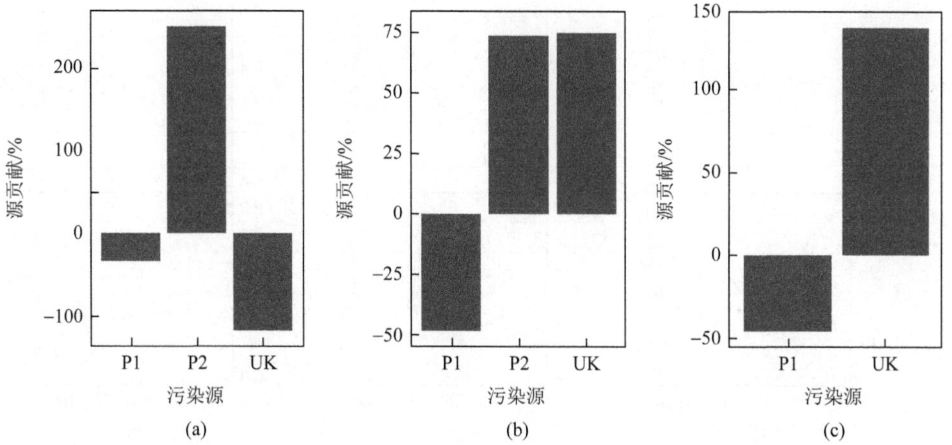

图 4.3.28　基于 APCS-MLR 的东江河网区污染源贡献（a、b 和 c 分别为化学需氧量、总氮和总磷）

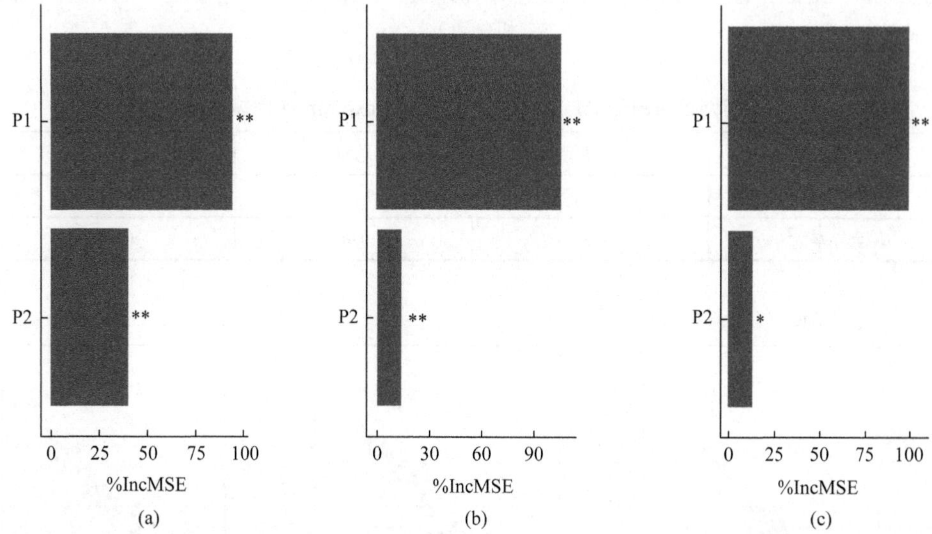

图 4.3.29　绝对主成分得分对水质的重要性排序（a、b 和 c 分别为化学需氧量、总氮和总磷，*表示显著性水平小于 0.05，**表示显著性水平小于 0.01）

从各个污染源变化对碳氮磷浓度的影响看（图 4.3.30），随着污染源强上升，P1 将导致三种指标上升，对浓度变化有显著的促进作用，P2 的上升对化学需氧量有一定促进作用，但是对总氮和总磷的作用有限。

从随机森林的拟合优度看（表 4.3.25），APCS-RF 模型在三种指标上均有较好的拟合效果（图 4.3.31），判定系数均达到 0.95 以上，尤其在袋外样本的检验上也表现出优良效果，表明该模型可实现碳氮磷负荷的有效反演。

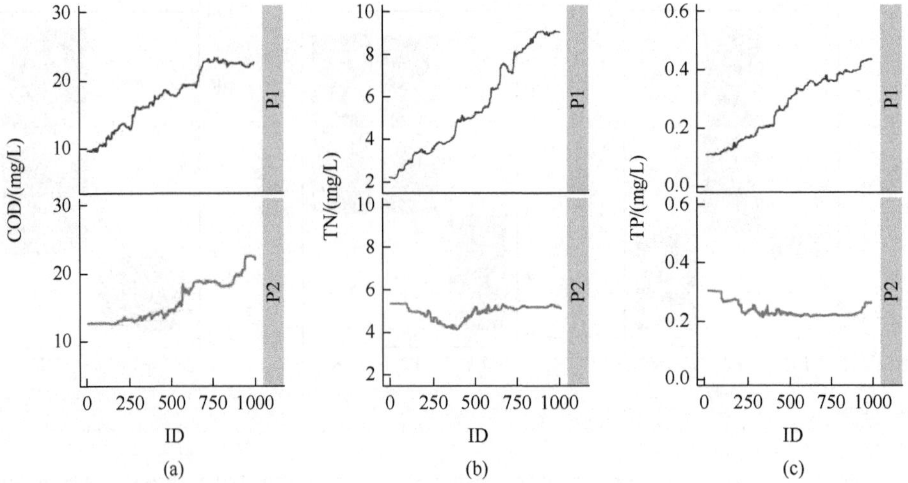

图 4.3.30　东江河网区不同主成分数值变化对水质的影响（a、b 和 c 分别为化学需氧量、总氮和总磷）

表 4.3.25　东江河网区 APCS-RF 拟合优度（% Var explained 为袋外样本检验结果）

指标	化学需氧量	总氮	总磷
解释的变异度/%	77.65	84.04	80.50
全样本 R^2	0.95	0.96	0.96

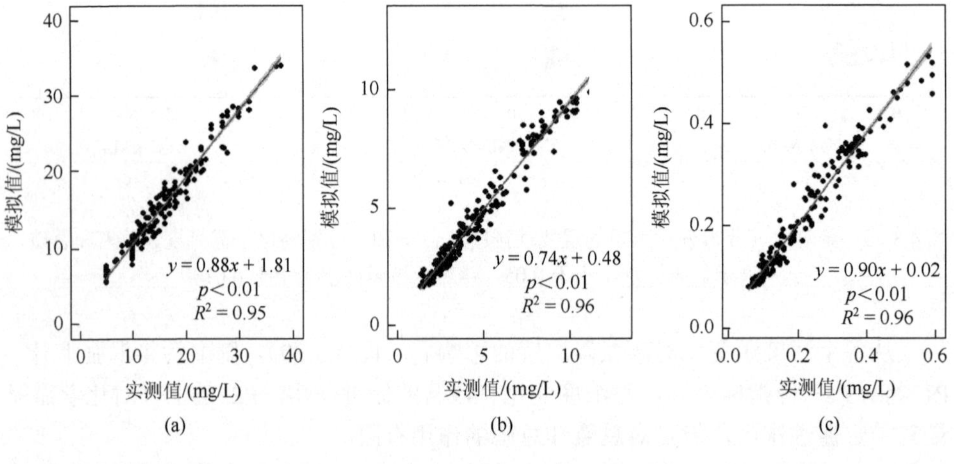

图 4.3.31　东江河网区基于 APCS-RF 回归结果与实测值的比较（a、b 和 c 分别为化学需氧量、总氮和总磷）

从各个污染源对三种指标的贡献率看（图 4.3.32），三者具有相似性。其中，P1 是碳氮磷的最大污染源，对化学需氧量、总氮和总磷的贡献均为正向贡献；其次是 P2，对化学需氧量具有显著贡献，对总氮和总磷的贡献较小；未识别源对三种水质指标的贡献均为负值。相对于 APCS-MLR 模型，在河网区，APCS-RF 模型得出 P1 具有重要贡献，其结果更加符合污染源与水质的响应规律。

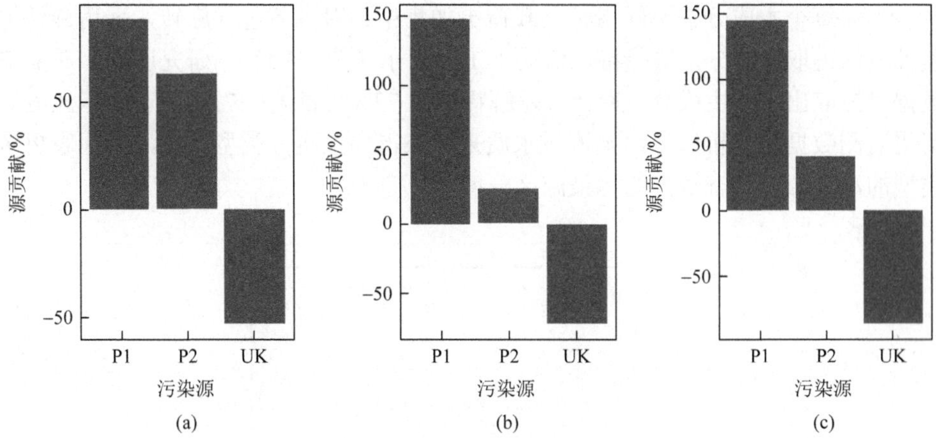

图 4.3.32　东江河网区基于 APCS-RF 的污染源贡献（a、b 和 c 分别为化学需氧量、总氮和总磷）

综上可知，在东江河网区，污染源和水动力条件复杂，河网区中碳、氮、磷是多种污染源迁移转化与复合叠加的结果。基于水质指标的主成分分析法难以有效解析出不同污染源的差异，采用线性模型构建污染源与水质指标之间的响应关系可能存在较大偏差，河网区碳氮磷解析存在高度的不确定性。

4.3.6　全流域源解析

（1）主成分分析

基于 2024 年两次全流域水质调查数据集，开展 KMO 检验和 Bartlett 球形检验，数据检验结果如表 4.3.26 所示，结果表明该数据集的 MSA 值高于 0.5 且 Bartlett 球形检验的显著性低于 0.05，因此可进行主成分分析。

表 4.3.26　东江全流域水质指标的 KMO 检验和 Bartlett 球形检验

样本集	统计指标	统计值
KMO 检验	MSA 值	0.55

续表

样本集	统计指标	统计值
Bartlett 球形检验	近似卡方	506
	自由度	171
	显著性	<0.001

为使每个主成分在不同指标上载荷更加集中，对方差进行旋转，采用旋转方差抽取法提取主成分，选择特征值大于1的因子（图4.3.33）。研究区的水质监测数据可提取出6个主成分，累计方差解释率为73%（表4.3.27）。相对于东江流域历史监测数据的分析结果，全流域水质采样获得的主成分类型更多，可代表更多类型的污染源，具有较高的污染源区分度。

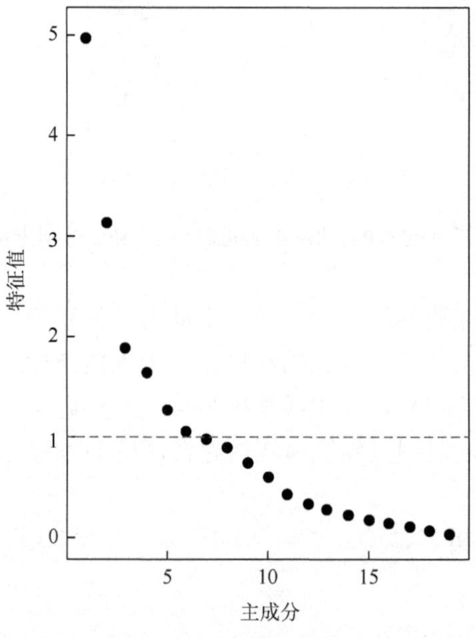

图4.3.33　东江全流域水质指标主成分特征值分布

表4.3.27　东江全流域水质指标的主成分提取结果（旋转方差抽取法）

主成分	方差解释率/%	累计方差解释率/%
P1	25	25
P2	15	40
P3	10	50

续表

主成分	方差解释率/%	累计方差解释率/%
P4	9	58
P5	8	67
P6	7	73

根据不同主成分的因子载荷矩阵（图 4.3.34），第 1 主成分主要载荷指标为氮磷含量和耗氧有机物，表明该主成分与藻类生长、营养盐和腐殖质等含量有关，可以表征农业与生活的混合源；第 2 主成分的主要载荷指标为 WT，代表气候与季节因子；第 3 主成分的主要载荷指标是硫化物，该指标与工业生产相关，可以认为是工业源；第 4 主成分的最大载荷在氟化物和 CON 上，与水中离子和盐类含量有关，可能代表海水倒灌或地下水；P5 主要载荷是 Cu，与半导体行业相关；P6 主要载荷是 Cr(Ⅵ)，该指标反映了电镀等行业污染。

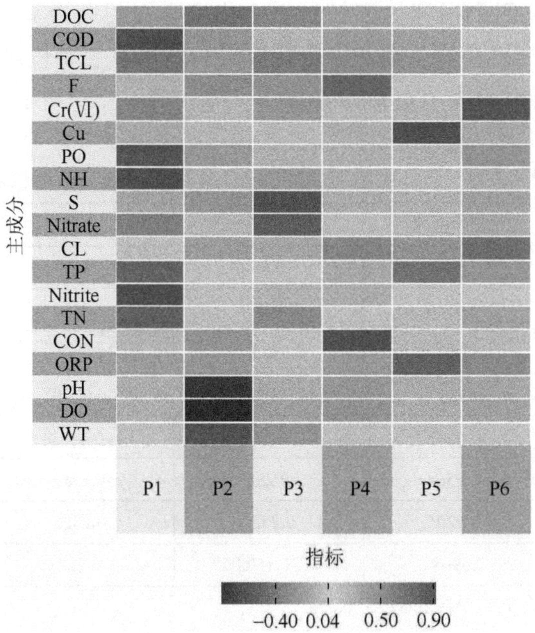

图 4.3.34 东江全流域主要水质指标主成分因子载荷热图

（扫封底二维码获取彩图）

东江全流域水质数据集的各个主成分得分系数如表 4.3.28 所示。

表 4.3.28　东江全流域主要水质指标主成分得分系数矩阵

指标	P1	P2	P3	P4	P5	P6
pH	−0.0211	0.2556	0.1061	0.0525	0.0062	−0.0031
溶解氧	0.0186	−0.3233	0.0554	−0.1171	0.0435	−0.0076
高锰酸盐指数	0.0211	−0.3241	0.2244	0.1828	0.0504	−0.0222
五日生化需氧量	−0.0066	−0.0174	0.0507	−0.0618	−0.2905	−0.2046
氨氮	−0.0620	−0.0599	0.0630	0.5156	0.0218	−0.0361
化学需氧量	0.1496	0.0374	−0.1555	−0.0080	0.0181	−0.0595
总氮	0.2042	−0.0064	−0.0435	0.0498	−0.0150	0.1154
总磷	0.1156	−0.0412	0.0629	−0.0896	0.3447	−0.0692
氟化物	0.0745	0.0455	0.0786	−0.1927	−0.0945	0.4914

（2）APCS-MLR 模型构建

以绝对主成分得分为自变量，不同碳氮磷指标为因变量，建立多元线性回归模型。结果表明，四个指标的源解析拟合优度存在显著差异，判定系数范围为0.54～0.82，化学需氧量和总磷的拟合优度最高，溶解性有机碳和总氮相对较差，且不同指标的显著影响因子也存在差异，具体如表 4.3.29 所示。

表 4.3.29　东江全流域 APCS-MLR 回归方程与拟合优度

指标	化学需氧量	溶解性有机碳	总氮	总磷
调整 R^2	0.82	0.68	0.54	0.80
截距	−2.6666	5.2653*	1.8354	0.0740
P1 的系数	1.8150***	0.6351***	1.3474***	0.0945***
P2 的系数	−0.3265*	1.1280***	0.0770	0.0079
P3 的系数	−0.0243	0.9336***	−0.4483*	0.0064
P4 的系数	−0.2564	−0.2389	0.1159	−0.0100
P5 的系数	−0.2205	0.2527	0.2828	0.0804***
P6 的系数	0.0908	−0.1508	−0.2286	−0.0241*

*表示显著性水平小于 0.05，***表示小于 0.001。

基于构建的多元线性回归模型，四项水质指标的模拟值与实测值的关系如图 4.3.35 所示。线性回归结果表明，建立的模型对化学需氧量、溶解性有机碳和总磷的拟合效果较好，判定系数达到 0.80 以上，但是对于总氮的效果较差，判定系数仅达到 0.54，表明多元线性回归模型难以有效模拟总氮的污染源响应关系。

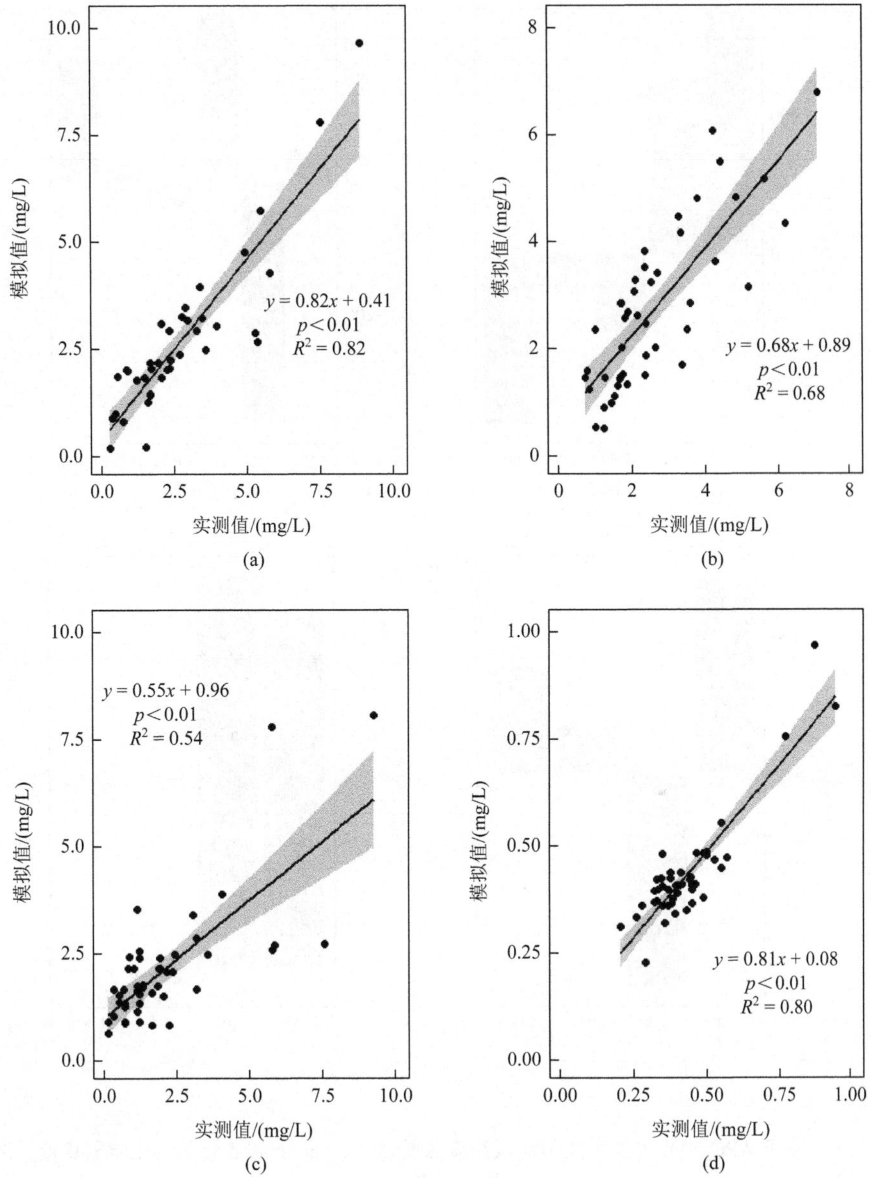

图 4.3.35　东江全流域基于 APCS-MLR 回归结果与实测值的比较（a、b、c 和 d 分别为化学需氧量、溶解性有机碳、总氮和总磷）

从源贡献计算结果看（图 4.3.36），不同污染源对不同指标的影响差异较大，对于 P1 源，其是化学需氧量和总氮的最大来源；P3 源是溶解性有机碳的主要来源；P5 源是总磷的主要来源。由此说明，从全流域总体来看，碳氮磷的来源差异较大。

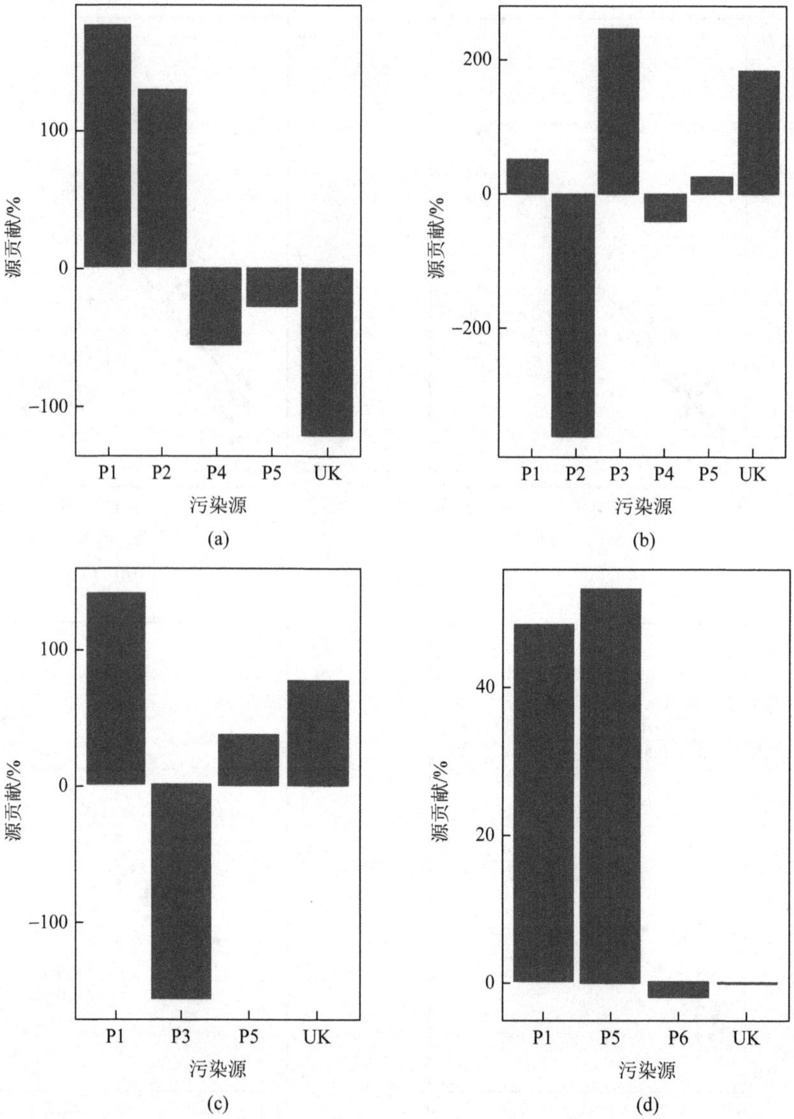

图 4.3.36　基于 APCS-MLR 的东江全流域污染源贡献（a、b、c 和 d 分别为化学需氧量、溶解性有机碳、总氮和总磷）

（3）APCS-RF 模型构建

从随机森林模型的重要性排序结果看，绝对主成分得分对 4 个指标的预测精度影响如图 4.3.37 所示。结果表明，对于化学需氧量，影响最大的是第 1 和第 5 主成分；对于溶解性有机碳，影响最大的是第 2 和第 3 主成分；对于总氮影响最大的是第 1 和第 3 主成分；对于总磷影响最大的是第 1 和第 5 主成分，与化学需氧量相同。

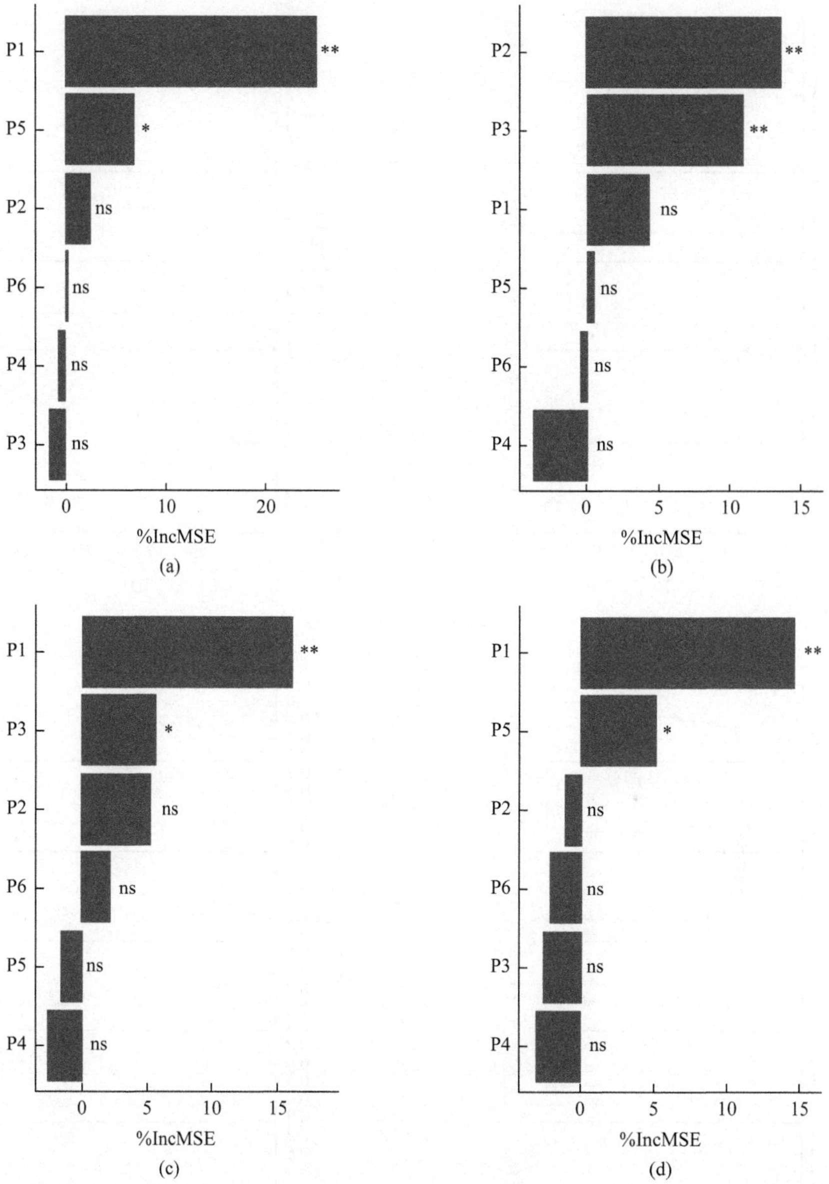

图 4.3.37　绝对主成分得分对水质的重要性排序（a、b、c 和 d 分别为化学需氧量、溶解性有机碳、总氮和总磷，ns 表示不显著，*表示显著性水平小于 0.05，**表示显著性水平小于 0.01）

图 4.3.38 为不同主成分得分变化对指标浓度的影响，表征了污染源强度改变的污染物浓度效应，由图 4.3.38 可知，不同污染物的来源特征具有显著差异，与前文的结论类似，污染源强度变化对浓度影响表现出非线性效应。

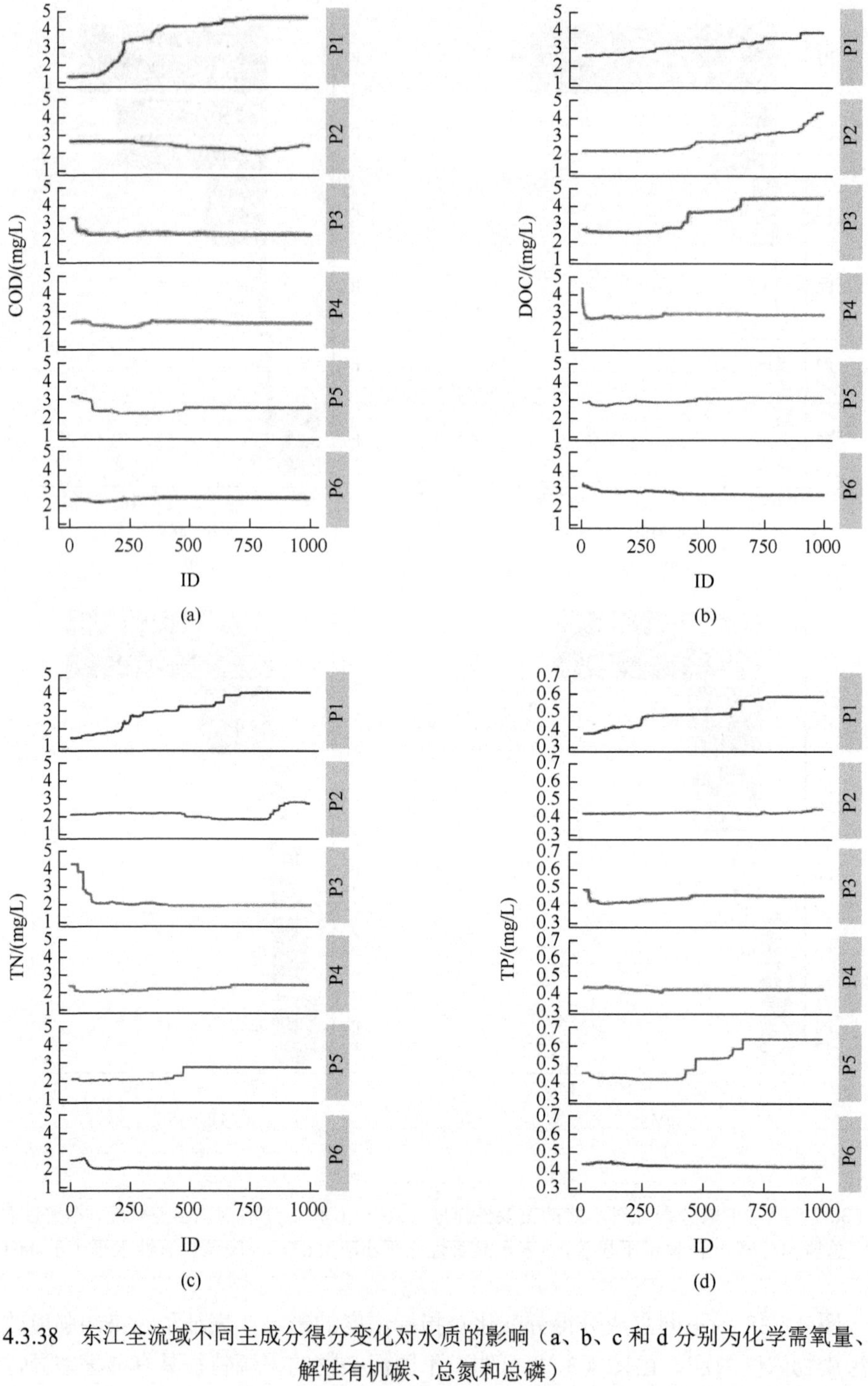

图 4.3.38　东江全流域不同主成分得分变化对水质的影响（a、b、c 和 d 分别为化学需氧量、溶解性有机碳、总氮和总磷）

基于随机森林模型建立绝对主成分得分与指标的响应关系发现，构建的模型在指标的预测能力上表现出优于线性模型的特性，4 个指标的平均判定系数均高于 0.9（表 4.3.30）。然而，值得注意的是，在袋外样本的检验上，该数据集构建的模型对变异度的解释能力较低，平均不到 50%，可能与样本量较少有关。各指标的模拟值与实测值均表现出较好的一致性（图 4.3.39）。

表 4.3.30　东江全流域 APCS-RF 拟合优度（% Var explained 为袋外样本检验结果）

指标	化学需氧量	溶解性有机碳	总氮	总磷
解释的变异度/%	50.78	20.08	29.51	22.85
全样本 R^2	0.95	0.94	0.95	0.96

从污染源的贡献解析结果看（图 4.3.40），2024 年东江全流域化学需氧量的主要来源是 P1，溶解性有机碳的主要来源是 P2，总氮的主要来源是 P1 和 P3，总磷的主要来源是 P1 和 P5，其中 P1 均构成化学需氧量、总氮和总磷的主要来源，表明碳氮磷来源具有一定的相似性。

综上，东江全流域碳氮磷来源具有一定的相似性，基于线性和非线性两种源解析方法均显示出类似的结果。然而值得注意的是，限于样本数量有限等因素，当前解析方法上存在较大的不确定性，在污染源的定量分析中不同方法结果的可比性较差，还待于研发更加精准可靠的源解析技术。

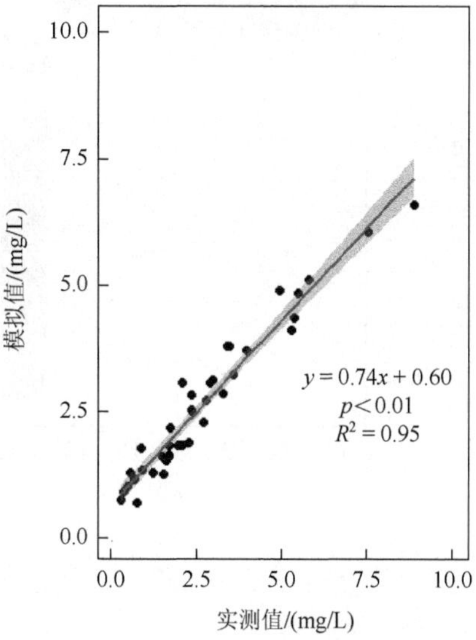

(a)

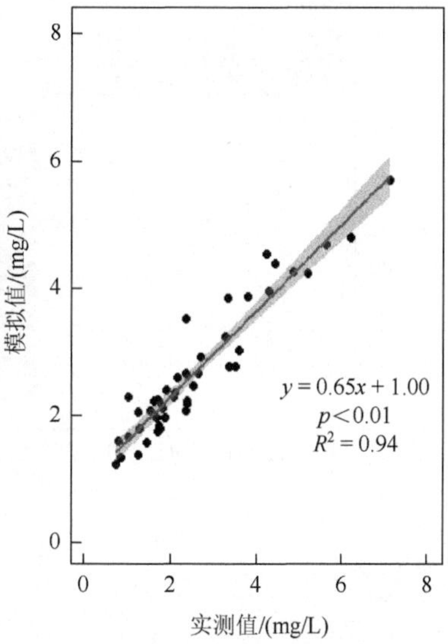

(b)

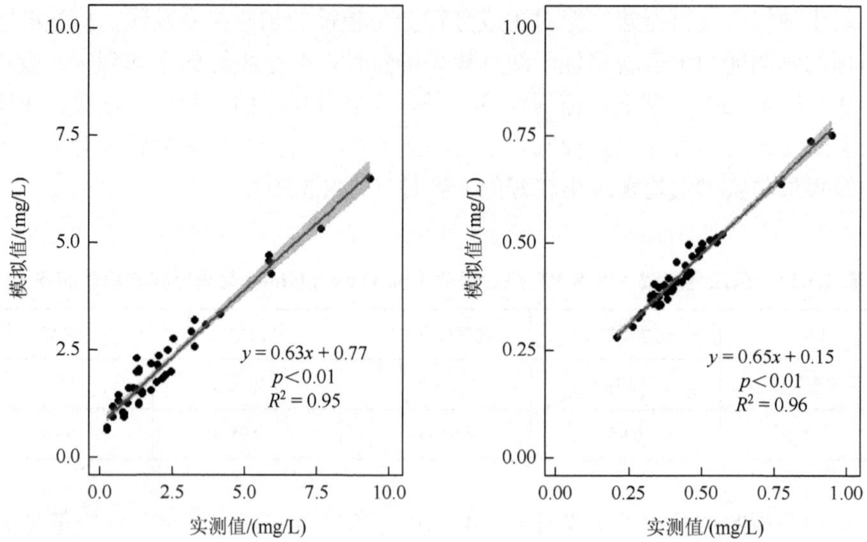

(c)　　(d)

图 4.3.39　东江全流域基于 APCS-RF 回归结果与实测值的比较（a、b、c 和 d 分别为化学需氧量、溶解性有机碳、总氮和总磷）

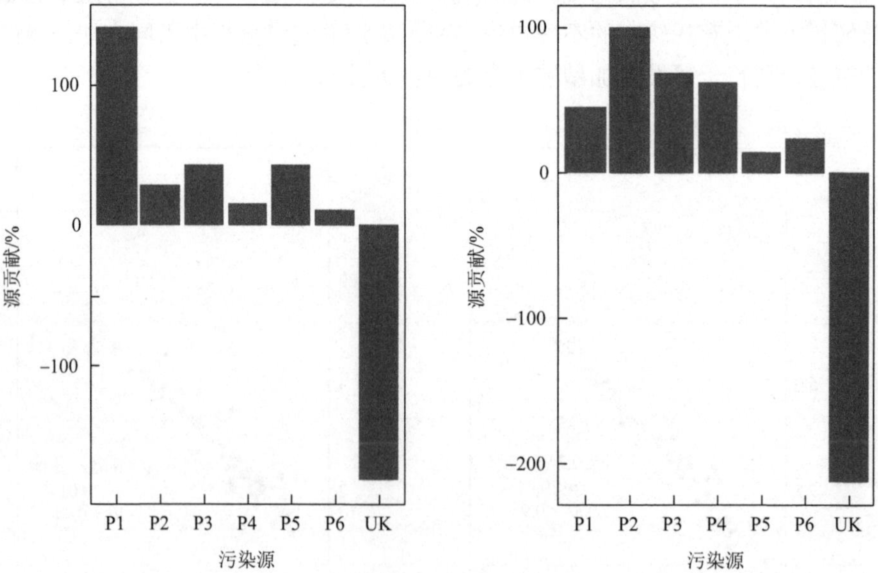

(a)　　(b)

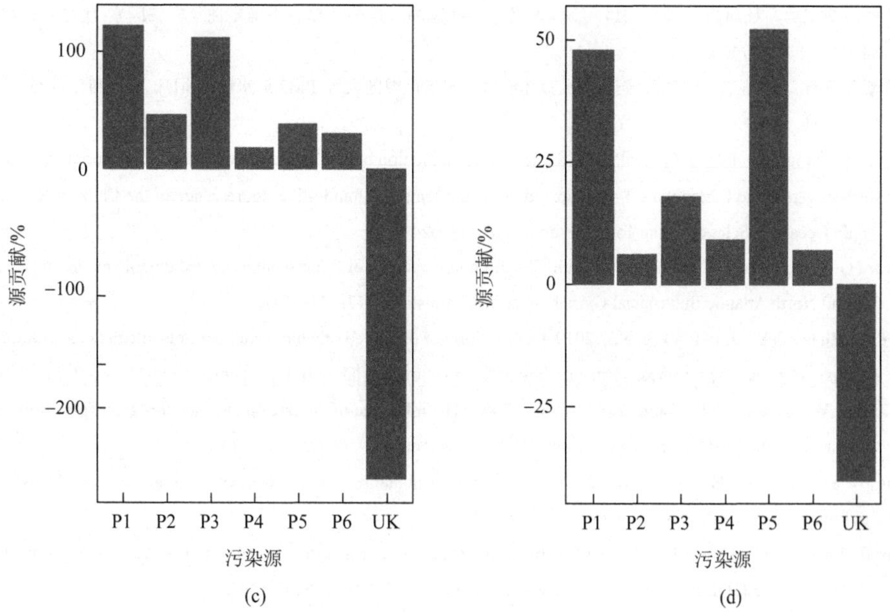

图 4.3.40 东江全流域基于 APCS-RF 的污染源贡献（a、b、c 和 d 分别为化学需氧量、溶解性有机碳、总氮和总磷）

参考文献

高越，吕童，张蕴凯，等，2023. PMF 和 RF 模型联用的土壤重金属污染来源解析与污染评价：以西北某典型工业园区为例[J]. 环境科学，44（6）：3488-3499.

高伟，白辉，严长安，等，2019. 1952～2016 年长江经济带天然与人为氮输入时空演变[J]. 环境科学学报，39（9）：3134-3143.

高伟，高波，严长安，等，2016. 鄱阳湖流域人为氮磷输入演变及湖泊水环境响应[J]. 环境科学学报，36（9）：3137-3145.

高伟，郭怀成，后希康，2014. 中国大陆市域人类活动净氮输入量（NANI）评估[J]. 北京大学学报（自然科学版），50（5）：951-959.

侯嫔，韩港胜，费召鹏，等，2024. 基于平行因子分析的河流溶解性有机质污染识别与响应[J]. 环境科学学报，44（4）：124-132.

后希康，张凯，段平洲，等，2021. 基于 APCS-MLR 模型的沱河流域污染来源解析[J]. 环境科学研究，34（10）：2350-2357.

涂春霖，杨润柏，马一奇，等，2023. 黔西拖长江流域水化学演化特征及驱动因素[J]. 环境科学，44（2）：740-751.

王方浩，马文奇，窦争霞，等，2006. 中国畜禽粪便产生量估算及环境效应[J]. 中国环境科学（5）：614-617.

吴函鸿，高思佳，刘婷婷，等，2024. 水环境溶解性有机质溯源与表征技术研究进展[J]. 环境工程技术学报，14（2）：474-486.

姚梦雅，胡敏鹏，陈丁江，2021. 1980～2015 年长江流域净人为氮输入与河流氮输出动态特征[J]. 环境科学，42（12）：5777-5785.

张汪寿，李叙勇，杜新忠，等，2014. 流域人类活动净氮输入量的估算、不确定性及影响因素[J]. 生态学报，34（24）：7454-7464.

张志豪，陈楠，祝波，等，2022. 基于随机森林模型的武汉市城区大气 PM2.5 来源解析[J]. 环境科学，43（3）：1151-1158.

Chen M L，Jung J Y，Lee K Y，et al.，2018. Surface accumulation of low molecular weight dissolved organic matter in surface waters and horizontal off-shelf spreading of nutrients and humic-like fluorescence in the Chukchi Sea of the Arctic Ocean[J]. Science of the Total Environment, 639: 624-632.

Dainard G P，Guéguen C，McDonald N，et al.，2015. Photobleaching of fluorescent dissolved organic matter in Beaufort Sea and North Atlantic Subtropical Gyre[J]. Marine Chemistry，177：630-637.

Du Y X，Zhang Q Y，Liu Z W，et al.，2019. Composition of dissolved organic matter controls interactions with La and Al ions：Implications for phosphorus immobilization in eutrophic lakes[J]. Environmental Pollution，248：36-47.

Howarth R W，Swaney D P，Boyer E W，et al.，2006. The influence of climate on average nitrogen export from large watersheds in the Northeastern United States[J]. Biogeochemistry，79（1）：163-186.

Hong B，Swaney D P，Howarth R W，2011. A toolbox for calculating net anthropogenic nitrogen inputs（NANI）[J]. Environmental Modelling & Software，26（5）：623-633.

Hong B，Swaney D P，Howarth R W，2013. Estimating net anthropogenic nitrogen inputs to US watersheds：comparison of methodologies[J]. Environmental Science & Technology，47（10）：5199-5207.

Liang E H，Li J R，Li B，et al.，2023. Roles of dissolved organic matter（DOM）in shaping the distribution pattern of heavy metal in the Yangtze River[J]. Journal of Hazardous Materials，460：132410.

Lu C Q，Tian H Q，2014. Half-century nitrogen deposition increase across China：A gridded time-series data set for regional environmental assessments[J]. Atmospheric Environment，97：68-74.

Ni M F，Li S Y，2020. Optical properties as tracers of riverine dissolved organic matter biodegradation in a headwater tributary of the Yangtze[J]. Journal of Hydrology，582：124497.

Kim J，Kim Y，Kang H W，et al.，2020. Tracing water mass fractions in the deep western Indian Ocean using fluorescent dissolved organic matter[J]. Marine Chemistry，218：103720.

Kowalczuk P，Durako J M，Young H，et al.，2009. Characterization of dissolved organic matter fluorescence in the South Atlantic Bight with use of PARAFAC model：Interannual variability[J]. Marine Chemistry，113（3-4）：182-196.

Stedmon A C，Bro R，2008. Characterizing dissolved organic matter fluorescence with parallel factor analysis：A tutorial[J]. Limnology and Oceanography：Methods，6（11）：572-579.

Toming K，Tuvikene L，Vilbaste S，et al.，2013. Contributions of autochthonous and allochthonous sources to dissolved organic matter in a large，shallow，eutrophic lake with a highly calcareous catchment[J]. Limnology and Oceanography，58（4）：1259-1270.

Zhang W S，Swaney D P，Li X Y，et al.，2015. Anthropogenic point-source and non-point-source nitrogen inputs into Huai River basin and their impacts on riverine ammonia-nitrogen flux[J]. Biogeosciences，12（14）：4275-4289.

Zhao Z Y，Zhang L X，Deng C N，2022. Changes in net anthropogenic nitrogen and phosphorus inputs in the Yangtze River Economic Belt，China（1999-2018）[J]. Ecological Indicators，145：109674.

第 5 章　东江流域水文与氮通量过程模拟

5.1　闸控流域水文过程模拟

长期以来，日流量预测一直是大坝调节河流面临的挑战，而大坝调节河流在全球河流中越来越普遍。基于过程驱动（流域模型）和数据驱动（机器学习模型）的水文模型通常在不同的流量状态下产生不同的预测精度。本节提出了一种集成模型方法，该方法结合了基于过程的水文模型和基于数据的机器学习模型的流量预测，以提高大坝调节河流的水文预测能力。机器学习模型用于捕捉大坝运行的变化规则，而过程模型则试图使流域的雨水径流关系遵循质量平衡规则，从而弱化机器学习的过拟合问题。在本节中，将水文模拟程序-FORTRAN（HSPF）模型和随机森林（RF）模型的日流量模拟结果集成，获得融合机理和机器学习两种方法的集成模拟结果，以减少两个模型的预测误差。研究表明，与独立的 HSPF 模型和 RF 模型相比，集成模型在相对偏差（RE）、纳什系数（NS）和判定系数（R^2）方面有明显的改善。在所有指标和极端流量模拟方面，集成模型的表现均优于两个独立模型。在模拟极端流量方面，RF 模型比 HSPF 模型更稳健。然而，在测试数据集中，HSPF 模型的表现优于 RF 模型，这意味着 RF 模型的流量过拟合程度明显。因此，HSPF 模型和 RF 模型的集成可能会增强大坝调节河流的模拟能力。

5.1.1　典型区域概括

研究区位于东江流域上游。东江是珠江流域第三大水系，流域面积为 27 040 km^2。1958～1987 年，新建新丰江水库、枫树坝水库、白盆珠水库 3 座大型水库，总库容达 170.4 亿 m^3。本节重点研究龙川站以上集水区，集水面积为 7 699 km^2。研究区干流上有大型水库枫树坝水库，水库流域面积为 5 150 km^2，占研究区面积的 66.9%，是一座集航运、发电、防洪等功能于一体的大型水利工程。该水库于 1970 年 7 月 31 日开工，1973 年 9 月 10 日竣工。最大坝高为 95.4 m，历年平均发电量为 57.6 亿 kW·h，总库容为 19.2 亿 m^3，正常蓄水位为 166 m，水面面积为 52.40 km^2。2012 年研究区土地利用以林地和农田为主，分别占区域总面积的 88.4%和 10.1%，水域和建设用地分别占 0.7%和 0.5%。

5.1.2　HSPF-RF 串联模型

本节采用的集成模型，由 HSPF 模型和 RF 模型组成。在数据输入和输出方面，两种模型是结合在一起的。HSPF 模型模拟的径流被集成到 RF 模型中，作为径流预测输入数据的一部分（图 5.1.1）。HSPF 模型用于模拟基于严格水平衡定律的自然径流，同时保持模型的解释能力。RF 模型用于通过结合坝区气象条件来改进 HSPF 模型模拟的结果，并对 HSPF 模型模拟的“类似天然径流”进行修改。总体来说，机器学习（ML）模型处理大坝运行的不确定性，HSPF 模型最大程度地保留了雨水径流关系。

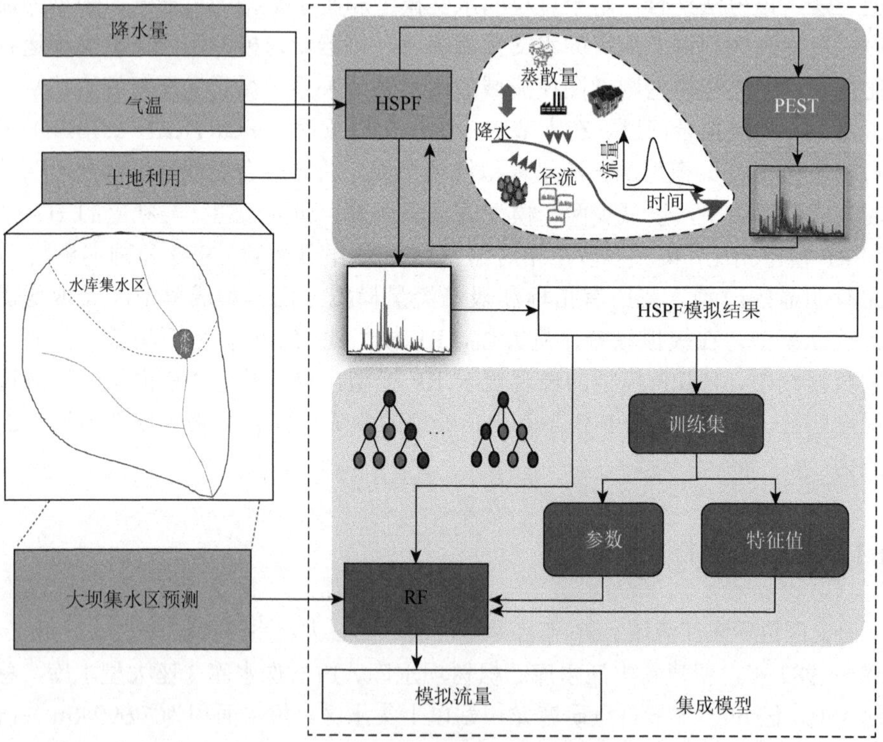

图 5.1.1　HSPF 和 RF 集成方法流程图

（扫封底二维码获取彩图）

为了评估混合模型的性能，将混合模型与独立的 ML 和概念模型在三个通用水文指标方面进行了比较。选择了纳什效率（NSE）、R^2 和 RE 等从不同方面评估模型性能。R^2、NSE 和 RE 按以下公式计算：

$$R^2=\frac{\sum_{i=1}^{n}(S_i-\overline{S})(O_i-\overline{O})}{\sqrt{\sum_{i=1}^{n}(S_i-\overline{S})^2\cdot\sum_{i=1}^{n}(O_i-\overline{O})^2}} \tag{5.1.1}$$

$$\text{NSE}=1-\frac{\sum_{i=1}^{n}(S_i-O_i)^2}{\sum_{i=1}^{n}(O_i-\overline{O})^2} \tag{5.1.2}$$

$$\text{RE}=\frac{\left|\overline{S}-\overline{O}\right|}{\overline{O}}\times 100\% \tag{5.1.3}$$

式中，S 和 O 分别为流量的模拟值和实测值（m^3/s）；i 和 n 分别为样本序号和总量；$\overline{S}$ 和 $\overline{O}$ 分别为模拟值和实测值的平均值（m^3/s）。

5.1.3　水文变化指标

为了评估大坝对流态的影响，使用水文变化指标（IHA）参数比较大坝流入量和流出量之间的差异。IHA 有 5 组共 33 个参数，这些参数是从每日水文数据中得出的生态相关统计数据。根据所用数据的分布，可以使用两种类型的参数或非参数统计方法来计算参数。在大多数情况下，由于水文数据具有偏斜性，因此非参数统计方法是首选。在本节中，选择非参数统计方法，基于百分位数统计计算所有参数。变异性范围法（RVA）分析（Richter et al.，1997）用于量化大坝流入量和流出量之间的变化。RVA 使用干扰前的 IHA 参数作为定义变化程度的标准（本节以流入量为参考标准）。IHA 参数的变化通过三个范围内的水文变化度（HAD）来估计。正的 HAD 表示特定参数的发生率增加，而负值则表示发生率降低。默认情况下，非参数统计中的参数范围由 0%～33%、34%～67%、68%～100%的三个百分位数间隔确定（班璇等，2014），分别表示低 RVA 区间、中 RVA 区间和高 RVA 区间。不同参数范围的 HAD 由以下公式确定：

$$\text{HAD}_i=\frac{\text{OF}_i-\text{EF}_i}{\text{EF}_i} \tag{5.1.4}$$

式中，OF 为指标的实测频率；EF 为指标的期望频率；|HAD|为指标变化度，当它的绝对值小于 0.33 表示没有或变化很小，0.34～0.67 表示中等变化，0.67 以上表示重大变化。以上计算过程采用 IHA 软件（Version 7.1），该软件由大自然保护协会（TNC）开发。

降水量、气温、潜在蒸散量和土地利用是驱动 HSPF 模型和 RF 模型模拟逐日流量所必需的数据。其中，逐日降水量数据来自国家青藏高原科学数据中心的中国气象驱动数据集（1979～2018 年）。使用 Python 读取并汇总子流域的每日降水量。每日最高、最低和平均气温来自流域内的三个国家气象站。使用 WDMUtil 工具的 Hamon 公式，根据每日最高、最低气温和站点纬度计算每日潜在蒸散量。对于 HSPF 模型，每小时降水量、气温和潜在蒸散量是模型输入。需要将每日数据尺度降为每小时数据以供模型使用，使用 WDMUtil 工具的分解函数来转换气温、蒸散量和降水量的时间尺度。枫树坝站和龙川站逐日流量数据来自《中华人民共和国水文年鉴：珠江流域水文资料》，时间跨度为 2006～2018 年。2012 年 30 m×30 m 分辨率的土地利用数据由地学大数据平台提供。用于划定子流域的数字高程模型（DEM）从地理空间数据云平台（https://www.gscloud.cn/）下载。

5.1.4 模型率定与验证

（1）模型精度

采用 2006～2018 年的逐日径流训练 HSPF、RF 和集成模型，率定期和验证期的长度分配相同。HSPF 模型的率定参数如表 5.1.1 所示。根据评估指标，这三个模型都具有相对较好的性能，如表 5.1.2 所示。然而，不同模型之间的指标差异很大。集成模型（Hybrid）的表现优于其他两个独立模型，NSE 和 R^2 是三个模型中最高的，同时 RE 最低，这表明将两个独立模型结合起来可以显著提高预测能力。对于集成模型，模拟的径流与不同流量级的实测流量具有良好的关系（图 5.1.2）。与集成模型相比，RF 模型在径流预测方面也有较好的表现，表明基于 ML 的模型在径流预测方面较强。相比之下，就本节中使用的指标而言，HSPF 模型的拟合优度是所有模型中最差的。虽然这些指标的数值对于逐日流量模拟来说是可以接受的，但 HSPF 模型和基于 ML 的模型之间存在很大差距。机制模型在径流预测方面表现相对较差，表明由于水坝运行模式不可预测，受水坝管理的河流的水文状况很难通过降水径流过程来捕捉。

表 5.1.1 HSPF 模型率定的参数名称与取值

参数名称	定义与单位	率定值
LZSN	下土壤层蓄水量/cm	5.08～16.26
INFILT	下渗指数/(cm/h)	0.61～0.99
AGWRC	地下水退水系数/d^{-1}	0.8642～0.9988
UZSN	上土壤层蓄水量/cm	2.47～3.61
INTFW	壤中流入流系数	0.98～1.05
IRC	壤中流回归系数/d^{-1}	0.698～0.847
LZETP	下土壤层蒸发系数	0.224～0.500
DEEPFR	深层地下水下渗比例	0.04～0.08

表 5.1.2　基于集成模型和独立模型的逐日径流模拟的模型评估指标

模型	NSE	R^2	RE
Hybrid	**0.88**	**0.88**	**1.1%**
HSPF	0.49	0.59	13.5%
RF	0.83	0.83	3.9%

注：最佳值以黑体表示。

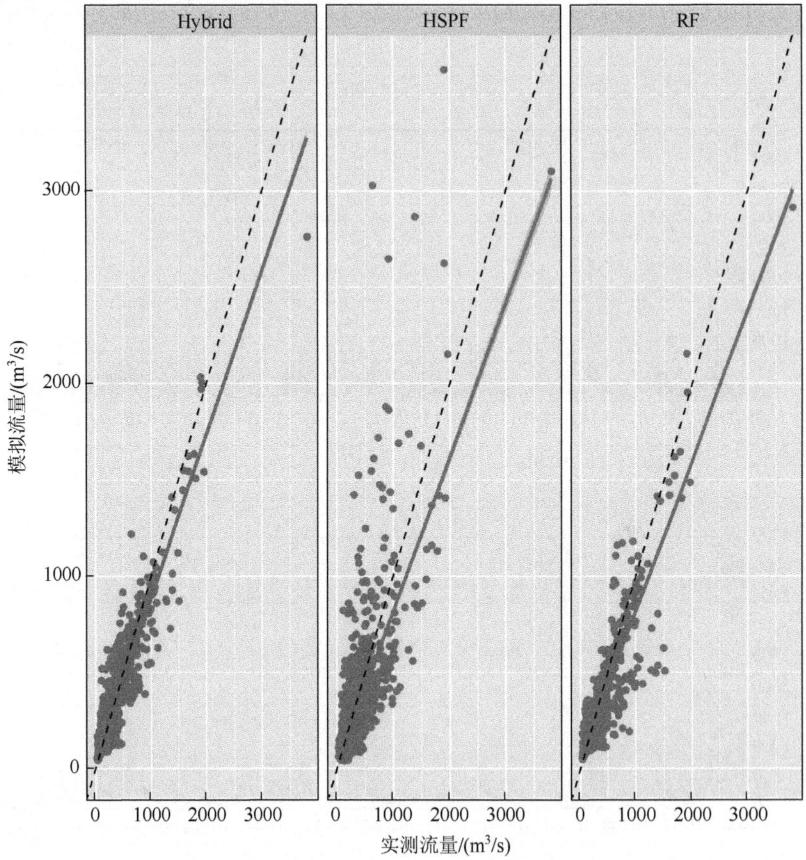

图 5.1.2　集成模型和独立模型的模型评估指标

图 5.1.3 为不同模型在率定期和验证期的实测值与模拟值对比图。从图中可以看出，模型在率定期的表现优于验证期。值得注意的是，就这三个指标而言（图 5.1.4），不同时期的评估指标存在显著差异。集成模型和 RF 模型的拟合优度急剧下降，尤其是 RF 模型，这意味着基于机器学习的模型倾向于过拟合训练数据集。在验证中，RF 模型的 NSE、R^2 和 RE 分别为 0.49、0.48 和 15.5%，NSE 和

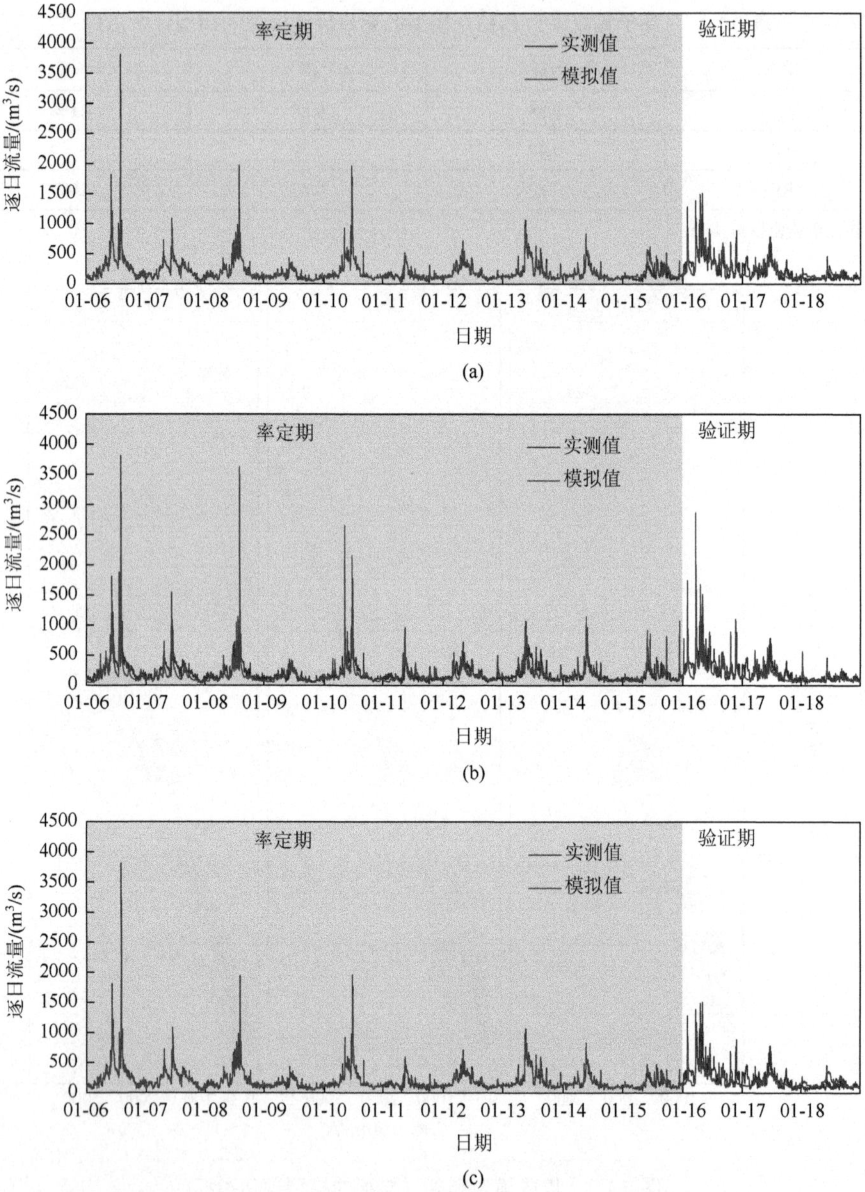

图 5.1.3　率定期和验证期间模拟和实测的逐日流量比较（a 是集成模型的模拟结果；b 和 c 分别来自 HSPF 和 RF 独立模型的结果）

（扫封底二维码获取彩图）

R^2 比 HSPF（0.50 和 0.56）更差。然而，HSPF 模型的评估指标在率定期和验证期之间变化不大，表明整个期间的模拟都很稳健。这些结果清楚地显示了机制模型和机器学习模型的优点和缺点。机器学习模型在捕捉响应和预测因子之间的关系方面很有效，但在训练数据集中很容易过拟合。然而，基于机制的模型对训练数据集的响应较少，在新数据集中表现出更稳定的性能。一般来说，训练数据集的大小对机器学习模型的模拟性能有很大的影响，这证明了机器学习模型的过拟合问题对于本节中的水文模拟相当严重。对于 HSPF 等概念模型，一年的逐日流量率定在多数情况下可以满足率定要求。

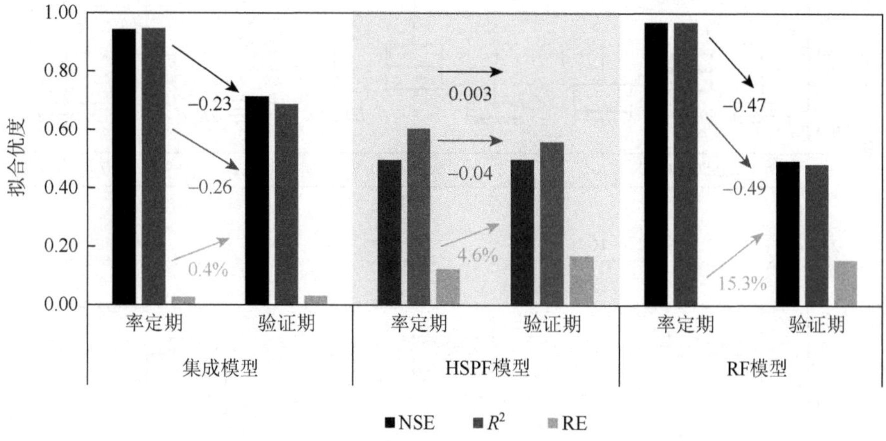

图 5.1.4　不同模型率定期和验证期的评估指标

（2）不同流量概率下的模型性能

图 5.1.5 给出了集成模型与独立模型模拟流量在不同流量概率下的相对偏差，可以发现不同模型在不同流量区间的模拟效果存在差异。在概率为 0～0.25 的高流量区间，集成模型模拟误差最小，相对偏差为 13%，明显低于 RF 模型（17%）和 HSPF 模型（38%）[威尔科克森（Wilcoxon）检验，$p<0.001$]，说明集成模型对高流量事件具有更好的模拟效果。在概率为 0.25～0.75 的中流量区间，集成模型和 RF 模型模拟效果最好，相对偏差分别为 14%和 12%，明显低于 HSPF 模型（33%）。因此，对于中流量模拟，ML 模型比 HSPF 模型具有明显的优势。在概率大于 0.75 的低流量区间，集成模型和 RF 模型在 0.75～0.9 区间模拟效果最好，相对偏差分别为 13%和 16%，模拟误差明显低于 HSPF 模型（39%）。但在极低流量区间 0.9～1.0，3 个模型之间差异不显著，3 个模型的相对偏差达到 37%～40%，是所有区间中最高的，可见极低流量的模拟是当前水文模拟的一个难点。整体来看，集成模型与 RF 模型的模拟结果差异较小，仅在概率为 0～0.25 的高流量区间存在显著差异，主要原因可能是二者的计算方法相同，且均基于机器学习算法。与 ML 模型相比，HSPF 模型的模拟误差明显较高，尤其是在高流量和中流量区间，体现了 ML 在水文模拟中超强的预测能力，这一点已在相关研究中有所报道。

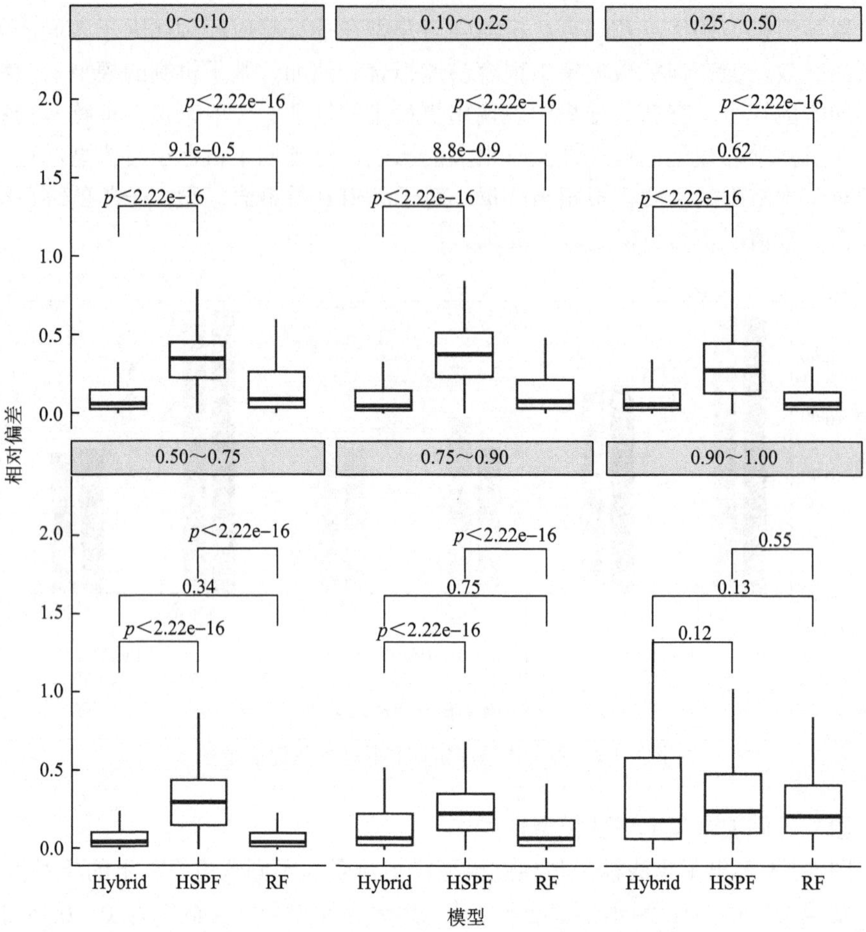

图 5.1.5　不同模型在各流量概率区间的相对偏差（数值表示 Wilcoxon 检验的显著性水平）

5.1.5　大坝对水流状态的影响及模拟

筑坝导致的流量变化是造成河流生态系统退化的主要原因。水坝具有防洪、供水、娱乐和水力发电等多种用途，它们通过减少流量、蓄积洪水或释放非自然流量来改变流量。根据 2008～2021 年枫树坝水库的逐日流入量和流出量，流入量平均值（120.98 m^3/s）与流出量平均值（121.08 m^3/s）几乎相同，表明水库的引水量可以忽略不计。然而，大坝建成后，流量分布发生了很大变化（图 5.1.6）。大坝使高流量事件大大减少，而低流量事件则有所增加。入流的最大流量为 2820 m^3/s，而出流的最大流量则降至 1740 m^3/s，这表明大坝通过减少高流量和提高自然低流量来调节径流，以减小下游的洪水风险。

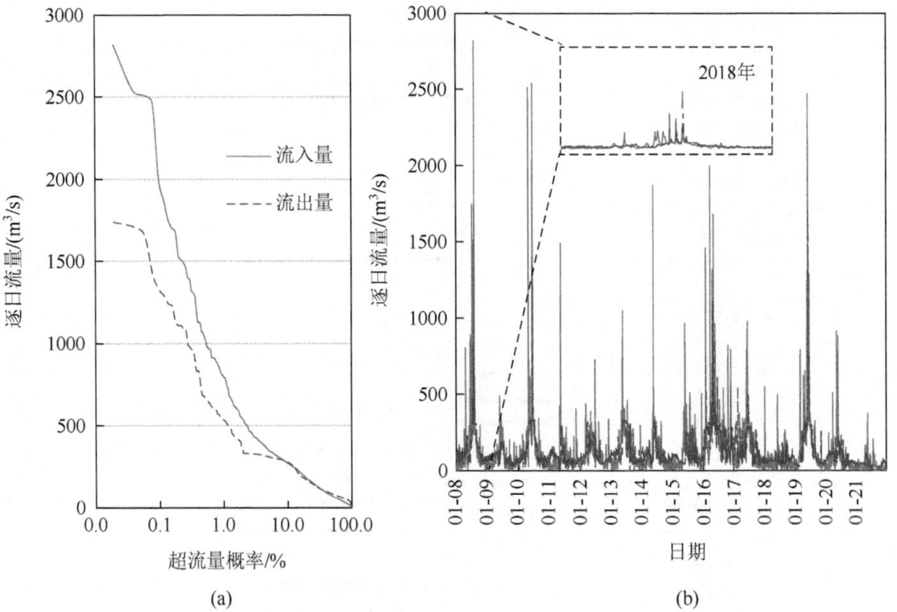

图 5.1.6　枫树坝水库进出水流量过程曲线和水文过程图（a）以对数刻度表示的超流量概率；（b）2008～2021 年的逐日流量

（扫封底二维码获取彩图）

从 IHA 和 RVA 计算结果看，IHA 的多数参数在入库和出库期间都发生了中度或高度的变化（图 5.1.7）。在低 RVA 值区，共有 28 个指标处于中度或高度变化范围，占总数的 84.8%；在中、高 RVA 值区，分别有 29 个和 20 个指标处于中度或高度变化范围，占总数的 87.9%和 60.6%。可以看出，高、低 RVA 值区参数在增加，而中 RVA 值区参数在减少，表明径流正在向极端流量转变。因此，大坝从量级、极端值、发生时间和持续时间等方面改变了流态。

在水坝调节的河流中，径流是降水、蒸散和水库调度策略共同作用的结果。降水和蒸散控制着自然径流过程，而水库调度则代表着人类调节。在本节中，水文机理模型用于模拟整个研究区域的自然径流过程。水文机理模型的主要特点是它以水平衡为基础，模拟降水自然转化为径流的过程，这在没有人为干扰的流域中产生了良好的效果。通过在全流域层面应用机理模型，HSPF 水文模型模拟了降水和径流之间的关系，确保了流域自然水文过程的再现。水库的运行遵循一定的规律，水库的主要功能是调节水量，以拦蓄洪水为主要目标。流出量由流入量和库容决定。入库流量可利用上游降水量和气温等水文因素进行预测，而库容变化是一个长期过程，长期受降水量和气温因素影响。因此，在自然水文过程的基础上，采用机器学习模型，将水库上游集水区水文因素纳入水文预测模型，实现人工控制河流自然与人为水文过程的复合模拟。

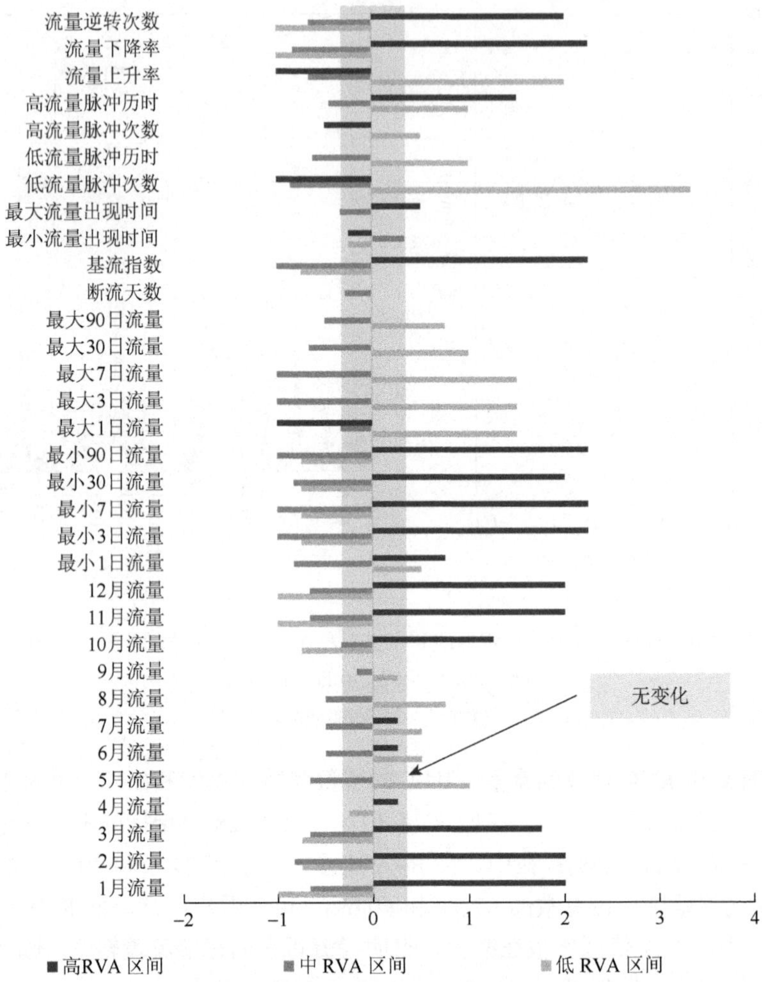

图 5.1.7 枫树坝水库流入量和流出量变化的 HAD 值

大坝控制河流的水文建模是水文研究的一大挑战。传统机理模型在水平衡和预测能力方面具有显著优势，而机器学习则擅长预测变化模式。本节提出了一种将机理模型与机器学习模型相结合的大坝控制河流水文建模方法。结果表明，集成模型在模拟大坝控制河流的日流量方面优于独立的机器学习和机理模型，具有更高的拟合优度。虽然机理模型在大坝影响的河流水文模拟中表现出最差的拟合优度，但它在率定期和验证期之间的拟合优度差异最小，表明稳健性更好，参数过拟合的风险降低。相比之下，独立的机器学习模型在训练集中表现出最高的拟合优度，但很容易出现过拟合。机器学习和机理模型的结合有效地均衡了与机器学习相关的过拟合问题，同时保持了较高的拟合优度，使其成为大坝调节河流水文建模的可行方法。

5.2　基于 ReNuMa 的氮通量模拟模型

河流氮通量是指单位时间内通过河流某一断面氮的物质质量，其最基本的估算方法是通过河流的总氮浓度与流量的乘积获得。东江流域下游水质监测站——博罗站，该站点的核算数据可以表征整个东江流域的氮出口水平，其总氮浓度数据并没有较长的时间序列，仅拥有着较零散的数据，而流量则拥有着较长的逐日实测数据，获得较长时间序列（>70 年）的通量数据较为困难。因此，在这里考虑利用 LOADEST 模型根据已有数据评估出近 9 年的总氮通量数据，以此数据作为 ReNuMa 的校准与验证数据，从而获得东江流域的长时间序列总氮通量数据。

5.2.1　ReNuMa 模型的原理与结构

区域营养盐管理（regional nutrient management，ReNuMa）模型是一种以水文过程为核心驱动的机理模型，最初基于美国康奈尔大学提出的广义流域负荷函数（generalized watershed loading functions，GWLF）模型发展而来（Haith and Shoemaker，1987）。该模型由 VB 语言开发，可以在 Excel 平台运行，该模型的原理是通过流域氮的输入与输出之间相应的经验关系，使简单的径流、泥沙、地下水之间的关系，基于月尺度的质量平衡，来估算出日、月、年的水文和通量。作为 GWLF 模型的变式，ReNuMa 模型同样具有多个模块，分别是水文模块、泥沙模块和营养盐模块，以及基于 NANI 的方法评估养分输入。ReNuMa 模型通过模拟降水径流转换过程、泥沙输送过程和营养盐迁移转换过程而估算出河流流量、泥沙输送量以及氮磷通量。在水文模块，ReNuMa 模型通过考虑不同的土地利用类型拥有着不同的土壤保持服务曲线法（SCS-CN）来估算不同土地利用类型产生的径流。其中，泥沙输送过程的模拟依托于通用土壤侵蚀方程（universal soil loss equation，USLE），用于估算土壤侵蚀与泥沙产出。氮磷通量则分为溶解态与颗粒态，溶解态氮磷通量通过地表径流、点源排放与畜禽养殖等农业活动估算，颗粒态氮磷通量则是通过地表径流的冲刷、土壤侵蚀量以及建设用地的雨水冲刷等进行估算。基于 NANI 的氮磷输入评估见 4.2 节。这里选用的 ReNuMa 版本为 ReNuMa_v2.2.1.xls。

（1）ReNuMa 模型的水文模块

在水文模拟方面，ReNuMa 模型通过逐日气象数据（如降水量和气温）驱动，将土壤水分划分为非饱和区、浅层饱和区与深层饱和区三部分，进而评估不同区域的径流及地下水补给过程。模型假设河流总流量来源于地表径流和浅层饱和区产生的地下水，其整体水文结构如图 5.2.1 所示。

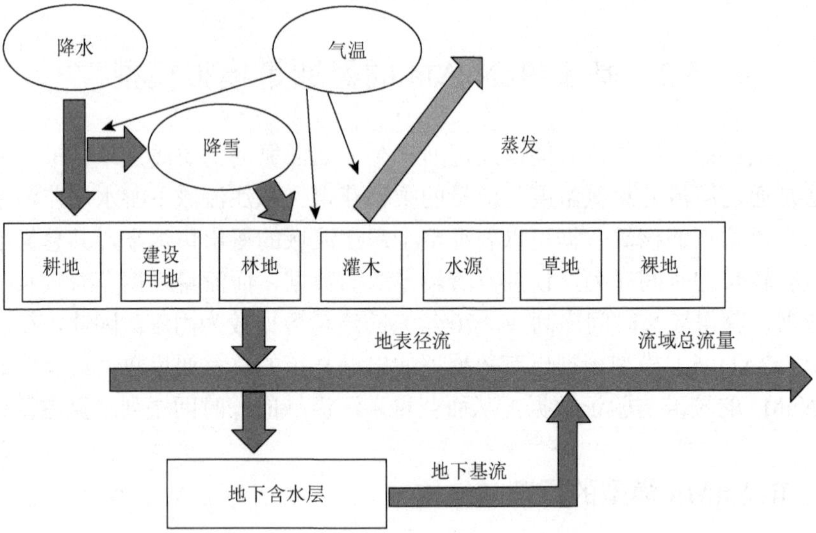

图 5.2.1　ReNuMa 模型的水文结构

1）地表径流量的估算

地表径流量由 SCS-CN 方法根据逐日气象数据估算得出，具体公式如下：

$$Q_{tm}=\frac{\left(P_t+M_t-0.2\times \mathrm{DS}_{tm}\right)^2}{P_t+M_t-0.8\times \mathrm{DS}_{tm}} \tag{5.2.1}$$

$$M_t=0.45\times T_t \quad T_t>0 \tag{5.2.2}$$

$$\mathrm{DS}_{tm}=\frac{2540}{\mathrm{CN}_{tm}}-25.4 \tag{5.2.3}$$

式中，Q_{tm}指的是第 t 天来自第 m 种土地利用的径流量（cm）；P_t指的是第 t 天的降水量（cm）；M_t表示第 t 天的降雪量（cm）；DS_{tm}表示第 m 种土地利用在第 t 天的滞留参数（cm）；T_t为第 t 天的气温（℃）；0.45 为转换系数；CN_{tm}表示第 m 种土地利用在第 t 天时的 CN 值。其中，P_t和 M_t是根据逐日的降水量与气温数据进行估算，且 M_t通过将降雪转换为降水进行计算，在温度小于 0℃时，记为降雪，否则为降水。

2）地下水流量的估算

地下水流量的估算采用了集总参数模型进行表述，将土壤中的水分划分为非饱和区、浅层饱和区和深层饱和区。非饱和区和浅层饱和区每日的水量平衡公式见下式：

$$U_{t+1}=U_t+P_t+M_t-Q_t-E_t-\mathrm{PC}_t \tag{5.2.4}$$

$$S_{t+1}=S_t+\mathrm{PC}_t-G_t-D_t \tag{5.2.5}$$

式中，U_t和 S_t分别为第 t 天开始时非饱和区和浅层饱和区土壤湿度；Q_t、E_t、PC_t、

G_t和 D_t分别为第 t 天的流域径流量、蒸散量、浅层饱和区入渗量、地下水入流量和深层饱和区渗流量。上述参数的单位均为 cm。

当进入非饱和区的水量超过了土壤的有效储水量时，便会发生向下的渗透作用，进入浅层饱和区，入渗量 PC_t的计算公式如下：

$$\mathrm{PC}_t = \max\left(0, U_t + P_t + M_t - Q_t - E_t - U^*\right) \tag{5.2.6}$$

式中，U^*表示土壤有效储水量（cm）。

蒸散量 E_t受到了流域内非饱和区的水量及植被覆盖情况的限制，具体计算公式如下：

$$E_t = \min\left(\mathrm{CV}_t \times \mathrm{PE}_t, U_t + P_t + M_t - Q_t\right) \tag{5.2.7}$$

$$\mathrm{PE}_t = \frac{0.00021 \times H_t \times e_t}{T_t + 273} \tag{5.2.8}$$

式中，H_t为包含第 t 天的月份中每天的日照时数；e_t为第 t 天的饱和蒸气压（Pa）。当 $T \leqslant 0$ 时，PE_t设为零；当 $T > 0$ 时，饱和蒸气压可近似为

$$e_t = 33.86 \times \left[\left(7.38 \times 10^{-3} \times T_t + 0.81\right)^8 - 0.19 \times 10^{-4} \times \left(1.8 \times T_t + 48\right) + 1.32 \times 10^{-3}\right] \tag{5.2.9}$$

浅层饱和区被视作一个简单的线性渗透的过程，地下水流量和深层饱和区渗流量的具体评估公式如下：

$$G_t = r \times S_t \tag{5.2.10}$$

$$D_t = s \times S_t \tag{5.2.11}$$

式中，r 为地下水的退水系数；s 为地下水的渗透系数。该参数由 ReNuMa 操作中自定义给出，并通过校准获取确切的数值。

（2）ReNuMa 模型的泥沙模块

ReNuMa 模型的泥沙模块被用于模拟土壤侵蚀和泥沙的运输，通过月度和年度计算侵蚀的沉积物流通，对农用地、林地和建设用地均可适用。月沉积物通量是通过 Haith 等（1987）开发的模型确定的，其基于三点假设：沉积物源于片状侵蚀和细沟侵蚀（沟渠和河岸侵蚀被忽略）；沉积物传输能力与径流的 5/3 次幂成比例；沉积物量由当年的土壤侵蚀产生（沉积物不能跨年累积）。其中土壤侵蚀量采用由 Wischmeier 等人提供的 USLE 方程计算，具体计算公式为

$$\mathrm{US} = R \times K \times L \times S \times V \times C \tag{5.2.12}$$

式中，US 为土壤流失量(t/km^2)；R 为降水侵蚀力[(MJ·mm)/(km^2·h)]；K 表示土壤可侵蚀性因子[(t·h)/(MJ·mm)]；C 为植被管理因子；V 为工程管理因子，L 和 S 分

别为坡长因子和坡度因子（量纲一）。L、S 可以通过 DEM 数据在 ArcGIS 中处理获得，V 可通过杜陈龄等（2024）提出的方法计算获取。

降水侵蚀力表征的是由降水引起的土壤流失量的大小，本部分选的计算公式为 Wischmeier 等人提出公式，具体计算公式如下：

$$R=\sum_{i=1}^{12}\left[1.735\times 10^{\left(1.51\times \lg\frac{P_i^2}{P}-0.8188\right)}\right] \tag{5.2.13}$$

式中，P_i 为月降水量（mm）；P 为年均降水量（mm）。其中采用 10 年滑动平均表示不同年份所在的年均降水量。

土壤可侵蚀性因子表征了土壤对降水侵蚀的敏感程度，此处采用侵蚀-生产力评价（EPIC）模型进行计算，具体计算公式如下：

$$K_m=\left\{0.2+0.3\exp\left[0.0256\times \mathrm{SA}\left(1-\frac{\mathrm{SI}}{100}\right)\right]\right\}\times\left(\frac{\mathrm{SI}}{\mathrm{CL}+\mathrm{SI}}\right)^{0.3}$$
$$\times\left[1.0-\frac{0.25\mathrm{OC}}{\mathrm{OC}+\exp(3.72-2.95\mathrm{OC})}\right]\times\left[1.0-\frac{0.7\mathrm{SN}}{\mathrm{SN}+\exp(-5.51+22.9\mathrm{SN})}\right] \tag{5.2.14}$$

$$\mathrm{SN}=1-\frac{\mathrm{SA}}{100} \tag{5.2.15}$$

式中，SA、SI、CL 和 OC 分别表示土壤中的沙粒、粉砂、黏沙和有机碳的含量（%）；SN 为非沙粒含量（%）。

坡度因子的具体计算公式如下：

$$S=\begin{cases}10.8\sin\theta, & \theta<5.14^\circ\\ 16.8\sin\theta, & 5.14^\circ\leqslant\theta<10.20^\circ\\ 21.9\sin\theta, & 10.20^\circ\leqslant\theta<28.81^\circ\\ 9.5988, & 28.81^\circ\leqslant\theta\end{cases} \tag{5.2.16}$$

植被管理措施和增强植被覆盖度对流域的土壤侵蚀具有一定的抑制作用，其表征了流域内的反侵蚀能力。植被管理因子参考蔡崇法等（2000）提出的方法，具体计算公式如下：

$$C=\begin{cases}1, & f=0\\ 0.6508-0.343\times\lg f, & 0<f<78.3\%\\ 0, & f\geqslant 78.3\%\end{cases} \tag{5.2.17}$$

式中，f 为植被覆盖度，可通过 NDVI 的像元二分模型计算得到。

（3）ReNuMa 模型的营养盐模块

ReNuMa 模型的营养盐模块综合了多种水文过程，以模拟氮和磷等营养盐在流域中的输入、流失和保留情况（图 5.2.2）。模型考虑了来自不同土地类型的多种营养盐来源，包括农用地的化肥和粪便施用、非农用地的氮沉降、人类废弃物（污水和化粪池）以及自然来源如氮的固定等。营养盐被分为溶解态和颗粒态，通过地表径流、地下水渗透和沉积物流动进入水体。溶解态营养盐主要随地表径流和地下水进入河流，而颗粒态营养盐则通过土壤侵蚀和沉积物输送。模型的计算通过累积各土地类型的径流营养盐流量、地下水营养盐流量、沉积物营养盐流量以及点源和大气氮沉降，最终估算出总流域的营养盐负荷。

河川径流的营养盐通量包括溶解态和颗粒态，分别来自地表径流的营养盐负荷、地下水的营养盐负荷、点源溶解态营养盐负荷、建设用地的颗粒态和点源颗粒态负荷。具体计算公式如下：

$$LD_{mon} = DP_{mon} + DR_{mon} + DG_{mon} + DS_{mon} \tag{5.2.18}$$

$$LS_{mon} = SP_{mon} + SR_{mon} + SU_{mon} \tag{5.2.19}$$

式中，LD_{mon} 为溶解态营养盐负荷；LS_{mon} 为颗粒态营养盐负荷；DP_{mon} 为点源溶解态营养盐负荷；DR_{mon} 为农村径流的溶解态营养盐负荷；DG_{mon} 为地下水溶解态营养盐负荷；DS_{mon} 为腐生系统溶解态的营养盐负荷；SP_{mon} 为点源颗粒态营养盐负荷，SR_{mon} 和 SU_{mon} 分别为农村和城市的颗粒态径流营养盐负荷。

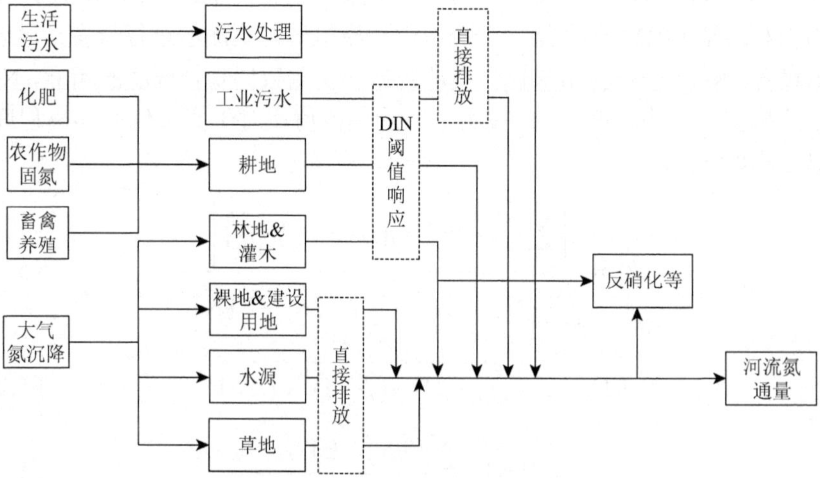

图 5.2.2　ReNuMa 模型的氮输出结构

5.2.2　ReNuMa 模型的构建

ReNuMa 模型是一种面向大流域的营养盐管理工具，其构建基于前身 GWLF 模型的水文、沉积物和营养盐传输模块，通过集成各类水文和土地利用信息，实现氮、磷等营养盐流失的定量估算。模型设计采用集总参数法，不关注特定小区域的详细过程，而是将具有相似土地利用或覆盖的区域作为独立的营养盐和径流来源，便于大范围流域的整体建模。ReNuMa 模型是基于 VB 语言开发的，所有操作均可在 Excel 软件中进行，构建可以分为以下几个步骤：

第一，数据准备。提供 ReNuMa 模型所需要的必要数据，包括逐日降水量、气温、逐年土地利用、化肥施用量、畜禽养殖、农作物固氮、污水排放等数据，各项参数的初始值以及由以上公式计算得出的 USLE 参数。

第二，模型的校准与验证。模型校准通过调节参数，使模拟结果尽可能与实测数据一致。在此过程中，通常使用历史径流量、营养盐浓度、沉积物流量等实测数据，逐步调整模型中的水文、沉积物和营养盐相关参数。校准可能会采用自动化算法（如 Excel 中的 Solver 工具），优化参数组合中最小化模拟值与实测值之间的误差。根据数据的可得性，选取了 1999～2012 年的逐月流量进行校准，而 TN 负荷则通过 LOADEST 模型计算出 2013～2019 年的逐月 TN 负荷，并用于校准。在验证模块，选取 2013～2021 年的逐月流量进行验证，TN 负荷则选取 2019～2021 年的逐月负荷进行验证。

在模型的参数校准结果的选择上，根据判定系数（R^2）、克林-古普塔效率系数（Kling-Gupta efficiency，KGE）、纳什效率系数（Nash-Sutcliffe efficiency，NSE）和平均相对误差（RD）四个指标综合考虑对模拟值与实测值进行查看，筛选出最优参数集合。KGE 是一种用来评估模拟数据与实测数据吻合程度的指标，NSE 被用于表达模型的精确程度，RD 被用来表示模拟值相对于真实值的偏离程度。具体计算公式如下：

$$R^2=\frac{\left[\sum_{a=1}^{A}\left(\mathrm{TN}_a-\overline{\mathrm{TN}}\right)\left(\mathrm{ETN}_a-\overline{\mathrm{ETN}}\right)\right]^2}{\sum_{a=1}^{A}\left(\mathrm{TN}_a-\overline{\mathrm{TN}}\right)^2\times\sum_{a=1}^{A}\left(\mathrm{ETN}_a-\overline{\mathrm{ETN}}\right)^2} \tag{5.2.20}$$

$$\mathrm{KGE}=1-\sqrt{(\gamma-1)^2+(\beta-1)^2+(\varepsilon-1)^2} \tag{5.2.21}$$

$$\mathrm{NSE}=1-\frac{\sum\left(\mathrm{TN}_a-\mathrm{ETN}_a\right)^2}{\sum\left(\mathrm{TN}_a-\overline{\mathrm{ETN}}\right)^2} \tag{5.2.22}$$

$$\mathrm{RD}=\frac{\sum\left|\mathrm{ETN}_a-\mathrm{TN}_a\right|}{\sum\left|\mathrm{TN}_a\right|}\times 100\% \tag{5.2.23}$$

式中，R^2 是判定系数；TN_i 是指第 i 个月的实测总氮负荷（t）；$\overline{\mathrm{TN}}$ 是实测总氮负荷的平均值（t）；ETN_i 是由 ReNuMa 模型输出的总氮负荷（t）；$\overline{\mathrm{ETN}}$ 是 ReNuMa 模型输出的总氮负荷的平均值；γ 为模拟值和实测值之间的相关系数；β 为变量变异率，即模拟值与实测值的标准差之比；ε 为变量偏差比，即模拟值与实测值的均值之比。KGE 越接近 1 表示模型效果越好。

5.2.3　数据来源与处理

本节在县市尺度上对 NANI 进行计量，时间尺度为 1949～2021 年。基于数据的可得性，对东江总氮通量进行测算的时间尺度为 1953～2021 年。本节涉及的数据包括：社会经济数据、气象水文水质数据，以及东江流域的地理和土壤信息数据。本节的所有操作均在 Microsoft Excel 和 ArcGIS 10.2 进行。在进行时间尺度转换时，由于涉及年份较长以及行政区划分问题，根据部分行政区的历史归属，将数据进行折算还原。如惠州市的仲恺区和大亚湾区在统计数据时分别被归纳到惠城区和惠阳区，东源县和源城区则被合并为河源市。在进行流域折算时，采用土地利用加权法进行计算。其中 NANI 计算过程中涉及的相关参数已在前文中指出。本节的数据详细来源及处理如下：

1）社会经济数据与处理。本节涉及的社会经济数据主要包括：东江流域各县市的总人口数据、化肥折纯量数据、畜禽养殖数据、畜禽产量数据、农作物的种植面积及产量数据。以上数据来源于各地区市、省统计年鉴，分别包括：《广东统计年鉴》（1986～2022）、《广东农村统计年鉴》（1996～2022）、《广东省农业统计资料（1949～1981）（分省、地区）》、《广东省农业统计资料（1949～1981）（分县）》、《江西省统计资料（1949～1978）》、《中国农业资料（1949～2019）》、《惠州统计年鉴（1949～1993）》、《广东农牧业三十六年（1949～1985）》、《新中国六十年统计资料汇编》、《赣州统计年鉴》、《惠州统计年鉴》、《韶关统计年鉴》、《梅州统计年鉴》和《深圳统计年鉴》，部分数据来源于相关文献。在数据处理上，对于畜禽养殖产量缺失的数据按照已有年份的养殖数量与产量的比值进行估算，化肥的折纯量数据是根据已有年份的化肥施用量与折纯量按比例进行估算，氮肥数据则是根据黄振雄（1994）的文献提供，其他缺失数据则根据时间序列进行回归估算。

2）气象水文水质数据与处理。本节选取了东江流域各气象站点的逐日降水量与气温数据，时间尺度为 1953 年 1 月 1 日至 2021 年 12 月 31 日。流量数据则是博罗站，时间尺度为 1999 年 1 月 1 日至 2021 年 12 月 31 日。水质数据为博罗城下（新角）站的总氮浓度数据，时间尺度为 2013 年 1 月至 2021 年 12 月的每月 1 日数据。由于水文数据被用于 ReNuMa 模型的校准与验证，其中存在部分缺失数据不被插补。

3）地理及土壤信息数据与处理。本节涉及的地理信息数据包括了东江流域的 30 m×30 m 的高程数据和 1949～2019 年 1 km 土地利用数据（Winkler et al.，2020）；为进一步补充土地利用信息，收集了 1985 年和 1990～2021 年 30 m 土地利用数据（杨杰，2023），该数据来源于国家冰川冻土沙漠科学数据中心（http://www.ncdc.ac.cn）。由于两份土地利用数据存在一定的差异，故1985年以前的土地利用数据则按照1990～2021年两份土地利用中各类型土地利用比例由1 km进行降尺度至30 m。土壤信息数据包括了东江流域250 m分辨率的土壤信息网格基本属性数据集，该数据来源于时空三极环境大数据平台（刘峰和张甘霖，2021），归一化植被指数（NDVI）数据来源于Yang等的文献（Yang et al.，2019）。

5.3　河流氮通量模拟结果

5.3.1　ReNuMa模型的校准与验证

在本节中，使用逐月的径流量和总氮通量对ReNuMa模型的退水系数、渗透系数、径流CN值及USLE参数等进行校准，以R^2、NSE系数、RD和KGE系数最优为目标，所得参数校准结果如表5.3.1所示。ReNuMa模型对东江流域的博罗站总径流量和TN通量的校准和验证效果如图5.3.1所示。博罗站的总径流量在校准期间（1999～2012年）R^2为0.89，KGE为0.94，NSE为0.88，RD为0.24；验证期间（2013～2021年）R^2为0.74，KGE为0.83，NSE为0.70，RD为0.34。总氮通量在校准期间（2013～2018年）R^2为0.71，NSE为0.66，KGE为0.83；验证期间（2019～2021年）R^2为0.73，NSE为0.46，KGE为0.64。ReNuMa模型的流量模拟值与实测值的总体拟合程度较好，能较好地反映实际水文变化。总氮通量在验证期的NSE有所下降，这是因为ReNuMa模型高估了2021年的总氮通量，而该年东江流域发生了1963年以来最严重的干旱事件，这表明ReNuMa模型可能对干旱事件不够敏感，但是从整体趋势上仍保持了较高的模拟准确性，能够捕捉主要总氮通量的波动趋势。

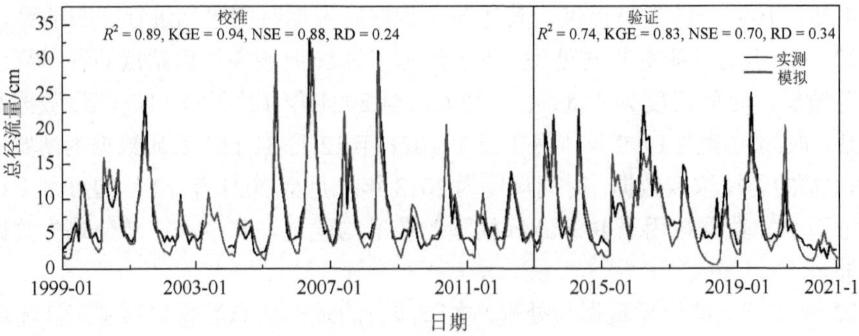

(a)

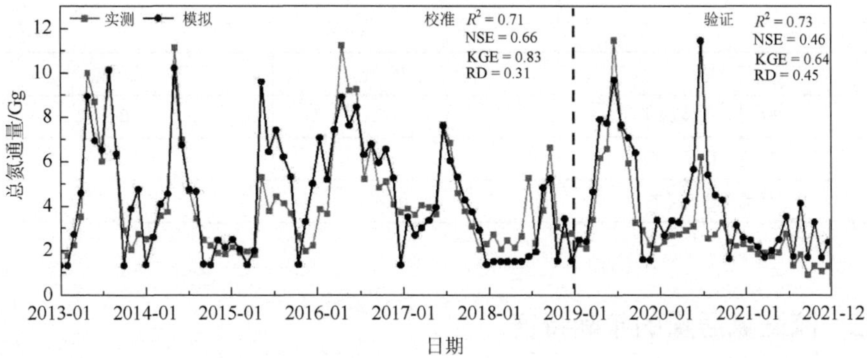

(b)

图 5.3.1　东江博罗站流量与总氮通量校准与验证结果

表 5.3.1　东江流域 ReNuMa 模型的参数初始值与校准值

参数	初始值	校准值
退水系数	0.02	0.01
渗透系数	0	0.003
不饱和区储水能力	10	4.447
耕地 CN 值	72	78
林地 CN 值	55	52
灌木 CN 值	48	68
草地 CN 值	50	65
水体 CN 值	100	100
裸地 CN 值	85	85
建设用地 CN 值	98	92
1 月蒸散发因子	0.7	0.5
2 月蒸散发因子	0.7	0.6
3 月蒸散发因子	0.7	0.7
4 月蒸散发因子	0.7	0.8
5 月蒸散发因子	0.8	0.8
6 月蒸散发因子	0.8	0.9
7 月蒸散发因子	0.8	0.9
8 月蒸散发因子	0.8	0.9
9 月蒸散发因子	0.8	0.9
10 月蒸散发因子	0.8	0.8
11 月蒸散发因子	0.7	0.7

续表

参数	初始值	校准值
12 月蒸散发因子	0.7	0.5
耕地氮径流浓度	1.5	5.199
林地氮径流浓度	0.14	0.102

5.3.2 流域氮通量的年际特征

基于校准的参数，使用 ReNuMa 模型模拟了东江流域博罗站 1952～2021 年的逐年 TN 通量及其组成成分的时间特征，结果如图 5.3.2 所示。1952～2021 年，东江流域的 TN 通量由 12.7 Gg①增长到 29.0 Gg，70 年内增长了 1.28 倍，多年平均值为 39.6 Gg。其间 TN 通量呈现了显著的增长趋势（M-K 检验 $\tau = 0.45$，$p<0.05$），最小值为 1963 年的 11.0 Gg，该年发生了有记录以来最严重的干旱，其他有记录的干旱年份，如 1991 年、2003 年、2018 年和 2021 年，这些年份的氮通量均显著低于相邻的年份，这也证明了本结论的可靠性。TN 通量的最大值为 2016 年的 78.6 Gg。从 TN 通量的构成上来看，点源氮通量呈现了先上升后下降再上升的趋势，1952～1992 年增长最迅速，由 5.6 Gg 增长到了 14.4 Gg，1992～2000 年首次进入下降趋势，2000～2021 年除 2002 年、2012 年和 2015 年略有下降外，点源氮通量呈现了显著增长趋势，70 年间由 5.6 Gg 增长到了 2021 年的 19.8 Gg，增长了 2.54 倍，多年平均值为 11.1 Gg。地下水氮通量呈现了显著的年际间波动，范围在 3.2～46.9 Gg，与 TN 通量变化相同，其也呈现了显著的增加趋势（M-K 检验 $\tau = 0.37$，

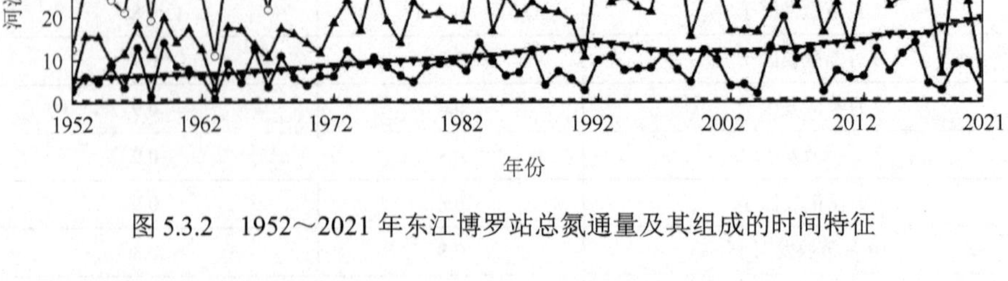

图 5.3.2 1952～2021 年东江博罗站总氮通量及其组成的时间特征

① 1 Gg = 1000 t

$p<0.05$），由 4.0 Gg 增长到了 6.4 Gg，增长了 0.60 倍，多年平均值为 20.4 Gg。径流氮通量在表现出显著的年际间波动的同时，并没有显著增长或下降趋势（M-K 检验 $\tau=0.08$，$p>0.05$），波动范围在 1.0～20.0 Gg，多年平均值为 7.9 Gg。70 年间，颗粒氮通量呈现了下降趋势（M-K 检验 $\tau=-0.17$，$p<0.05$），1963 年最小为 0.1 Gg，2006 年最大，达到 0.4 Gg，多年平均值为 0.2 Gg。

从各组分对 TN 通量的贡献率来看（图 5.3.3），地下水氮通量是 TN 通量的主要来源，多年平均贡献率为 50.4%；点源氮通量是第二大贡献源，多年平均贡献率为 29.4%；径流氮通量是第三大贡献源，多年平均贡献率是 19.6%；颗粒氮通量贡献率最小，仅有 0.6%。

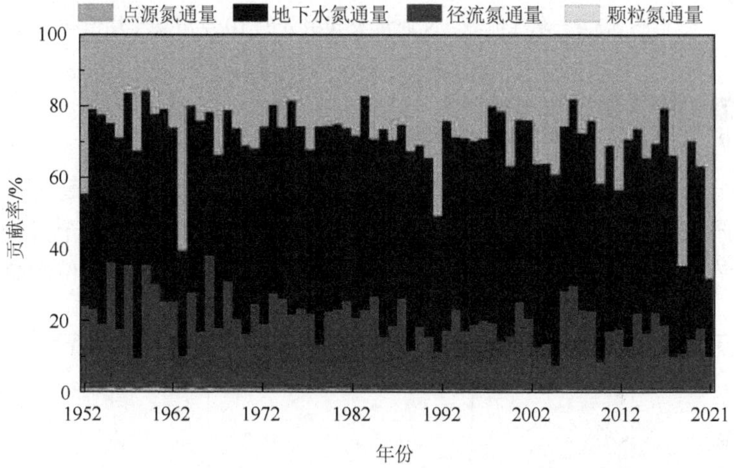

图 5.3.3　1952～2021 年东江流域各组分对 TN 通量的贡献率

由于 TN 通量受到了降水量的影响而显现出较大的年际间波动，因此考虑采用 10 年滑动平均值来分析 TN 通量及其组分的变化时期，结果如图 5.3.4 所示。TN 通量的变化呈现了显著的阶段性特点，一是平缓波动阶段，在 1952～1962 年的 10 个滑动平均内，没有表现出显著的上升或下降趋势，二是快速上升阶段，在 1962～1992 年的 30 个滑动平均内，表现为快速的增长趋势，三是波动式下降阶段，在 1992～2002 年的 10 个滑动平均内，表现为波动式下降，由 48.9 Gg 下降到 42.7 Gg，四是 2002～2012 年的反弹式上升阶段，TN 通量再次增长到了 50.2 Gg。地下水氮通量与 TN 通量也表现出相同的变化趋势。点源氮通量则表现为三个阶段，1952～1987 年的快速上升阶段，1987～1996 年的下降阶段，随后便再次进入上升阶段。颗粒氮通量呈现了显著的下降趋势，由 0.23 Gg 下降到了 0.17 Gg。滑动平均处理后的径流氮通量并没有表现出显著的变化趋势，在 6.4 Gg 到 8.1 Gg 之间波动。

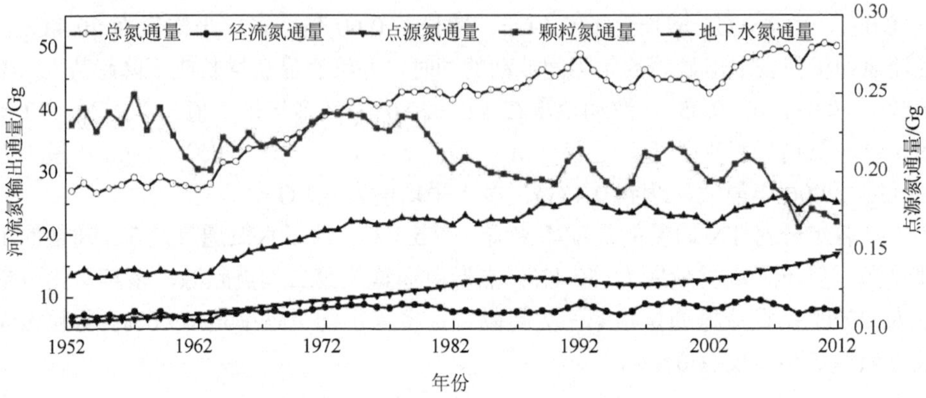

图 5.3.4　东江流域 TN 通量及其组分的 10 年滑动平均值

5.3.3　流域氮通量的年内特征

为了分析 1952～2021 年不同月份下东江的河流氮通量变化趋势，通过采用 10 年滑动平均来消除降水量对河流氮通量的影响，以此分析了每个月份的总氮通量变化趋势，所得结果如图 5.3.5 所示。从整体趋势上看，所有月份的总氮通量均

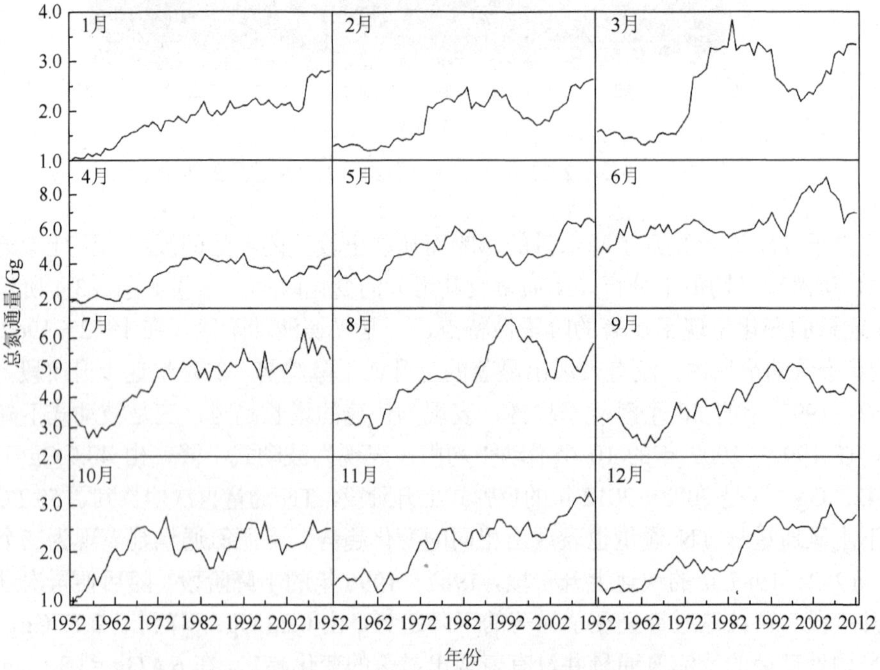

图 5.3.5　东江博罗站总氮通量的月尺度年际变化趋势

呈现出上升趋势，其中 5 月的总氮通量增长最大，10 年滑动平均结果增长了 3.1 Gg，9 月增长最小，为 1.0 Gg。从多年的平均值来看，1 月的总氮通量最低，为 1.8 Gg，6 月的总氮通量最高，为 6.4 Gg。从各个月的变化趋势来看，1 月、11 月和 12 月份的总氮通量呈现了持续上升趋势，2007 年后的滑动平均显示其已进入较为平缓的波动阶段，2～5 月的总氮通量呈现了“下降—上升—下降—上升”的交替变化趋势。6 月的总氮通量则呈现了波动式的上升后下降的趋势，最大值为 9.0 Gg；7～9 月的总氮通量均呈现了“下降—上升—下降”的变化趋势；10 月的总氮通量则是“上升—下降—上升”的变化趋势。

根据各个月份总氮通量的变化趋势，将它们划分为五个时期：1952～1963 年、1964～1973 年、1974～1982 年、1983～1995 年和 1996～2012 年。同时根据不同的季节性将这些月之间的总氮通量相加来分析在不同季节下各个时期总氮通量的来源，所得结果如图 5.3.6 所示。从四个季节的多年平均来看，夏季的多年平均总氮通量最大，为 3.6 Gg，其次是秋季，多年平均总氮通量为 3.2 Gg，春季最小，多年平均总氮通量为 1.5 Gg。从五个时期的总氮通量来看，夏季的总氮通量总是最大的，而第三和第四两个时期的总氮通量是冬季最小，其余时期则是春季最小。从四季的变化趋势来看，总氮通量均呈现了增加趋势，虽然春季和夏季在第四个时期略有波动，但不影响整体趋势，夏季增长最大，相较于第一个时期增长了 6.1 Gg，春季增长最小为 3.3 Gg。从其组成成分上来看，来自地下水氮通量是所有季节的主要贡献因子，其在四季中的秋季贡献率最大，多年平均贡献率为 60%，点源氮通量在春、秋和冬三季为第二大贡献因子，仅在第一个时期的秋季略低于地表径流氮通量的贡献率。而夏季的地表径流氮通量则是第二大贡献因子，多年

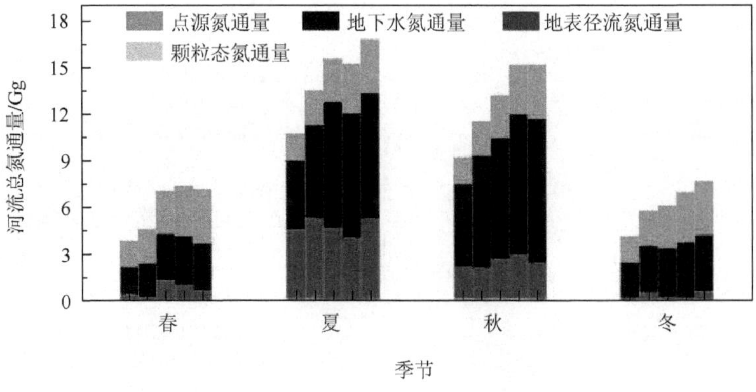

图 5.3.6　东江博罗站总氮通量及其组分在不同季节下的阶段性特点（每个季节的从左到右的柱状图分别表示 1952～1963 年、1964～1973 年、1974～1982 年、1983～1995 年和 1996～2012 年五个时期滑动平均时期的平均值）

平均贡献率为 33.4%。从四个季节的变化趋势来看，地下水氮通量和点源氮通量均呈现显著增加趋势，而径流氮通量则无显著的变化趋势。从逐月的变化趋势来看，所有月份的总氮通量均呈现显著上升，从各组分在不同季节性对总氮通量的贡献来看，夏季的强降水导致了过多的地表径流氮进入了河流。

5.3.4 流域氮通量的空间特征

为了分析东江流域氮通量的空间特征，模拟了东江的一级支流（11 条）在 2012～2021 年的总氮通量及其组分变化趋势，同时对这 11 条支流进行取多年平均值处理，并转换为单位面积的氮通量，以消除集水区面积差异带来的影响，所得结果如图 5.3.7 所示。从总氮通量的空间分布来看，其呈现出中游＞下游＞上游的空间格局，其中柏埔河的总氮通量最高，为 5952 kg/km^2，其次是公庄河，为 4315 kg/km^2，总氮通量最低是康禾河，为 1284 kg/km^2。从其组成成分上来看，康禾河和叶潭水的氮通量主要来源于地下水，多年平均贡献率分别为 69.2%和 52.4%，其余的 9 条支流则主要来源于点源氮的排放，其对秋香江的贡献率最大，

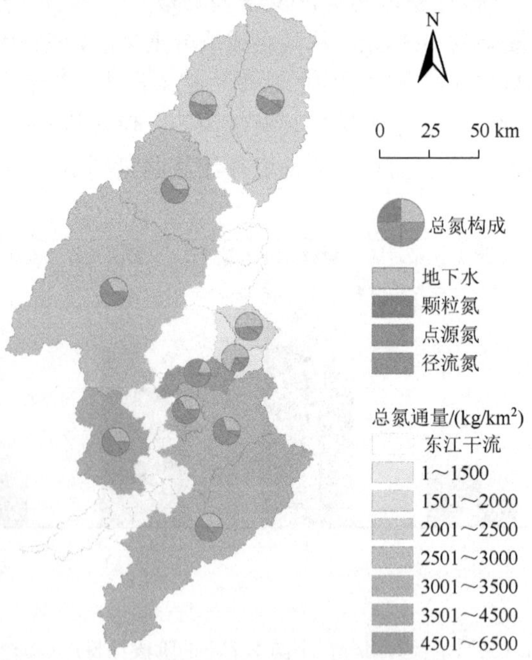

图 5.3.7 东江一级支流的总氮通量及其组分空间特征

（扫封底二维码获取彩图）

为 63.6%；溶解态氮在 11 条支流的多年平均贡献率为 10.3%；颗粒态氮对 11 条支流的贡献最小，多年平均贡献率仅为 0.2%。柏埔河与公庄河的总氮通量最大，但是两者结构上却表现了显著的差异，前者主要来源于点源氮排放，贡献率达到了 77.4%，为 4609 kg/km^2，溶解态氮贡献率却仅占 4.8%，为 287 kg/km^2，而公庄河的点源氮贡献率为 50%，溶解态氮贡献率为 15.6%，为 674 kg/km^2，颗粒态氮为 13 kg/km^2，是 11 条支流的最大值，这表明公庄河的氮污染主要来源于地表的农耕活动，而柏埔河主要是由生活污水和工业污水排放引起的。

5.4　东江流域氮通量对 NANI 的响应特征

气象因素和人类活动因素影响了河流氮通量的长期变化特征（Ballard et al.，2019；Howarth et al.，2012），分析这些因素对氮通量的影响有助于了解氮通量的动态变化及原因。这些影响因素对氮通量的影响在不同地区呈现出显著的差异性。东江流域属于亚热带季风气候，具有较高的年降水量，同时也拥有更为活跃的农业活动，而这些因素在过去都被认为是氮通量变化的主要驱动因子（Sinha and Michalak，2016）。因此，本节分别从气象因素和人类活动因素两个方面探究对氮通量的影响。

5.4.1　气象因素对氮通量的影响

本节首先分析了东江的降水量与气温的变化趋势，结果如图 5.4.1 所示。1953～2021 年东江流域的气温呈现了显著性增加（M-K 显著性检验 $\tau = 0.49$，$p<0.005$），多年平均值为 20.96℃；降水量并无显著变化趋势，多年平均降水量为 1874.36 mm。首先分析了逐年降水量和气温与 TN 通量之间的关系，如图 5.4.1 所示。河流总氮通量与气温呈显著正相关，这可能是因为高温环境加速了土壤有机质的分解过程，促进氮素的矿化与硝化作用，从而提升溶解性氮的生物有效性，并通过增强基流输送效率持续向水体输入可溶性氮组分（Rustad et al.，2001；Vidon et al.，2010）。其中，气温与颗粒态氮通量呈现负相关，这可能是由于东江位于亚热带地区，气温较高，加剧的蒸散效应显著降低土壤含水量，抑制地表径流的形成频率与强度，进而削弱由土壤侵蚀主导的颗粒态氮迁移过程。气温与径流氮通量未呈现显著关联性，说明其变化主要受控于降水动态，而气温对径流氮通量的间接影响可能被流域内土地利用方式（如灌溉管理）及农业措施（如覆盖耕作）等人类活动所调节。进一步分析显示，年降水量及年极端降水量均与非点源氮通量呈显著正相关，其中以径流氮通量的影响最为突出。这印证了降水通过双重机制驱动氮迁移。一方面增强地表径流的水动力条件，加速可溶性氮的淋失与输送；

另一方面加剧土壤表层剥离效应，促进颗粒态氮的冲刷转移。极端降水事件通过放大上述机制，在短时间内形成高强度侵蚀与大规模氮输出，显著提升非点源污染风险（Wang et al.，2025），凸显降水在流域氮素运移格局中的核心调控地位。

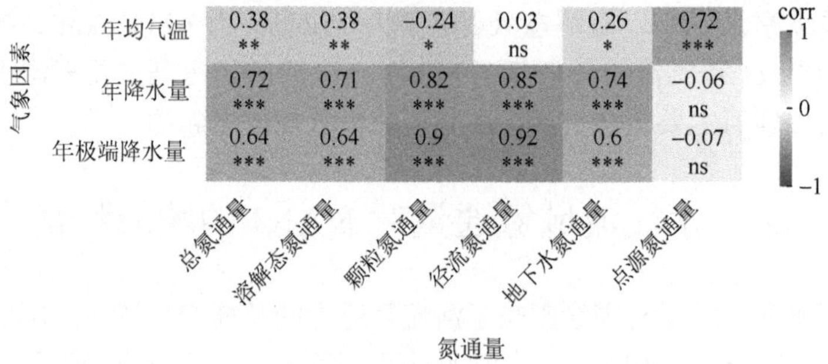

图 5.4.1　气象因素对氮通量的影响（corr 为线性相关系数）

（扫封底二维码获取彩图）

5.4.2　人类活动因素对氮通量的影响

河流是流域氮输出的主要途径之一，流域内的氮素输入水平影响了河流总氮输出量，分析该影响对流域尺度上的氮素管理具有重要意义。本节分别探讨了东江流域的 NANI 在时空尺度上对河流总氮通量的影响，这里将河流总氮通量转换为 NANI 相同尺度，对其转为单位面积的通量，分析其与 NANI 之间的相关性，其中空间尺度的相关性分析选取了数据更为精细的 2012～2021 年，并分别对 NANI 和河流总氮通量进行多年平均值处理，这是为了消除降水的影响（张汪寿等，2014；曹敏等，2023），所得结果如图 5.4.2 所示。NANI 与河流总氮通量在时间尺度上表现为显著的正相关（$R^2 = 0.35$，$p < 0.005$），多年平均氮输出比为 0.18，这与以往的研究较为接近（张汪寿等，2014；姚梦雅等，2021）。尽管从输出比来看氮输出比是呈现逐年下降趋势，但可能是由于 NANI 与氮通量之间的不协调增长引起的，这表明更高的 NANI 将会促进氮向河流排放，而输出比的下降表明氮素遗留也将会增加。时间尺度上的相关性表明，NANI 每年平均约有 719 kg/km^2 遗留在流域中，或者以其他形式从流域中输出（张汪寿等，2014）。分析 NANI 的其他组分包括化肥氮输入、农作物固氮、食品/饲料净氮输入和大气氮沉降均与河流总氮通量呈现了显著的相关性，其中化肥氮输入与河流总氮通量之间的相关性最高（$R^2 = 0.33$），这表明东江流域氮的输入和输出关系仍然受到化肥施用的主导作用。其次是流域的大气氮沉降，与其他因素不同的是，大气氮沉降是直接向陆地和水体输入活性氮。这些沉降到地表的氮部分通过地表径流或渗漏进入河流，

直接增加了河流总氮通量。降水量对河流总氮通量起到了一定的调节作用，这表明过强的降水量将会促进氮素向河流的排放，从而引发严重的氮污染。NANI 与河流总氮通量在时间尺度上表现了极强的正相关（$R^2 = 0.91$，$p<0.005$），这表明东江流域 NANI 越高的地方氮流失风险越高，这可能与高值区氮的土壤饱和历史遗留有关（Meng et al.，2021；Basu et al.，2022）。在空间上，河流总氮通量与食物/饲料净氮输入表现了极强的相关性（$R^2 = 0.90$），这表明其是河流总氮通量空间变化的主要驱动因子，化肥氮输入也表现了较强的相关性（$R^2 = 0.60$），农作物固氮的相关性较弱，大气氮沉降则没有表现出相关性，这结果表明流域内农业活动是驱动河流总氮通量空间变化性的主要原因，因此种植业面源污染控制对总氮治理具有重要意义。河流总氮通量空间尺度上的多年平均氮输出比为 0.39，这显著高于世界上其他流域（张汪寿等，2014），从其空间分布特征来看，西枝江的氮输出比最高，为 0.48，该流域的氮污染风险将会更高，义容河的氮输出比最低，为 0.31。河流总氮通量的时空影响因素虽然存在着一定差异，但是可以归纳为农业活动主导了氮素向河流输送的时空变异性。

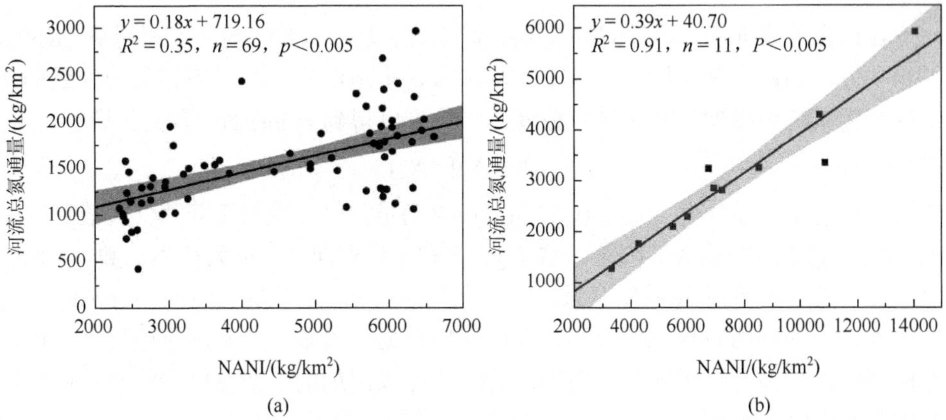

图 5.4.2　（a）1953～2021 年东江总氮通量对 NANI 的时间响应；（b）2012～2021 年东江总氮通量的多年平均值对 NANI 的空间响应

由以上的分析结果可知，东江流域的氮通量在 69 年间发生了较大幅度的增长，并且它还与气象因素和人类活动因素具有显著的相关性，但是并不能够确定这些因素是如何影响氮通量的长期变化特征，该过程的分析对东江流域的氮污染控制至关重要。本节将探讨长期的气候变化以及人类活动净氮输入是如何共同影响东江流域的氮负荷，通过构建一个简化的经验模型来模拟东江流域氮通量的长期特征，并将其归纳为气象因素与人类活动因素，为东江流域的氮污染治理提供指导。

5.4.3　通量-NANI 响应模型的构建

在上述的研究中发现了氮通量与降水量、气温、土地利用和 NANI 均具有显著的相关性，与过去的研究一致的是，这些因素共同影响了河流的氮输出（张汪寿等，2014）。降水量表现为对地表土壤的冲刷作用从而将氮输入到河流中，特别是极端降水会将大量的氮冲入到河流中（Sinha and Michalak，2016）；气温表现为对土壤反硝化作用的影响，在一定范围内，随着气温的升高，河流的氮输出比（即氮通量与 NANI 的比值）会下降（Schaefer and Alber，2007；Hong et al.，2012）；而土地利用变化则是人类活动对流域影响的一种重要方式（Boyer et al.，2002）；NANI 表现为河流氮通量的来源之一，其他的来源则有历史遗留氮与自然背景源（Hong et al.，2012；Howarth et al.，2012）。虽然在部分研究中，流量也被纳入模型的构建中（姚梦雅等，2021；Hu et al.，2023），但是降水量是引起流量变化的原因之一，这里不将其纳入驱动因子的考虑范围，本节选择将这些类型数据用于模型的构建。

在过去的研究中，学者们常常用指数形式来表示 NANI 与河流氮通量（RNE）的相关性，因此本节选用了 NANI、降水量、土地利用、气温等相关的变量构建了一个指数响应模型，其通过对数变化，将可以得到与 ln(RNE)有关的模型。

$$\boldsymbol{y} = \boldsymbol{X\beta} + \boldsymbol{\varepsilon} \tag{5.4.1}$$

式中，$\boldsymbol{y}(m\times 1)$表示实测到的 ln(QTN)；$\boldsymbol{X}(m\times k)$是预测变量的矩阵和代表截距项的列；$\boldsymbol{\beta}(k\times 1)$是回归系数的向量。这里 $\boldsymbol{y}$、$\boldsymbol{\beta}$ 和 ε 为列向量，m 为样本点数，k 为参数数目。其中本节对 $\boldsymbol{X}$ 的定义按照以下条件进行组合：①$\boldsymbol{X}$ 必须包含 NANI、气象数据、土地利用数据三个类别，其中气象数据中最多一个降水量或气温数据，土地利用中最多一个土地利用类别；②作为可以添加的参数有极端降水事件，以及土地利用组合类别。

在模型的选择上，采用贝叶斯信息准则（Bayesian information criterion，BIC）对模型进行筛选，BIC 通过综合考虑模型对数据的拟合优度和复杂程度，从而筛选出最优模型（Gideon，1978）。BIC 使用残差平方和（RSS）测量模型拟合，模型复杂性根据模型中预测变量的数量进行惩罚。其定义式如下：

$$\mathrm{BIC} = -2\ln\left[\frac{(\boldsymbol{y}-\hat{\boldsymbol{y}})^{\mathrm{T}}(\boldsymbol{y}-\hat{\boldsymbol{y}})}{m}\right] + k\times\ln(m) \tag{5.4.2}$$

相较于赤池信息准则（Akaike information criterion，AIC），当样本量较大时，BIC 会对参数数量 k 施加更大的惩罚，避免过拟合，并且能够选择出更简单的模型，从而提高泛化能力，本节的 BIC 分析是基于 R-Studio 4.4 分析的。

在现有研究中，NANI 常常以对数变换形式出现在模型中（姚梦雅等，2021；Huang et al.，2014），但是也有部分研究考虑将 NANI 变换为其反双曲正弦的形式（Ballard et al.，2019；Sinha and Michalak，2016），这些变换都可以变小 NANI 的数量级，并且相较于对数变换，其适用于所有实数。该变化下，f_{NANI} 与其对数变化是一致的，这避免了当 NANI 为负数时，对数变换无意义现象，f_{NANI} 表示如下：

$$f_{\mathrm{NANI}} = \operatorname{arsinh}\left(\frac{\mathrm{NANI}}{2}\right) = \ln\left[\frac{\mathrm{NANI}}{2} + \sqrt{\left(\frac{\mathrm{NANI}}{2}\right)^2 + 1}\right] \tag{5.4.3}$$

在气象数据和土地利用数据的选择上，考虑了可以反映全年气候特点的年降水量和年均气温、极端天气的极端降水事件，以及土地利用在内的 38 个影响因子，为了提升模型的可靠性，以及避免多重共线性问题，各类驱动因子最多采用一项。在土地利用组合上，考虑了五种不同土地利用之间的百分比之和。在极端降水特征分析上，基于逐日降水数据，采用百分位数法定义极端降水事件。本节选择 95%分位数（$p>0.95$）作为极端降水量的阈值，即降水量超过该阈值的事件被定义为极端降水事件。一段时间内的极端降水量为该时期内所有符合条件的降水量之和，可以简单表示为以下公式：

$$P_e = \sum_{i=1}^{n} P_{e,i}, \ \text{if } P_{e,i} > P_{95\mathrm{th}} \tag{5.4.4}$$

式中，P_e 为第 e 年的极端降水量；$P_{e,i}$ 为第 e 年第 i 日的极端降水量，$P_{95\mathrm{th}}$ 为某年内全时间段降水量的 95%分位数阈值，n 为符合条件 if 的天数。

本节所选取的全部参数及基于 BIC 的最终决策结果如表 5.4.1 所示。

表 5.4.1　河流年通量与 NANI 等变量的响应模型参数

驱动因子	参数类别	详情	最终类别
氮输入	f_{NANI}	NANI 的反双曲正弦	f_{NANI}
降水量	P	东江流域的年降水量（mm）	P
气温	T、T_{eaa}	T 为东江流域的年均气温（℃）；T_{eaa} 为东江 4～8 月的平均气温（℃）	—
极端降水量	$P_{\mathrm{e,y}}$、P_{eyd}、P_{eaa}、P_{eaad}	$P_{\mathrm{e,y}}$ 每年的极端降水量（mm）；P_{eaa} 为每年 4～8 月的极端降水量（mm）；P_{eyd} 为每年极端降水量的天数（d）；P_{eaad} 为 4～8 月极端降水量对应的天数（d）	P_{eaa}
土地利用及其组合	C、F、B、G、D、CF、CB、CG、CD、FB、FG、FD、BG、BD、GD、CFB、CFG、CFD、CBG、CBD、CGD、FBG、FBD、FGD、BGD、CFBG、CFBD、CFGD、CBGD、FBGD、CFBGD	C 为耕地占比；F 为森林占比；B 为灌木地的占比；G 为草地占比；D 为建设用地占比；其余各项为它们的组合	D、CD

为评估本节拟合模型结果的不确定性，采用蒙特卡罗模拟方法，该方法已经在模型的不确定性中得到了广泛的评估（Chen et al.，2019；Hu et al.，2020）。本节选择直接对模型的预测结果进行蒙特卡罗模拟，通过正态分布随机抽样生成回归模型预测值，并利用预测均值和预测标准误差构建总氮通量的概率分布，该方法在 Sinha 和 Michalak（2016）的研究中证实了其分析的可靠性，其中预测标准误差的计算方法如下：

$$\hat{\beta}=\left(\boldsymbol{X}^{\mathrm{T}}\boldsymbol{X}\right)^{-1}\boldsymbol{X}^{\mathrm{T}}\boldsymbol{y} \tag{5.4.5}$$

$$s_{\varepsilon}^{2}=\frac{\left(\boldsymbol{y}-\hat{\boldsymbol{y}}\right)^{\mathrm{T}}\left(\boldsymbol{y}-\hat{\boldsymbol{y}}\right)}{m-2} \tag{5.4.6}$$

$$s_{f}=s_{\varepsilon}\sqrt{\boldsymbol{x}_{h}^{\mathrm{T}}\left(\boldsymbol{X}^{\mathrm{T}}\boldsymbol{X}\right)^{-1}\boldsymbol{x}_{h}} \tag{5.4.7}$$

$$s_{PI}=\sqrt{s_{\varepsilon}^{2}+s_{f}^{2}} \tag{5.4.8}$$

式中，s_{ε}^{2} 为实际值与模拟值之间的残差均方误差；s_f 为拟合标准误差；s_{PI} 为预测标准误差。故本节中假定所有的预测值服从以 ln(RNE)为均值，以 s_{PI} 为标准误差的正态分布，进行 10 000 次蒙特卡罗模拟，并且取结果的 95%置信区间作为蒙特卡罗模拟的结果。

5.4.4 氮通量的长期变化归因分析

根据模型的筛选规则，在追求 R^2 最大的同时要求 BIC 最小，最终确定东江流域氮通量与 NANI 等驱动因子的响应模型如下式所示：

$$\ln\left(\mathrm{RNE}\right)=0.6286\times f_{\mathrm{NANI}}+0.0069\times P+0.0009\times P_{\mathrm{eaa}}+3.5671\times \mathrm{D}+3.2152\times \mathrm{CD} \tag{5.4.9}$$

确定的最终预测变量分别为 NANI 的反双曲正弦（f_{NANI}），降水量（P，cm），4～8 月的极端降水量（P_{eaa}，cm），建设用地覆盖率（D，%），建设用地与耕地的覆盖率（CD，%）。该模型的模拟结果与 ReNuMa 模型的拟合情况如图 5.4.3 所示，其解释了河流总氮通量变化的 92%，且 BIC 值最小，为−91.90。而与实际氮通量相比，该模型在 2013～2021 年可以解释东江流域实际总氮通量变化的 73%。图中阴影部分为蒙特卡罗模拟所确定的 95%置信区间，69 年间河流总氮通量的波动范围为−18.5%～23.0%，其中 ReNuMa 模型估计的结果有 1963 年落在了置信区间外，这是因为该年的极端干旱天气导致氮通量为历史最低，属于异常值。与 ReNuMa 模型不同的是，本节开发的经验模型可以更加直观地表现 NANI、降水量等因素是如何长期影响河流总氮通量的变化，这些因子的系数均为大于 0，表明它们协同促进了流域的氮素输出，这也与前文得出的结论相符。在前文的分析中，得出了河流总氮通量呈现了增加趋势的结论，在这部分通过使用对模型中的单个变量进行去趋势化（通过消除线性最小二乘趋势），并将该条件下的结果与原值进行比较，分析其斜率的变化情况，进而探讨河流总氮通量长期增长的主要驱动因子，该方法在已有的研究中已经证实了其可靠性。所得结果如图 5.4.4 所示，图中可以得出各种影响因子对河流总氮通量的长期增长的贡献大小排序：f_{NANI}＞耕地与建设用地覆盖率＞建设用地覆盖率＞4～8 月的极端降水量＞降水量。对 NANI 进行去趋势化后，河流总氮通量的年增长率下降至 115.4%，但远高于第二大驱动因子的 24.1%，这表明 NANI 是河流总氮通量逐年增加的主要驱动因子。而在前文的分析中得出降水量与河流总氮通量的相关性最强，这表明其并不是河流总氮通量增加的原因，而可能体现为对河流总氮通量年际间变化的影响（$R^2 = 0.97$，$p<0.005$），而极端降水量对通量的年际间变化的影响则相对于降水较弱（$R^2 = 0.49$，

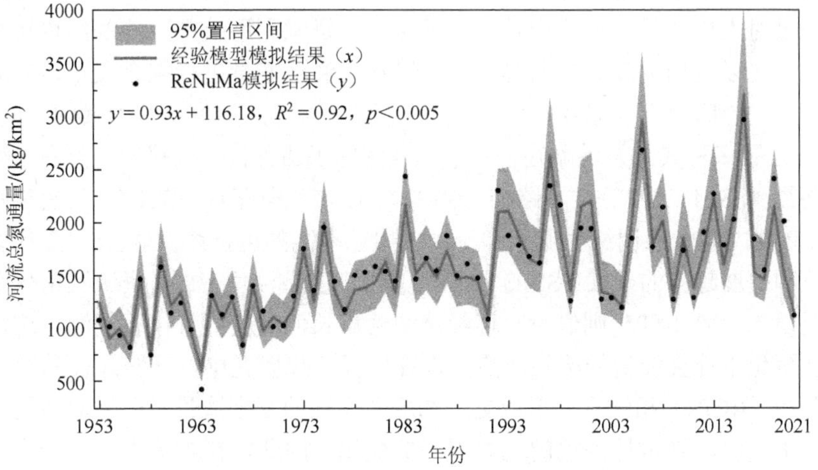

图 5.4.3　1953～2021 年基于经验模型与 ReNuMa 模型的东江博罗站总氮通量的结果比较

阴影部分为经验模型的 95%置信区间

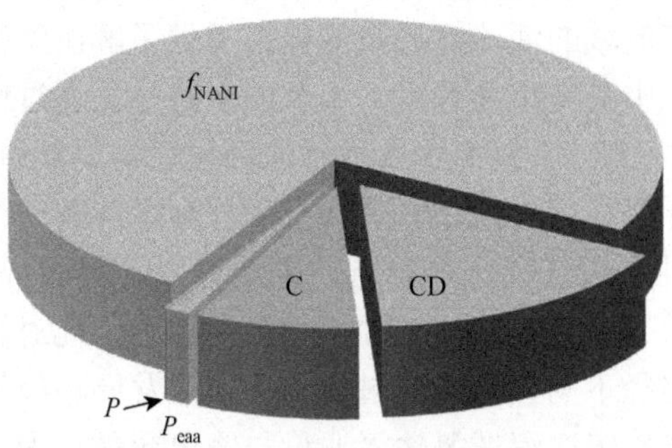

图 5.4.4　影响因子对河流总氮通量长期增长的贡献大小

p＜0.005）。耕地与建设用地对河流总氮通量的影响表明人类活动通过改变氮素输入与输出的平衡关系，显著影响了河流总氮通量的长期变化趋势。因此对于东江流域的氮治理从长远看应当注重减少人为氮输入，而在短期内应当注意预防极端降水量的冲刷影响。

5.5 共享社会经济路径下的东江氮通量预测

5.5.1 共享社会经济路径发展情景

共享社会经济路径（shared socioeconomic pathways，SSPs）是由联合国政府间气候变化专门委员会（Intergovernmental Panel on Climate Change，IPCC）于 2007 年提出的情景分析框架，旨在为全球气候变化研究提供统一的社会经济背景设定。该框架通过对人口数量、经济增长、技术进步、资源利用效率、能源结构转型、生活方式变化以及相关政策导向等多个关键社会经济变量进行综合设定，从而模拟出在不同发展路径下全球及区域未来可能的发展趋势。根据这些因素的不同组合，SSPs 设定了多种典型发展路径，本节重点考虑了四种代表性路径，分别是可持续发展路径（SSP1）、中等发展路径（SSP2）、区域竞争路径（SSP3）和快速发展路径（SSP5）。SSP1 强调绿色低碳和资源利用效率高的可持续发展；SSP2 代表对当前政策和发展趋势的延续；SSP3 则描绘了一个区域治理薄弱、资源利用效率低下的发展模式；而 SSP5 则假设全球经济快速增长但高度依赖化石能源。这些路径虽主要聚焦于社会经济结构的演变，但在气候变化研究中，通常还需与温室气体排放路径（RCPs）相结合，形成更具物理现实性的复合情景，用于驱动气候模型模拟未来气温、降水量等关键气候因子的变化。因此，在本节中，进一步引入了 SSP-RCP 细化情景，包括 SSP1-2.6（SSP126）、SSP2-4.5（SSP245）、SSP3-7.0（SSP370）和 SSP5-8.5（SSP585），以代表不同温室气体排放强度下的气候变化趋势。这些情景不仅体现了未来不同的社会经济背景，还通过耦合排放路径为气候变量变化提供了依据，为东江流域的河流氮通量的模拟提供了解决路径，因而在研究东江流域未来氮通量变化中具有重要意义。本节的思路是先通过情景设置实现对区域氮输入的模拟，在此基础上，以氮输入驱动流域模型实现氮通量模拟，使用 NANI 作为区域氮输入的计算指标，NANI 是一个受社会经济驱动的氮负荷指标，其主要受到农业活动和社会经济变化的影响，因此对 NANI 的预测上采用了典型的 SSPs 路径进行模拟，而氮通量则受到了降水的影响，因此对氮通量的模拟则是基于 SSPs 的精细化路径下的模拟。通过在上述四类发展路径下耦合相应的气候情景，以系统地评估未来东江流域氮输入通量与输出通量，为制定区域水体氮污染防控策略提供科学依据。

5.5.2　NANI 与河流氮通量的预测方法

东江流域的 NANI 预测涉及了人口、农业、土地利用和降水的影响，这些因素在不同的 SSP 情景下具有着一定的差异性，而 NANI 表征了区域内人类活动导致的氮输入，除食品贸易产生的区域间流动导致氮输入外，其组成上可以概括为三大类：①居民生活引起的氮输入（HC），即人类饮食而摄入的氮；②农业生产活动引起的氮输入（AN），这包括了化肥的施用、畜禽养殖和农作物种植等引起的氮输入；③大气氮沉降（N_{dep}），这主要来源于化石燃料以及生物质等的燃烧，并且其组成上可以分为硝态氮和氨氮两大类，其中氨氮不作为新的氮输入。因此，NANI 可以分解为下式：

$$\mathrm{NANI} = \mathrm{HC} + \mathrm{AN} + N_{\mathrm{dep}} \qquad (5.5.1)$$

式中，AN 为农业活动引起的氮输入（kg），也可折算为单位面积的强度单位（$\mathrm{kg/km^2}$）。

根据 NANI 的预测方法，HC 与人口数量高度相关，因此利用 HC 与人口数量的相关性折算出四种情形下 HC 的变化趋势。AN 主要涉及化肥氮输入、农作物氮输入以及畜禽养殖，它们在 AN 中占比具有明显的差异，并协同影响了 AN 的变化趋势，因此选取了 2011～2021 年三个因子在 AN 中权重的平均值，并根据三个因子在不同 SSPs 情景下的变化趋势计算出 2020～2100 年 AN 的结果。本部分计算公式如下：

$$\mathrm{AN} = N_{\mathrm{chem}} + \mathrm{GN} + \mathrm{AN} \qquad (5.5.2)$$

$$\mathrm{GN} = N_{\mathrm{fix}} - 0.9 \times \mathrm{GP} \qquad (5.5.3)$$

$$\mathrm{AN} = \mathrm{AC} - 0.9 \times \mathrm{AP} \qquad (5.5.4)$$

式中，GN 为农作物氮输入；AN 为畜禽养殖的氮输入。各项因子的单位均为 kg，也可折算为单位面积的强度单位（$\mathrm{kg/km^2}$），其中 0.9 为换算系数，表示产品在生产加工过程中的损失。同时根据相关研究评估的东江流域化肥、畜禽养殖和农业种植的变化趋势，做出如表 5.5.1 所示的假设，并在上述预测的基础上计算出相应的逐年变化。

表 5.5.1　东江流域 NANI 各组分逐年增长率　（单位：%）

情景	N_{chem}	AN	GN
SSP126	−1.67	0.06	−0.35
SSP245	−1.21	0.27	0.00
SSP370	0.17	0.52	0.08
SSP585	−0.67	0.52	0.08

大气氮沉降主要来自 NO_x 排放，本节分析了东江 1990～2015 年的 NO_x 沉降量与 SSPs 数据库中提供的亚洲区域 NO_x 排放量的相关性，所得结果如图 5.5.1 所示，发现两者之间呈现了显著的相关性（$R^2 = 0.70$，$p < 0.05$），然后根据 SSPs 数据库中提供的未来亚洲区域估算的 NO_x 排放量，折算出 2020～2100 年的东江流域大气氮沉降，从而实现亚洲尺度大气氮沉降数据向流域尺度的转换。

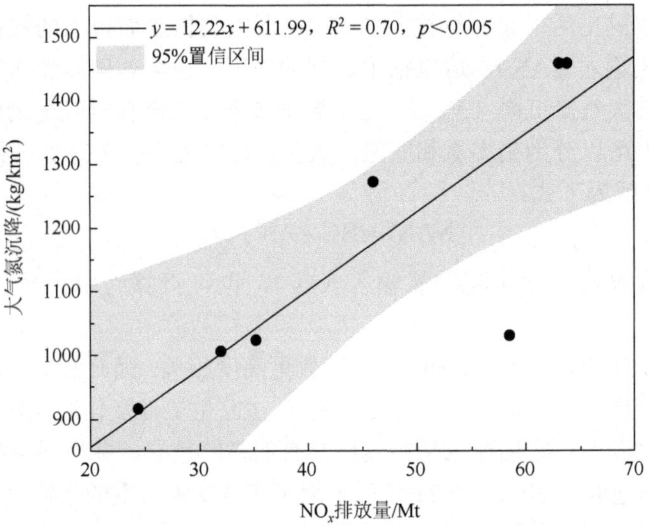

图 5.5.1　东江流域大气氮沉降与亚洲区域的 NO_x 排放量之间的相关性

河流氮通量主要受到了 NANI、土地利用、降水量的影响，本节选取了四种 SSPs 扩展路径（SSP126、SSP245、SSP370 和 SSP585）下 2020～2100 年土地利用的变化趋势，计算出耕地和建设用地占比，缺失值采用线性插值补全，降水量数据则来自 CMIP6 数据库中的逐日降水数据，基于以上公式获取河流总氮通量的变化趋势。

5.5.3 NANI 与河流氮通量的变化特征分析

（1）NANI 及其组分的变化特征

本节根据上述假设所得四种情景下的东江流域 2020～2100 年 NANI 变化趋势如图 5.5.2（a）所示。在四种情景下，NANI 的变化范围为 2528～6692 kg/km^2，未来的氮输入始终呈现 SSP3＞SSP5＞SSP2＞SSP1 的趋势。从变化趋势来看，SSP1、SSP2 和 SSP5 均呈现下降趋势，预计 2100 年分别达到 2528 kg/km^2、3163 kg/km^2 和 3883 kg/km^2。其中 SSP1 情景下的 NANI 下降幅度最大，相较于

2021 年下降了 3521 kg/km^2；而 SSP3 呈现增加趋势，2100 年预计达到 6547 kg/km^2，相较于 2021 年增加了 452 kg/km^2，表明区域发展与环境保护失衡可能引发的氮负荷压力。根据 NANI 的三个组分（图 5.5.2），它们与 NANI 变化特征类似，均表现出 SSP3＞SSP5＞SSP2＞SSP1 的趋势。其中，人类活动引起的氮输入变化范围为 717～1450 kg/km^2，且均呈现了先增加后下降的趋势，但是从四种情景变化趋势来看，东江流域的人类活动氮输入将在 2045 年前仍然呈现增加趋势，最大在 SSP3 情景下达到 1450 kg/km^2，之后才开始进入下降趋势。农业活动氮输入变化范围为 1024～4067 kg/km^2，与人类活动氮输入不同的是，农业活动氮输入中 SSP3 呈现持续增加趋势，其他则是下降趋势，SSP1 情景下降最快，相较于 2021 年下降了 2282 kg/km^2。大气氮沉降的变化范围为 786～1675 kg/km^2，从演变趋势上来看，SSP3 和 SSP5 呈现先增加后下降的趋势，而 SSP1 和 SSP2 呈现持续下降的趋势。东江流域未来氮输入演变呈现显著的政策敏感性。除 SSP3 情景因环境治理滞后导致氮负荷持续攀升外，其他情景均通过多源协同调控实现环境改善。其中，SSP1 情景通过生活源深度治理、农业绿色转型与大气污染联防联控的三重机制，使流域氮输入总量较现状大幅度削减，为区域水质目标达成提供了可行路径。研究结果印证了社会经济路径选择对氮循环调控的决定性作用，为差异化环境管理策略的制定提供了量化依据。

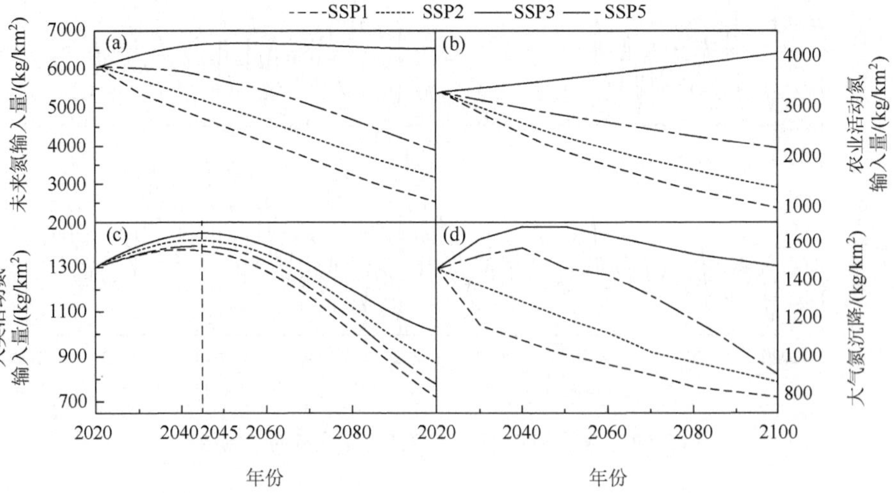

图 5.5.2　基于 SSPs 情景下东江流域 NANI 及其组分预测结果

（2）河流总氮通量的变化特征分析

根据 NANI 的几种情景模式，同时基于 SSPs 情景下考虑的气候因素的影响，采用 RaNuMa 模型模拟出 2020～2100 年四种情景下东江总氮通量的变化趋势，所得结果如图 5.5.3 所示。从图中可以看出，四种情景下均呈现了显著的年际波动，其中 SSP126 波动范围为 992～3467 kg/km^2，最大值为 2029 年的降水引起，多年平均可以消除降水的影响，其在 2091～2100 年的平均值为 1410 kg/km^2，低于 2011～2020 年平均值的 30%，这表明绿色发展情景下能够有效减少河流的氮输出；SSP245 情景下波动范围为 1202～3611 kg/km^2，其在 2091～2100 年的平均值为 1811 kg/km^2，略低于 2011～2020 年的平均值，氮通量在 SSP370 和 SSP585 情景下均呈现了较高水平，2091～2100 年的平均值分别为 2500 kg/km^2 和 2258 kg/km^2。在最后十年的表现与 NANI 呈现相同趋势，为 SSP370＞SSP 585＞SSP 245＞SSP 126。虽然 2070～2100 的最后十年是 SSP370 最高，但是四种情景氮通量的最大值却在 SSP585 情景下，达到了 3797 kg/km^2。这一现象可能与高强度开发区域在极端降水条件下突发性污染事件的风险升高相关，尽管其末期均值因能源结构调整呈现下降趋势，这表明虽然该种情景下，氮输入较低，但是要考虑未来可能的突发污染事件。不同情景末期均值差异反映政策干预的长期效果，气候变异驱动的极端事件可能在中短期内主导氮通量突变，这一特征在高排放情景中尤为突出，提示未来氮污染防控需强化气候适应性管理体系的构建。

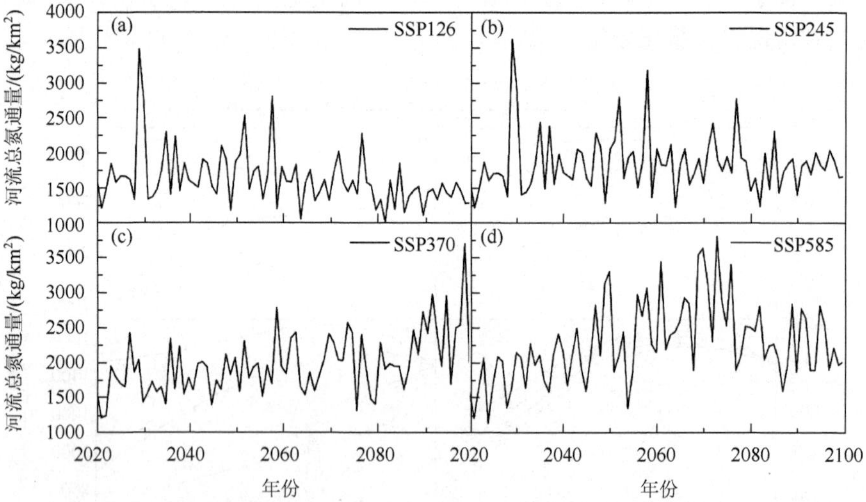

图 5.5.3　基于 SSPs 情景下东江总氮通量的预测结果

不同情景下 NANI 的变化趋势充分反映了社会经济发展模式、农业生产效率和环境治理政策的综合影响。从整体来看，低效率路径下的 NANI 将保持高负荷变化趋势，其他则呈现下降趋势，虽然高度依赖化石燃料路径的氮通量在末期低于低效率路径，但是其更容易爆发出较大的氮污染风险，这也同样适用于其他的几种路径，这表明对东江的氮治理不仅要关注氮输入的风险治理，还要制定预防短期氮输出的风险措施，尤其需要关注极端降水等气候变化对氮通量变化的影响。

参 考 文 献

班璇，姜刘志，曾小辉，等，2014. 三峡水库蓄水后长江中游水沙时空变化的定量评估[J]. 水科学进展，25（5）：650-657.

蔡崇法，丁树文，史志华，等，2000. 应用 USLE 模型与地理信息系统 IDRISI 预测小流域土壤侵蚀量的研究[J]. 水土保持学报，14（2）：19-24.

曹敏，吴东少，段仲昭，等，2023. 亚热带流域人类活动净氮输入与河流输出响应：以东江为例[J]. 环境科学学报，43（8）：428-439.

杜陈龄，白琳，姚昆，2024. 基于 USLE 模型的安宁河流域土壤侵蚀分析[J]. 测绘与空间地理信息，47（4）：58-61.

黄振雄，1994. 广东使用化肥 88 年的历史回顾[J]. 热带亚热带土壤科学，（3）：183-188.

刘峰，张甘霖，2021. 中国高分辨率国家土壤信息网格基本属性数据集（2010～2018 年）[DS]. 时空三极环境大数据平台.

杨杰，2023. 中国 30 米年度土地覆盖数据集及其动态变化（1985～2022 年）[DS]. 国家冰川冻土沙漠科学数据中心（http://www.ncdc.ac.cn）.

姚梦雅，胡敏鹏，陈丁江，2021. 1980～2015 年长江流域净人为氮输入与河流氮输出动态特征[J]. 环境科学，42（12）：5777-5785.

张汪寿，李叙勇，苏静君，2014. 河流氮输出对流域人类活动净氮输入的响应研究综述[J]. 应用生态学报，25（1）：272-278.

Ballard T C，Sinha E，Michalak A M，2019. Long-term changes in precipitation and temperature have already impacted nitrogen loading[J]. Environmental Science & Technology，53（9）：5080-5090.

Basu N B，Van Meter K J，Byrnes D K，et al.，2022. Managing nitrogen legacies to accelerate water quality improvement[J]. Nature Geoscience，15（2）：97-105.

Boyer E W，Goodale C L，Jaworski N A，et al.，2002. Anthropogenic nitrogen sources and relationships to riverine nitrogen export in the northeastern U.S.A[J]. Biogeochemistry，57（1）：137-169.

Chen D J，Zhang Y F，Shen H，et al.，2019. Decreased buffering capacity and increased recovery time for legacy phosphorus in a typical watershed in eastern China between 1960 and 2010[J]. Biogeochemistry，144（3）：273-290.

Gideon S，1978. Estimating the dimension of a model[J]. The Annals of Statistics，6（2）：461-464.

Haith D A，Shoemaker L L，1987. Generalized watershed loading functions for stream flow nutrients[J]. Journal of the American Water Resources Association，23（3）：471-478.

Hong B，Swaney D P，Mörth C，et al.，2012. Evaluating regional variation of net anthropogenic nitrogen and phosphorus inputs（NANI/NAPI），major drivers，nutrient retention pattern and management implications in the multinational areas of Baltic Sea basin[J]. Ecological Modelling，227：117-135.

Howarth R W，Swaney D P，Billen G，et al.，2012. Nitrogen fluxes from the landscape are controlled by net anthropogenic nitrogen inputs and by climate[J]. Frontiers in Ecology and the Environment，10（1）：37-43.

Hu M P，Liu Y M，Zhang Y F，et al.，2020. Long-term（1980～2015）changes in net anthropogenic phosphorus inputs and riverine phosphorus export in the Yangtze River basin[J]. Water Research，177：115779.

Hu M P，Yao M Y，Wang Y C，et al.，2023. Influence of nitrogen inputs，dam construction and landscape patterns on riverine nitrogen exports in the Yangtze River basin during 1980-2015[J]. Journal of Hydrology，617：129109.

Huang H，Chen D J，Zhang B F，et al.，2014. Modeling and forecasting riverine dissolved inorganic nitrogen export using anthropogenic nitrogen inputs，hydroclimate，and land-use change[J]. Journal of Hydrology，517：95-104.

Meng C，Liu H Y，Li Y Y，et al.，2021. Influences of the landscape pattern on riverine nitrogen exports derived from legacy sources in subtropical agricultural catchments[J]. Biogeochemistry，152（2）：161-177.

Richter B，Baumgartner J，Wigington R，et al.，1997. How much water does a river need?[J]. Freshwater biology，37（1），231-249.

Rustad LE，Campbell J L，Marion G M，et al.，2001. A meta-analysis of the response of soil respiration，net nitrogen mineralization，and aboveground plant growth to experimental ecosystem warming[J]. Oecologia，126（4）：543-562.

Schaefer S C，Alber M，2007. Temperature controls a latitudinal gradient in the proportion of watershed nitrogen exported to coastal ecosystems[J]. Biogeochemistry，85（3）：333-346.

Sinha E，Michalak A M，2016. Precipitation dominates interannual variability of riverine nitrogen loading across the continental United States[J]. Environmental Science & Technology，50（23）：12874-12884.

Vidon P，Allan C，Burns D，et al.，2010. Hot spots and hot moments in riparian zones：Potential for improved water quality management[J]. Journal of the American Water Resources Association，46（2）：278-298.

Wang Y Y，Xu H，Zhao X C，et al.，2025. Rainfall impacts on nonpoint nitrogen and phosphorus dynamics in an agricultural river in subtropical montane reservoir region of southeast China[J]. Journal of Environmental Sciences，149：551-563.

Winkler K，Fuchs R，Rounsevell M D A，et al.，2020. HILDA＋ global land use change between 1960 and 2019[J]. Pangaea.

Yang J L，Dong J W，Xiao X M，et al.，2019. Divergent shifts in peak photosynthesis timing of temperate and alpine grasslands in China[J]. Remote Sensing of Environment，233：111395.

第6章　河流氮磷通量变化的河口环境效应评估

近年来随着人类活动强度不断增大，气候变化不断加剧，全球河流营养盐浓度及通量显著升高，河口及海湾区域的生态系统退化进一步加剧，表现为水体质量恶化、富营养化程度提升及藻华事件频率升高等一系列复杂的环境问题（Soro et al.，2023）。人类活动产生的大量氮磷，部分被植物吸收，但大部分随地表径流进入水体（Paerl et al.，2024）。同时，在全球气候变化加剧的背景下，亚热带地区极端气候事件（如台风、热带风暴等）呈现增强和增多的趋势（Knutson et al.，2010；Wu et al.，2012）。研究表明，河流营养盐在丰水期大量输出，而水生生态系统对营养盐通量及比例的变化极为敏感（傅伯杰等，2023；Chen et al.，2015）。近十年来，随着污染治理力度的不断加大，我国水环境质量持续改善。截至2023年8月，监测的1683条主要河流中，达到《地表水环境质量标准》（GB3838—2002）III类及以上水体的比例已达80%（生态环境部，2024）。然而，城市化持续扩张、工业发展、合成肥料广泛使用以及畜牧业规模扩大，不断改变氮磷的自然循环，导致氮磷富集引发的水体富营养化问题依然存在（Paerl et al.，2024）。河流沿线的高营养盐浓度对水生生态系统的结构和功能造成显著影响，并威胁生态系统为人类提供的服务功能（Aguilera et al.，2012）。因此，研究河流氮磷通量的时空变化特征及其影响因素，对深入理解氮磷通量的驱动机制及其环境效应具有重要的科学意义。

中国沿海地区经济快速发展、人口高度密集，易导致水质严重恶化，引发生态环境问题。相比其他区域，亚热带地区的水生生态系统对全球变化的敏感性更高（柯东胜等，2007；黄小平等，2010）。珠江是我国第三大河流，位于亚热带，由众多支流组成，具有流域面积大和战略意义重大的特点（张景平等，2009）。然而，由于人口增长和工农业发展，珠江流域的水质状况令人担忧（Wei and Huang，2010；Zhang et al.，2014）。1980～2017年，珠江口、大鹏湾、大亚湾等大湾区海域几乎每年都发生水体富营养化问题（田媛等，2020）。过去20年间，尽管“泛珠三角区域合作”等战略政策有效推动珠江流域的经济发展，但由于不同政策之间及不同省区间的衔接性不足，珠江流域在生态保护与经济发展方面缺乏系统性与协同性，流域上下游发展差距显著，局部生态与环境问题尤为突出（傅伯杰等，2023）。

研究珠江流域营养盐的时空传输机制，有助于精准识别污染源，防控水体恶化，为珠江流域的可持续发展提供保障。目前，针对珠江水系的研究多集中于珠江三角洲地区的重金属污染或河口富营养化等单一问题（Niu et al.，2020），缺乏对整个珠江水系氮磷负荷的系统性研究，且对于流域氮磷变化的主要驱动因子与环境效应仍不清晰。在国家大力推进珠江流域生态保护的背景下（王金南等，2022），亟须开展全面的氮磷通量研究，为入海营养盐总量控制提供关键技术支撑。本章基于大量实测数据和多模型耦合模拟，对珠江河口及河网水体的氮磷通量进行时空特征分析，评估关键驱动因子的作用机制，并探讨氮磷物质的环境效应。研究结果旨在为珠江流域营养盐治理提供更系统的参考依据，助力区域生态环境保护和资源管理。

6.1 区域概况

6.1.1 珠江干流

珠江是中国第三大河流，总面积 45.37 万 km^2，水资源总量 3384.8 亿 m^3，干流全长 2214 km（中国河湖大典编纂委员会，2013）。

珠江流域地处亚热带，北回归线横贯流域的中部，气候温和多雨，多年平均气温为 14～22℃，多年平均降水量为 1200～2200 mm，由东向西逐步减少，降水年内分配不均，地区分布差异和年际变化大。流域平均人口密度为 265 人/km^2，高于全国平均水平，但分布极不平衡，西部欠发达地区人口密度小，东部经济发达地区人口密度大。珠江为中国约 15%的农业面积和 16.3%的人口提供生产和生活服务。整个流域土地利用类型存在明显的空间异质性，2020 年珠江流域土地利用以林地和耕地为主，其中林地占 63.33%，耕地占 22.92%，草地、水域和建筑用地分别占 6.98%、2.34%和 4.42%，未开发地面积最少，占 0.01%。在密集的人类活动和自然环境变化的双重压力下，大量氮磷被排入珠江，导致该地区水质明显退化。1980～2017 年，珠江口、大鹏湾、大亚湾等大湾区海域赤潮多年频发。2022 年通过估算中国主要河流营养盐进入沿海水域的负荷，珠江对总氮和总磷入海量分别贡献约 26%和 12%，仅次于最大贡献源的长江。

6.1.2 珠江口

珠江口，亦称伶仃洋（21°48′～22°27′N、113°03′～114°19′E），位于中国南海北侧，是珠三角经济圈的重要组成部分，地处我国经济发展核心区域。河口呈钟形，面积约 2000 km^2，水深自北向南、由西至东逐渐加深，范围为 0～45 m。珠江口的水体主要来自珠江流域及其支流的地表径流。珠江由西江、北江和东江三条主要支流组成，这些支流在下游形成网状河道，构成了珠江三角洲，并通过八个口门（崖门、虎跳门、鸡啼门、磨刀门、横门、洪奇沥、蕉门、虎门）汇入南海。这些口门不仅每年输送大量的淡水、沉积物和污染物，还对珠江口的营养盐结构产生显著影响。河口及近岸海域的水文环境受上升流、沿岸流等洋流的影响，呈现出复杂的分布特征。丰水期受西南季风影响，冲淡水主要向东岸扩展；枯水期则在东北季风的作用下，向西岸扩展。

6.2　珠江干流氮磷通量传输特征

6.2.1　河流氮磷通量核算与源解析方法

1. LOADEST 通量计算方法

LOADEST 模型是由美国地质调查局（USGS）开发，主要原理是用连续的逐日流量数据和低频的水质数据，建立河流物质通量回归方程，进而估算河流在不同时间尺度下的物质输送通量（Chen et al.，2015）。LOADEST 模型提供 11 个软件内置的回归方程，如表 6.2.1 所示，各方程项可表征流量、时间变化趋势、季节变化等意义。该模型提供 3 种方程参数的拟合估算方法，分别是最大似然估计（MLE）法、渐进最大似然估计（AMLE）法、最小绝对偏差（LAD）估算法（Shope and Angeroth，2015）。通量估算中使用的主要估算方法是 AMLE 法和 MLE 法，当数据（流量、水质）包含删失数据（即低于检出限的数据）时，则选用 AMLE 法，当数据为非删失数据时，采用 MLE 法和 AMLE 法的计算结果是相同的。AMLE 法和 MLE 法应用取决于模型残差是否符合正态分布的假设，如果残差不符合正态分布假设，则使用 AMLE 法和 MLE 法估算结果可能不是最优的，应考虑用 LAD 估算法来代替 AMLE 法。LAD 估算法不依赖正态分布假设（Hirsch，2014）。优选出的回归方程利用残差序列相关系数（SCR）检验残差是否存在序列相关性，SCR 值越小，表明残差之间相互独立。通过判定系数 R^2 来判定方程总体的拟合效果，R^2 越接近于 1，表明拟合效果越好。此外，适用概率曲线相关系数（PPCC）检验其残差正态分布，相关系数越接近 1，残差越接近正态分布。LOADEST 模型可划分为输入和输出两个模块（图 6.2.1）。输入模块包括控制文件、头文件、校准文件以及估算文件，其中控制文件负责定义其他输入文件的名称，无法修改。输出模块包括响应文件、组分输出文件、残差输出文件以及单个通量输出文件，其中响应文件用于记录模型对输入信息的“响应输出”。

表 6.2.1　LOADEST 模型确定污染物通量回归方程

序号	公式
1	$\ln L = a_0 + a_1 \ln Q$
2	$\ln L = a_0 + a_1 \ln Q + a_2 (\ln Q)^2$
3	$\ln L = a_0 + a_1 \ln Q + a_2 \text{dtime}$
4	$\ln L = a_0 + a_1 \ln Q + a_2 \sin(2\pi D) + a_3 \cos(2\pi D)$
5	$\ln L = a_0 + a_1 \ln Q + a_2 (\ln Q)^2 + a_3 D$
6	$\ln L = a_0 + a_1 \ln Q + a_2 (\ln Q)^2 + a_3 \sin(2\pi D) + a_4 \cos(2\pi D)$
7	$\ln L = a_0 + a_1 \ln Q + a_2 \sin(2\pi D) + a_3 \cos(2\pi D) + a_4 D$
8	$\ln L = a_0 + a_1 \ln Q + a_2 (\ln Q)^2 + a_3 \sin(2\pi D) + a_4 \cos(2\pi D) + a_5 D$
9	$\ln L = a_0 + a_1 \ln Q + a_2 (\ln Q)^2 + a_3 \sin(2\pi D) + a_4 \cos(2\pi D) + a_5 D + a_6 D^2$
10	$\ln L = a_0 + a_1 \text{per} + a_2 \ln Q + a_3 Q\text{per}$
11	$\ln L = a_0 + a_1 \text{per} + a_2 \ln Q + a_3 Q\text{per} + a_4 (\ln Q)^2 + a_5 (\ln Q)^2 \text{per}$

注：L 是指污染物通量；Q 为流量；dtime 为十进制时间；a_0 到 a_6 是回归方程参数；per 用于识别估计序列的持续时间。

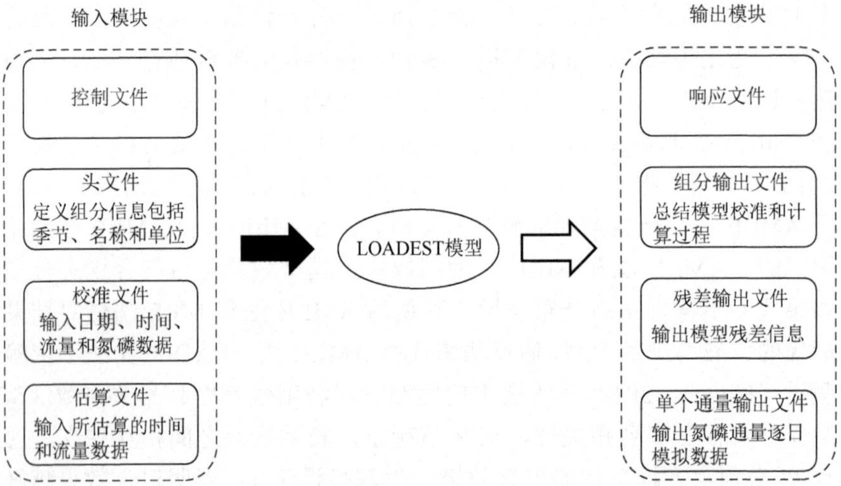

图 6.2.1　LOADEST 模块构成图

本节构建珠江氮磷通量评价体系，旨在更清晰地评价珠江总氮和总磷通量的变化趋势、不同时期氮磷输入效应以及极端通量事件对河口生态系统的影响。研究利用 2014 年 1 月 1 日至 2018 年 12 月 31 日的氮磷通量数据，对流域不同时间段的氮磷输入进行综合分析。为便于区分不同季节的通量特征，依据汛期（4 月至 9 月）和非汛期（1 月至 3 月及 10 月至 12 月）进行分段计算。珠江氮磷通量评价体系的核心评价指标包括：总氮（TN）和总磷（TP）通量、汛期与非汛期的总氮和总磷通量，以及第 95 百分位的氮磷通量。总氮和总磷通量用于反映氮磷流入河口的总体变化趋势；汛期与非汛期的总氮和总磷通量用于识别季节性差异，从而揭示季节性气候条件对流域营养盐输送的影响；第 95 百分位的氮磷通量则用于识别极端高通量事件，分析其对河流生态系统的潜在冲击。基于此体系的评价结果，将有助于更好地理解珠江流域氮磷通量的长期变化特征和季节动态，为流域管理和生态环境保护提供科学依据。

本节以珠江流域 20 个水质监测断面为基础，利用 2014～2018 年监测断面的总氮与总磷浓度数据，以及相邻水文站的连续流量数据，构建 LOADEST 模型进行模拟分析。考虑到氮磷浓度监测数据存在部分缺失且数据残差呈正态分布，采用 AMLE 法进行参数估计。各监测断面的 LOADEST 模型参数及性能评价结果见表 6.2.2。研究结果表明，所构建的总氮与总磷负荷反演模型均具有较高的拟合优度（表 6.2.2）。其中，总氮模型的判定系数（R^2）均高于 0.80，而总磷模型的拟合优度相对较低，可能与珠江干流总磷浓度普遍较低及数据缺失比例较大有关，从而对模型的预测能力产生一定影响。然而，大部分总磷通量模型的判定系数仍为 0.70～0.97，表明其能够较为有效地重现河流总磷通量的时空变化特征。

表 6.2.2　珠江主要监测断面总氮和总磷通量 LOADEST 模型参数及性能评价

监测断面	R^2	残余方差	残差序列相关	PPCC
沾益	0.929	0.066	0.522	0.980
西桥	0.956	0.085	−0.024	0.956
高古马	0.921	0.090	0.035	0.991
小龙潭	0.971	0.018	0.185	0.989
江边街	0.981	0.014	0.128	0.974
发蒙	0.986	0.044	−0.089	0.907
天生桥	0.916	0.173	0.264	0.973
天峨	0.909	0.043	−0.114	0.963
都安	0.849	0.048	0.061	0.966
迁江	0.950	0.016	−0.164	0.954
大湟江口	0.841	0.059	0.099	0.982

续表

监测断面	R^2	残余方差	残差序列相关	PPCC
梧州	0.966	0.014	0.102	0.987
高要	0.978	0.008	−0.057	0.990
新韶	0.880	0.080	0.104	0.992
飞来峡	0.951	0.028	0.103	0.986
石角	0.925	0.040	0.349	0.964
水背	0.912	0.049	0.032	0.974
龙川	0.973	0.021	0.233	0.995
岭下	0.955	0.023	−0.049	0.969
博罗	0.912	0.034	0.165	0.994

基于 LOADEST 模型输出结果，估算 2014～2018 年珠江各站点的逐日氮磷通量负荷。分析结果显示，珠江流域总氮负荷显著高于总磷负荷。总氮通量范围为 4.68×10^5～6.46×10^5 t，年均负荷为 5.81×10^5 t；总磷通量范围为 1.32×10^4～2.32×10^4 t，年均负荷为 1.77×10^4 t。按年份分析，总氮负荷在 2016 年达到峰值，在 2018 年最低；总磷负荷则在 2014 年最高，2018 年最低。Wang 等（2020）估算 1997～2017 年珠江流域向海洋输送的年均总氮和总磷通量分别为 7.47×10^5 t 和 1.48×10^4 t。而 Lu 等（2009）的研究显示，2005～2006 年珠江流域向海洋输送的年均总氮和总磷通量分别为 6.97×10^5 t 和 2.39×10^4 t。本节对珠江流域总氮与总磷通量的估算结果与上述研究具有较高的一致性，验证模型结果的可靠性。

2. LAM 源解析模型

负荷分摊模型（load apportionment model，LAM）源解析模型是一种基于河流断面污染物浓度和流量信息推算污染源的方法（Bowes et al., 2008）。该模型认为河流中点源导致的污染物浓度会随着流量增大而下降，但非点源导致的污染物浓度则与流量呈正相关。该模型假定河流的污染负荷来自点源和非点源两大类，其中点源负荷不随时间发生变化，而非点源负荷与流量是幂函数关系，用于模拟降水产生的污染物流失过程。经典的 LAM 计算公式如下：

$$C_i = \frac{A}{Q_i} + C \cdot Q_i^{D-1} \tag{6.2.1}$$

式中，C 为河流断面的浓度；Q 为河流断面的流量；A、C、D 均为模型待率定参数，其中 A 表示点源污染负荷，考虑点源负荷不能小于 0，A 取值范围为大于等于 0 的实数；C 和 D 均为表达非点源污染负荷计算的模型参数，考虑非点源污染不可能小于 0，要求参数 C 取值为大于等于 0 的实数；D 取值范围为大于 1 的实数，主要考虑非点源负荷与流量的关系呈正相关，取值大于 1 可保证这一关系成立；i 为流量监测序号。

传统 LAM 基于流量-浓度关系对式（6.2.1）进行参数求解，但存在拟合效果欠佳和不确定性较大的问题。本节使用基于物质通量直接求参的方法，具体参见文献（吴东少等，2022）。

6.2.2　珠江氮磷通量的空间分布

如图 6.2.2 所示，各监测断面的总氮和总磷通量空间分布特征一致，位于河流最上游的监测断面总氮和总磷通量最低，而位于支流下游、接近珠江口的高要、石角和博罗监测断面，因处于干流汇合区域，总氮和总磷通量最高。西江最上游沾益监测断面总氮通量多年均值为 0.41 Gg，负荷最低年份为 2016 年的 0.27 Gg，总磷通量多年均值为 2.24×10^{-3} Gg，负荷最低为 9.9×10^{-4} Gg，是珠江氮磷通量最低的集水区。西江最下游高要监测断面总氮通量多年均值为 450 Gg，总磷通量多年均值为 12 Gg，是珠江氮磷通量最高的集水区。东江最上游水背监测断面，2014～2018 年总氮和总磷通量范围分别为 1.46～4.55 Gg 和 0.026～

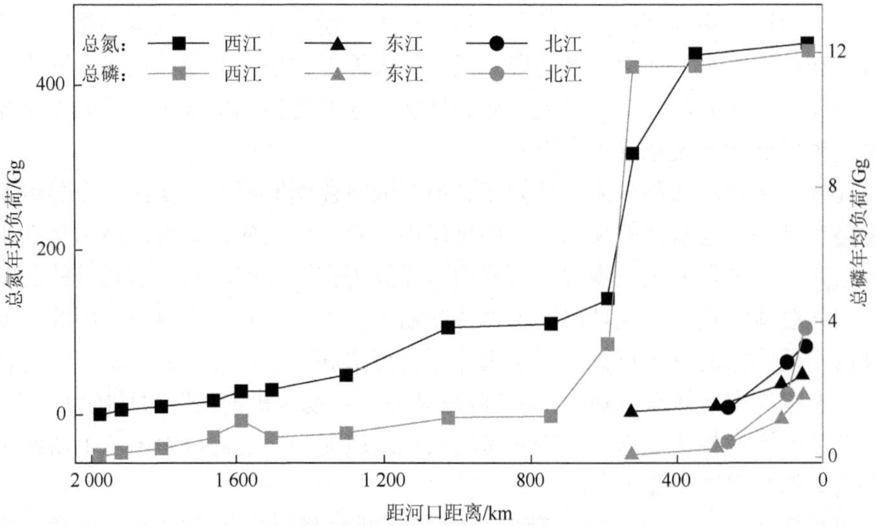

图 6.2.2　珠江三大水系氮磷通量沿程分布

0.149 Gg，最下游博罗监测断面多年总氮和总磷通量均值分别为 48 Gg 和 1.85 Gg，总氮负荷年份最高为 2017 年的 73 Gg，最低年份为 2018 年的 35 Gg，总磷负荷最高年份为 2017 年的 3.2 Gg，负荷最低年份为 2016 年的 1.3 Gg。年际氮磷通量差距最高达到 5.59 倍，波动幅度相对西江和东江强度更高，东江氮磷通量变化与年际相关性最高。北江最上游新韶监测断面总氮和总磷通量多年均值分别为 8.77 Gg 和 0.46 Gg，显著高于西江和东江干流最上游的氮磷负荷。北江最下游石角监测断面的多年总氮和总磷负荷均值分别为 82 Gg 和 3.82 Gg。

氮磷通量在珠江流域的分布区间基本一致，靠近珠江三角洲的水质监测断面，氮磷通量显著高于上游区域。作为珠江最大的子流域，西江总氮和总磷在沿河向河口传输的过程中，其负荷量分别放大近 1100 倍和 5400 倍。其中，西江干流从天峨到高要监测断面，是珠江总氮负荷最高的河段，单位河段达到 351 t/km。北江下游监测断面总氮和总磷负荷分别为 82 345 t 和 3 820 t，东江下游监测断面总氮和总磷负荷分别为 48 306 t 和 1850 t。干流氮磷年均通量分布呈现显著的区域特征，依次形成低值区（总氮小于 5000 t，总磷小于 1000 t）、中值区（总氮 5000～15 000 t，总磷 1000～2000 t）和高值区（总氮大于 15 000 t，总磷大于 2000 t）。

珠江流域氮磷通量整体呈现从上游到下游逐步增加的趋势，反映出营养盐通量在整个流域内具有累积效应。对于珠江水系氮通量沿河流方向的逐步增加，反映出流域内氮产生过程较削减过程具有显著优势，并显示出这一过程的强度在向下游迁移时不断增强。这种现象表明，尽管河流自净化过程（如反硝化作用、沉积和稀释等）在某些河段对削减氮磷通量有所贡献，但整体通量的削减作用相对较弱。以西江水系为例，上游河段（沾益至天生桥监测断面）氮磷通量相对稳定且维持在较低水平，而中下游河段（天峨至大湟江口监测断面）由于主要支流柳江、桂江和贺江的汇入，氮磷通量显著增加。这些支流的输入不仅带来大量氮磷负荷，也可能加剧流域累积效应。

此外，尽管西江部分河段（如江边街至天峨监测断面）因支流汇流导致氮磷通量略有增加，但水体的反硝化、硝化作用以及沉积效应，使得氮磷通量在下游有所削减。这种现象进一步说明河流的自净能力在局部河段对氮磷通量的削减作用，但其总体影响在大流域尺度下被持续输入的高强度负荷所掩盖。因此，针对流域内不同区域的特定特征，应实施分区管理措施，强化污染源控制，同时优化支流生态修复和水体自净功能，为珠江流域的水环境保护提供针对性的治理策略。与全球其他流域相比，珠江氮磷负荷的累积效应尤为突出，反映出从上游到下游人类活动的高强度叠加影响。

单位集水面积年均总氮负荷则是衡量流域营养盐负荷空间分布强度的重要指标，用于描述每年在特定集水面积内沉积或流入的营养盐总量。该指标可以揭示流域内营养盐负荷的空间异质性，同时反映不同子流域对外源氮输入的承载力和响应特性。图 6.2.3 为珠江三大水系单位集水面积氮磷负荷，珠江流域单位集水面积年均总氮负荷为 1399 kg/km^2，流域内各单位集水面积最高负荷为 4608 kg/km^2，最低负荷为 48.72 kg/km^2。珠江总磷单位集水面积负荷范围为 1.60～151 kg/km^2，单位集水面积年均负荷为 42.69 kg/km^2。各干流的负荷水平差异显著，其中北江单位集水面积年均总氮和总磷负荷分别达到 2146 kg/km^2 和 100 kg/km^2，明显高于其他干流。北江氮磷负荷强度沿河流方向逐渐升高，表现出显著的上升趋势，这可能与北江流域密集的人类活动或脆弱的生态系统有关。北江中上游土地利用类型以林地为主，下游耕地和建设用地面积快速增加（吴东少等，2022），生活污水的乱排、农业肥料的广泛使用给下游水质与生态环境带来较高的富营养化风险。因此，北江的氮磷排放模式及污染状况应成为珠江流域管理的优先关注点。

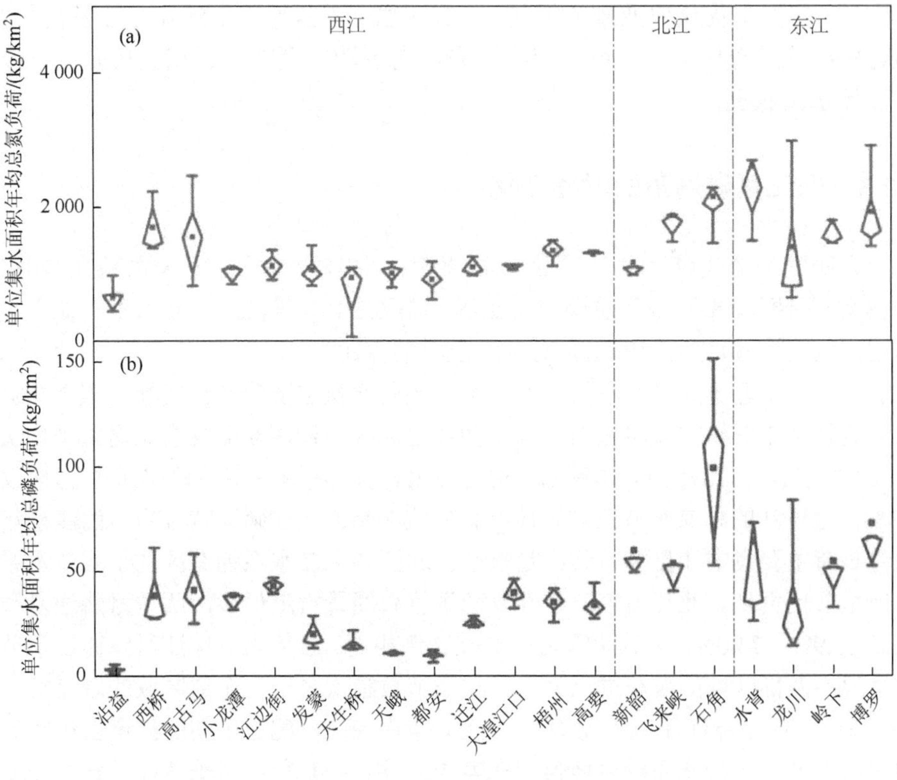

图 6.2.3　珠江三大水系单位集水面积年均氮磷负荷

西江的总氮负荷强度沿河流方向分布特点也很明显。尽管下游的负荷强度为 906～1335 kg/km^2，表现相对平稳，但上游的西桥和高古马监测断面负荷较高，表明上游集水区的氮输入强度更为突出。西江总磷单位集水面积负荷和总氮相似，上游最高的单位集水面积负荷为 43.31 kg/km^2，随后总磷负荷强度开始下降，从发蒙到迁江监测断面单位集水面积总磷负荷范围为 5.48～29.11 kg/km^2。下游负荷强度和上游接近。这一现象显示，西江的营养盐污染治理应关注上游高负荷区域，减少输入源的氮磷物质流入。东江的单位集水面积年均总氮和总磷负荷呈现“双峰”分布，上游和下游区域的负荷相对较高，其中上游单位集水面积总氮负荷最高为 4608 kg/km^2，上游单位集水面积总磷负荷最高为 150.81 kg/km^2，下游单位集水面积总氮负荷最高为 3291 kg/km^2，下游单位集水面积总磷负荷最高为 127.03 kg/km^2。这可能是上游地区的农业活动和土地利用变化，以及下游区域的人口密集和工业发展导致的高氮输入。东江上游高负荷源主要与农业排放相关，而下游则以生活和工业氮源为主（吕乐婷等，2021）。因此，东江氮污染治理需要实施空间针对性更强的分区管理。在上游，应注重优化农业排放模式；而在下游，则需加强生活和工业氮的管控。通过精细化的分区治理，可有效减少东江上下游氮负荷的累积，从而进一步改善流域水质状况。

6.2.3　珠江氮磷通量的时间变化

为研究各个支流的氮磷通量分布比例，本节计算珠江三大水系在 2014～2018 年的不同季节总氮和总磷负荷比例（图 6.2.4）。珠江三个水系中总氮在夏季的占比范围为 30.7%～39.3%，总磷在夏季的占比为 32.3%～42.9%。与北江和东江氮磷分布于春季和夏季不同，西江水系氮磷通量主要分布在夏季，该季节氮磷通量达到全年贡献的 40%左右。其中西江上游西桥监测断面夏季氮通量平均负荷为 2842.75 t，占比达到年均氮通量的 51.8%，而冬季的氮通量平均负荷占比仅为 8.3%，是珠江的总氮季节性差异最显著的监测断面。在磷通量方面，西江全年磷通量负荷主要集中在夏季，其次是秋季。北江和东江水系拥有区别于西江水系的氮磷季节性贡献。北江与东江在春夏两季氮磷通量贡献最多，两季氮磷通量和能达到 62.9%～74.0%，并且两季之间贡献比例相近。总体来看珠江氮磷通量季节贡献呈现由西部区域的夏季贡献为主、秋季节贡献次之转为东部区域的春夏贡献为主，原因可能是珠江流域汛期为 4～9 月，年内径流分配在汛期的流量占年径流量的 80%左右，不同水系径流峰值存在差异，并且高负荷氮磷季节性差异与径流具有同步特征；东江和北江最高水位多出现在 6 月，西江干流以 6、7 月出现最多，8 月次之。这表明，不同区域的氮磷高负荷季节性差异与径流峰值同步，揭示流域氮磷通量季节性分布的水文驱动机制。

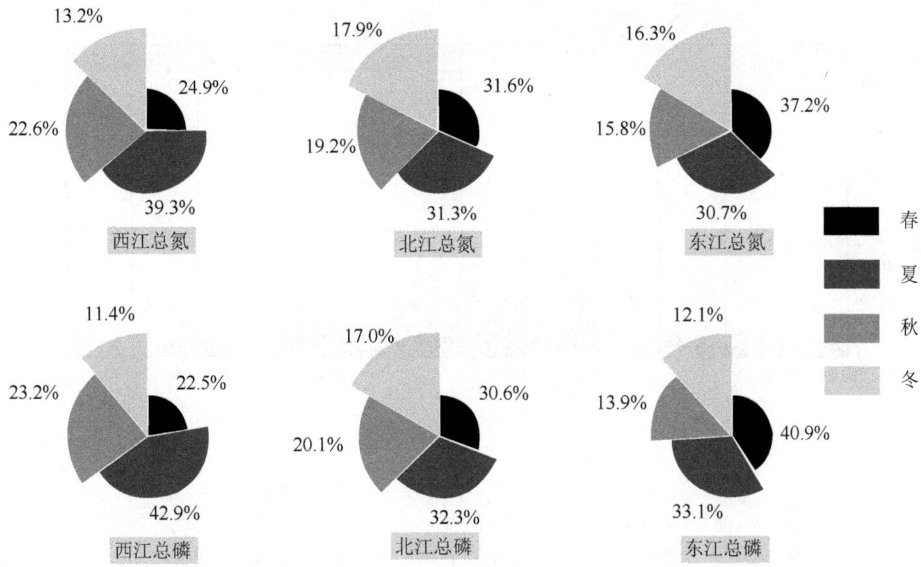

图 6.2.4　珠江三大水系氮磷通量的年内分布

珠江流域出口处的月均总氮负荷呈现明显的季节性变化趋势，整体表现为先增后减的波动模式（图 6.2.5）。在 6 月，总氮负荷量达到峰值，约为 4945 t，而 12 月的负荷量最低，仅为 717 t。总体而言，5 月至 7 月的总氮负荷量相对较高。此外，出口处的月均总磷负荷量变化趋势与总氮相似，同样在 6 月达到峰值（135 t），而在 12 月降至最低，仅为 15 t，显示出先增后减的特点。相较之下，总氮负荷量明显高于总磷负荷量。各个干流的年内氮磷输送特征有别于珠江，其中北江尤为突出。北江流域的氮磷负荷主要月份为 5 月和 6 月，两个月输出总氮共占全年的 43.8%，输出总磷共占全年的 45.5%（图 6.2.5）。西江和东江的次要总氮和总磷输出月份分别为 7 月和 5 月，说明珠江流域由西向东，氮磷负荷的主要月份也在提前，最终整个珠江形成以 6 月为氮磷负荷的最主要月份，5 月和 7 月负荷强度次之。

6.2.4　珠江氮磷极端通量变化特征

基于珠江河流各监测断面的氮磷负荷极值与降水极值相对应的现象，针对珠江氮磷高负荷事件时空变异的问题，计算了珠江氮磷极端通量的积累量。2014～2018 年北江极端通量积累量峰值出现在最下游石角监测断面，总氮极端通量积累量为 29.33 Gg，占全年积累量的 20.7%，而总磷极端通量积累量为 2.67 Gg，达到全年积累量的 31.6%，说明总磷在北江极端负荷事件中具有输入更强烈的特征。东江极端总氮和总磷通量积累水平属珠江最低，为 13.61 Gg 和 62 Gg，趋势呈现上游极端通量积累速度慢，积累量较低，中下游快速积累，相邻两个监测断面氮

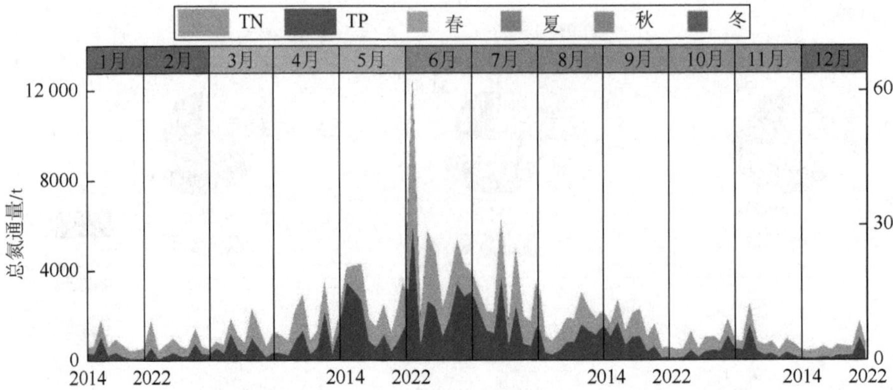

(a)

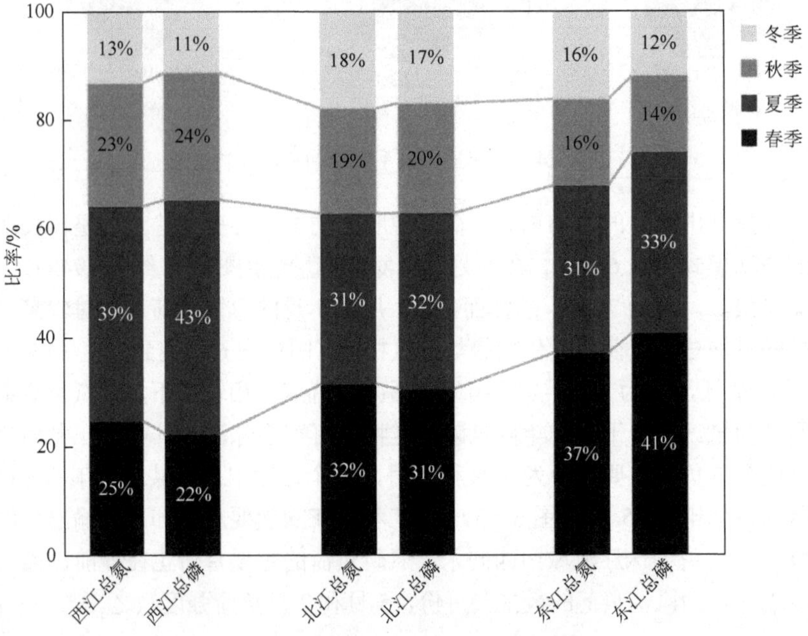

(b)

图 6.2.5　珠江三大水系氮磷通量的时间变化

（图 a 中折线表示 12 个月份氮磷通量在 2014～2021 年的变化）

磷极端通量涨幅最高达到 248.0%和 300.2%。此外北江和东江极端通量积累趋势与年均通量相似，说明在研究期内北江和东江氮磷高低通量频率分布均匀，极端通量的出现没有大幅改变河流整体负荷情况。西江极端通量积累在下游迁江和大湟江口监测断面大幅度上升，并于梧州监测断面达到通量负荷的峰值，总氮和总磷分别为 98.04 Gg 和 3.93 Gg，这也是区别于东江和西江的积累峰值出现位置。对比年均通量积累峰值，西江极端通量积累峰值在更上游的位置出现，说明西江最下游河段虽氮磷物质极端通量积累量低于前一监测断面，但该河段仍处于高水平的负荷状态，使得整体氮磷负荷达到全西江的最高值。

研究结果表明，总氮极端通量事件主要集中在 6～9 月，共计发生 1315 次，涉及 20 个监测断面（图 6.2.6）。其次，4 月和 5 月也出现了较多事件，共记录 362 次，而 12 月则为极端事件最少的月份，仅记录 2 次。在这五年间，2017 年极端总氮事件最多，全年发生 693 次，总氮极端事件爆发最频繁的月份为 7 月。同样，总磷极端通量事件也集中于 6～9 月，与总氮分布趋势基本一致，唯一差异较大的月份为 9 月，两者事件数相差 78 次。氮磷极端通量事件频率整体呈现先逐年增加，在 2017 年到达峰值后迅速下降到最低，氮磷极端通量的主要影响因素是水文事件，因此未来极端气候变化将可能驱动更多的极端通量发生。

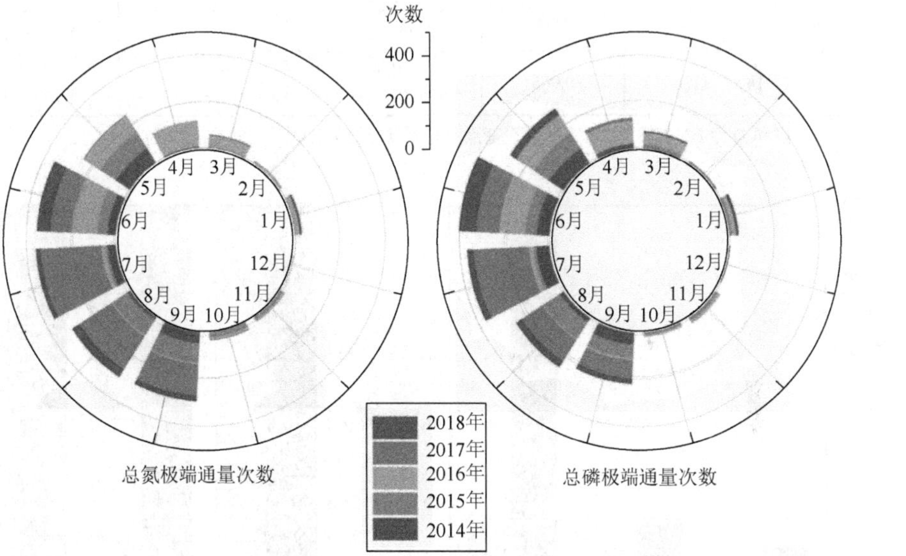

图 6.2.6　2014～2018 年珠江氮磷极端通量的年际与月度分布特征

（扫封底二维码获取彩图）

6.2.5　基于氮磷通量的溯源

根据珠江口最下游监测断面氮磷污染物源解析结果，三个子流域的主要出水口氮、磷通量实测值和模拟值的拟合 R^2 能够达到 0.886 以上，表明构建的 LAM 模型具有较好的拟合效果（表 6.2.3）。从总氮通量的源解析结果可知（图 6.2.7），东江、北江和西江的点源负荷分别占总量的 17%、12%和 12%，表明点源不构成珠江各干流总氮负荷的主要来源；从总磷通量源解析结果可知，三个主要支流点源占比差别较大，其中北江点源负荷相对较高，达到24%，西江点源仅占比5%，而东江的点源负荷几乎为零。

表 6.2.3　珠江主要水系 LAM 模型的拟合效果与率定参数

污染物	流域	R^2	A	C	D
总氮	西江	0.975	150.54 （126.13～175.953）	0.14 （0.12～0.17）	1.00 （0.98～1.02）
	北江	0.982	28.11 （24.43～31.80）	0.15 （0.13～0.17）	1.00 （0.99～1.01）
	东江	0.966	22.48 （19.31～25.65）	0.07 （0.06～0.08）	1.11 （1.09～1.13）
总磷	西江	0.886	1.65 （−2.09～5.38）	0.004 （0.00～0.008）	1.00 （0.90～1.10）
	北江	0.900	2.47 （2.07～2.87）	0.00 —	1.58 （1.55～1.62）
	东江	0.965	0.00 （−0.07～0.07）	3.00×10^{-3} —	1.14 （1.13～1.15）

注：A、C 和 D 为 LAM 模型拟合参数，表征点源和非点源的负荷水平，见式（6.2.1）。

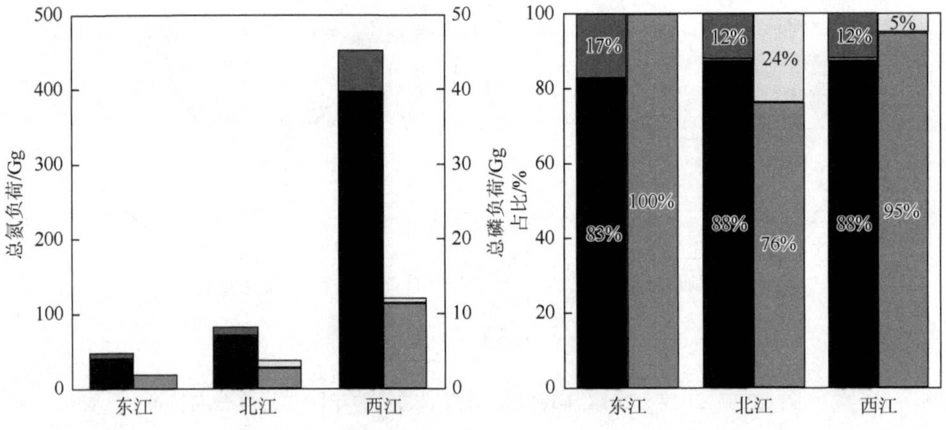

图 6.2.7　珠江主要水系的污染源解析

河流的污染物含量受到污染源负荷、气象水文条件和测量方法等多种因素的复合影响，河流污染源解析具有高度不确定性。本节基于逐日流量和逐月水质实测资料，使用 LOADEST 模型，对珠江干流各站点的物质通量进行多尺度模拟核算。然而由于河流水质与水文数据在时间尺度上难以逐一匹配、测量站点相对较少以及时间序列跨度短等不足，本节的计算结果仍然具有一定不确定性，特别是在点源贡献的解析上。根据珠江流域源解析结果，干流上各站点的氮、磷物质点源输入较小，甚至存在有城镇与工业点源的地区解析出点源贡献为零的不合理结果，表明本节使用的 LAM 方法和数据难以有效解析贡献较小的污染源，必须考虑其不确定性问题。在 LAM 源解析方法中，不同污染源的贡献计算依赖模型参数，根据模型参数 95%的不确定性范围，可计算氮、磷通量来源的不确定性范围（图 6.2.8）。总体来看，在 95%的不确定性范围内，非点源仍然是珠江干流的主导污染源，占总氮负荷的 80.0%～89.7%，占总磷负荷的 58.1%～100%。因此，珠江流域的非点源控制是流域氮、磷污染治理的重点。

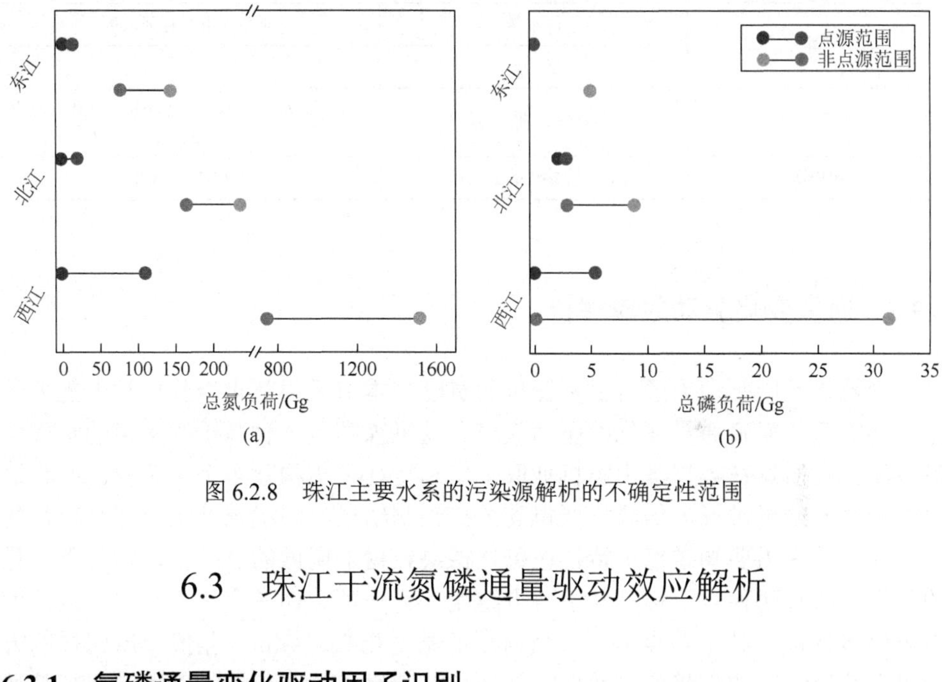

图 6.2.8　珠江主要水系的污染源解析的不确定性范围

6.3　珠江干流氮磷通量驱动效应解析

6.3.1　氮磷通量变化驱动因子识别

随着人类经济社会活动的不断增强和自然环境条件的不断变化，氮磷通量在全球范围内发生显著变化。人类活动，尤其是农业生产、工业排放和城市化进程，显著影响水体中的氮磷输入。农业活动中的化肥和农药使用过量，工业废水的排放，尤其是含有大量氮、磷的污水，使得水体中氮磷负荷过重，导致水质恶化、富营养化加剧。与此同时，气候变化、降水模式变化以及水文条件的波动也在不同程度上影响了氮磷通量的时空分布。高温、降水不均等自然因素可能通过改变水体的流动性、蒸发和渗透等过程，进一步加剧了氮磷的循环和迁移。基于流域土地利用、地形和社会经济数据，将珠江流域划分为 20 个子流域，分别提取各子流域的土地利用、降水量、气温以及能够代表人类活动的社会经济模型 NANI 和 NAPI 等作为驱动因子（表 6.3.1），结合各个子流域的氮磷通量数据，构建珠江干流总氮和总磷负荷对流域环境和社会经济因素的响应模型，运用随机森林模型的重要性分析功能，探究珠江流域环境和社会经济因素对总氮和总磷负荷的影响，找出影响流域总氮和总磷负荷的主控因子，量化环境和社会经济对流域氮磷通量影响的作用大小。

表 6.3.1　珠江干流水系氮磷通量变化的驱动因子

类别	说明	指标
气象	降水量	年降水量、月降水量
	气温	年均气温
土地利用	各类土地利用占比	农田、森林、草地、建设用地、水域、未利用地占比
污染源	人类活动导致的氮磷输入	NANI、NAPI

6.3.2　通量变化驱动效应解析

为量化不同驱动因子对目标变量的贡献，本节采用随机森林模型的重要性排序功能评估氮磷通量变化的驱动效应。随机森林是一种基于决策树的集成学习方法，它通过在数据集中随机抽取子集和特征子集构建多个决策树，并将这些决策树的结果进行平均或投票得到最终预测结果。随机森林求解每个特征的重要性，首先需要知道每个特征在每一棵决策树上所做的贡献量，这种贡献量的计算方法有两种，一种是基于节点纯度，另一种是误差变化，其中节点纯度是求解该特征在某个节点上，分枝前后的基尼指数（Gini）差值，用同样的方法求得其他特征的贡献值，然后将某个特征基尼指数变化值除以所有特征基尼指数变化值之和，求得某个特征归一化后的贡献量，根据贡献量大小即重要性进行排序。同理，通过测试特征的存在与否对预测精度的影响，也可计算出特征值的贡献量。

基于随机森林模型解释 8 种影响因子对珠江氮磷通量负荷情况，每种因子对氮磷通量影响如图 6.3.1 所示。模型对总氮和总磷的判定系数分别达到 0.92 和 0.87，说明随机森林模型能很好解释影响因子变量与氮磷通量变异的重要性。随机森林影响因子重要性排序结果指出驱动珠江河流氮磷通量变化主要是人类活动和自然过程。如图 6.3.1 所示，模型结果指出氮磷极端通量对人类活动影响因子 NANI、NAPI 高度敏感，相对重要性指数远高于其他影响因子，其次是土地利用的相关影响因子。水文条件中降水量和气温对氮磷高负荷驱动效应存在差异。

模型变量重要性分析表明，氮磷通量对人类活动相关变量表现出高度敏感性，特别是 NANI 和 NAPI，其%IncMSE（均方误差变化）分别达到 22.10 和 18.02，显著高于其他影响因子，显示出其关键驱动作用。此外，与土地利用相关的因子在氮磷通量变异中也占据重要地位。在总氮模型中，未利用地面积、森林面积、草地面积、建筑面积和水域面积的%IncMSE 值依次递减；而在总磷模型中，未利用地面积、草地面积、农田面积、森林面积、建筑面积和水域面积的重要性依次递减。相比之下，气象条件的影响虽然在高负荷驱动效应中有所体现，但在总氮和总磷模型中的重要性评分相对较低。这表明在大流域尺度气象条件对氮磷通量负荷的作用更多地表现为间接调控，而非直接驱动。

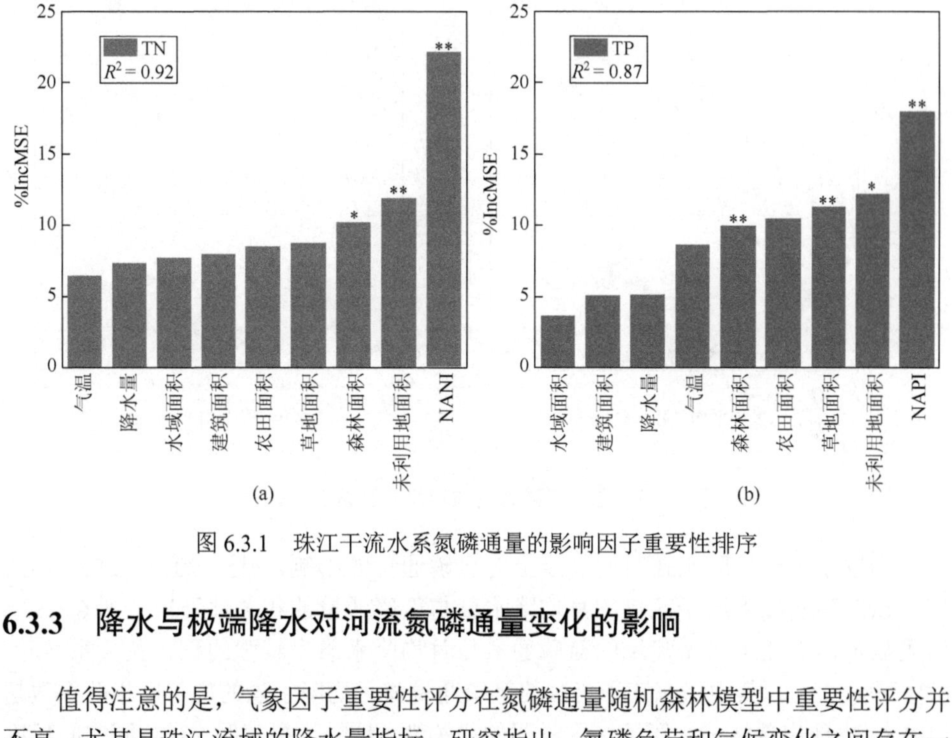

图 6.3.1　珠江干流水系氮磷通量的影响因子重要性排序

6.3.3　降水与极端降水对河流氮磷通量变化的影响

值得注意的是，气象因子重要性评分在氮磷通量随机森林模型中重要性评分并不高，尤其是珠江流域的降水量指标。研究指出，氮磷负荷和气候变化之间存在一定的相关性（Xu et al.，2024）。气候变化可能影响降水量和降水时空分布，进而影响流域中氮磷物质的产生、转移和输送过程。极端降水事件在短时间内产生更高的地表流量，引发更强的地表冲刷作用，导致土壤侵蚀和径流增加，进而增加流域中氮磷的流失和输送量。目前有些机理模型可部分解释营养盐负荷与水文气候之间耦合的机制（Sinha and Michalak，2016），可模拟气象水文条件变化对营养盐的影响。在大尺度的珠江流域上进行建模时，计算珠江降水时间分布而忽视空间因素贡献将导致模型结果存在偏差。如图 6.3.2 显示，年均降水量与总氮和总磷通量的皮尔逊相关系数（r）分别为 0.32 和 0.31，在统计上并不显著。这表明，从空间尺度上看，珠江流域氮磷通量的时空分布与流域内降水量的变化之间并不存在显著的线性相关性。这种结果可能反映出年均降水量对氮磷通量的影响具有较强的区域性和非线性特征，表明其作用可能受到土地利用类型、土壤特性及人类活动强度等其他因素的调控。此外，降水事件的强度和频率对氮磷通量的驱动作用更加显著，而这些动态特征无法通过年均降水量的线性分析充分体现。值得注意的是，当降水量超过一定强度时，可以发现氮磷负荷出现跃升，表明极端强降水对氮磷通量具有显著的上升驱动效应，反映了极端气候变化对河流氮磷通量的非线性影响特征。

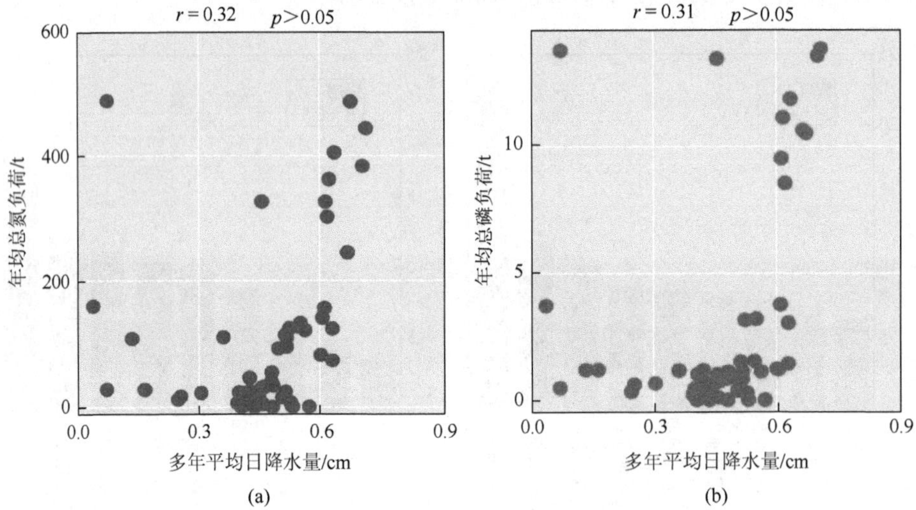

图 6.3.2　珠江氮磷通量与年均降水量的相关性

为进一步探讨降水在时间尺度上对氮磷通量的影响，基于 2014～2018 年西江、东江和北江下游子流域的月均降水量与氮磷通量的相关性分析（图 6.3.3），结果显示，珠江下游子流域的氮磷通量与月均降水量呈较强的正相关关系（$r>0.7$，$p<0.05$）。其中，东江子流域的氮磷通量与月均降水量的皮尔逊相关系数超过 0.8，表现出珠江三大子流域中最强的相关性。这一结果表明，在相同空间尺度内，降水量的增加是驱动总氮和总磷通量上升的关键因素。这可能是由于降水通过地表径流和地下渗流将大量氮磷负荷物质从流域汇集至河流，同时增强流域内养分的迁移和释放过程。此外，东江子流域更高的相关性可能与其地形特征、土地利用模式或流域内人类活动强度等因素的协同作用密切相关。因此，在珠江流域的大尺度建模中，仅考虑降水的时间分布是不够的，还需结合其空间分布特征，特别是在不同子流域中的差异化效应。同时，应进一步引入其他潜在影响因子，

如土地利用类型、水文条件和人类活动强度，构建多维综合模型，以提升对氮磷通量变化机制的解析能力，为流域管理提供更具针对性的科学支撑。

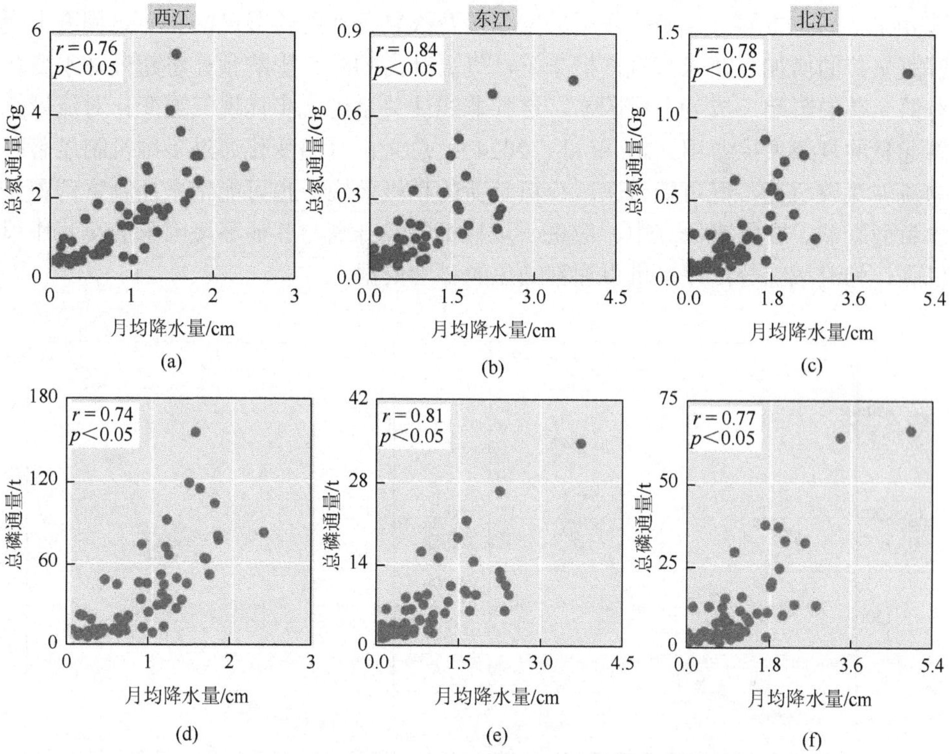

图 6.3.3　珠江子流域内氮磷通量与月均降水量相关性

6.3.4　气温与河流氮磷通量变化的关系

气温对流域氮磷负荷的影响是一个复杂的非线性过程。由图 6.3.4 可知，珠江流域的氮磷通量随着气温升高呈快速增长趋势，特别是在气温达到 29℃后，增长更加显著，表现出典型的指数型增长。这一结果表明，气温可能是区域总氮和总磷负荷的重要驱动因子，进一步强调气温变化在调控流域氮磷通量动态中的重要作用。由于气温主要反映季节性变化，较高的气温出现在汛期，此时高流量带来通量的骤涨。气温变化对河流氮磷的影响已有大量的研究报道。例如，Zhao 等（2021）在关于气候变暖可能抵消降水变化对河流氮负荷影响的研究中指出，气温通过影响多种生物和非生物过程（如硝化、反硝化、厌氧氨氧化和矿化等），对氮负荷产生显著作用。升温倾向于减少河流氮负荷，这是由于反硝化速率的提升、蒸散作用增强引起的排水减少以及其他生物和非生物过程的综合作用。然而，这种效应可能被气温驱动的其他过程部分抵消，例如硝化作用和矿化作用的增强。

此外，气温升高对富营养化的潜在影响也值得关注。一方面，升温可能通过加剧水体分层、促进有害藻类和蓝藻的生长、抑制草食性浮游动物等方式加剧富营养化；另一方面，反硝化作用的增强以及厌氧条件的改善可能在一定程度上缓解氮负荷的增加。在未来气候情景下，气温升高的综合影响预计将超过降水变化对氮负荷的影响，成为主导因素。这种非线性关系进一步体现气温变化对流域氮磷通量的复杂调控作用（Xu et al.，2024）。总之，气温变化通过多维机制显著影响流域氮磷负荷，既可能带来减少氮负荷的积极效应，也可能带来加剧富营养化的负面影响。在未来研究中，应进一步解析气温升高与其他环境因子的交互作用机制，为流域综合治理提供更加精细化的科学依据。

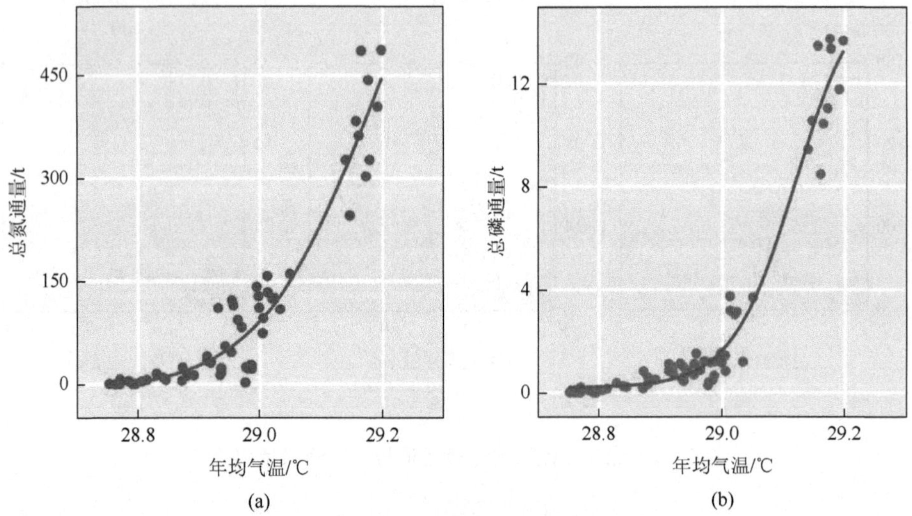

图 6.3.4　珠江流域气温与氮磷通量相关性

6.3.5　流域土地利用类型对河流氮磷通量变化的影响

珠江流域的土地利用类型主要以农用地和森林用地为主，本节重点探讨对流域氮磷污染具有较大影响的土地利用类型。东江和北江流域的森林用地占比最大，分别为77.86%～80.25%和79.13%～88.00%。如图6.3.5所示，沿着河流方向，森林用地的占比逐渐减少，农用地、水域面积以及建筑用地的占比逐渐增加。这种土地利用变化趋势反映随着流域下游地区的开发和城市化进程的加快，农用地和其他人类活动区域的扩展对水质产生越来越大的影响。在西江流域，土地利用以农用地和森林用地为主，农用地占比呈逐渐下降趋势。在离珠江口1977 km

的集水区，农用地占比达到 54.03%，而森林用地占比为 34.35%；随着流域向珠江口方向推进，在距离珠江口 350 km 的集水区，农用地占比降至 27.81%，森林用地上升至 65.43%。以上变化趋势表明，在珠江流域的不同地区，河流沿程的土地利用变化呈现不同的演变格局。

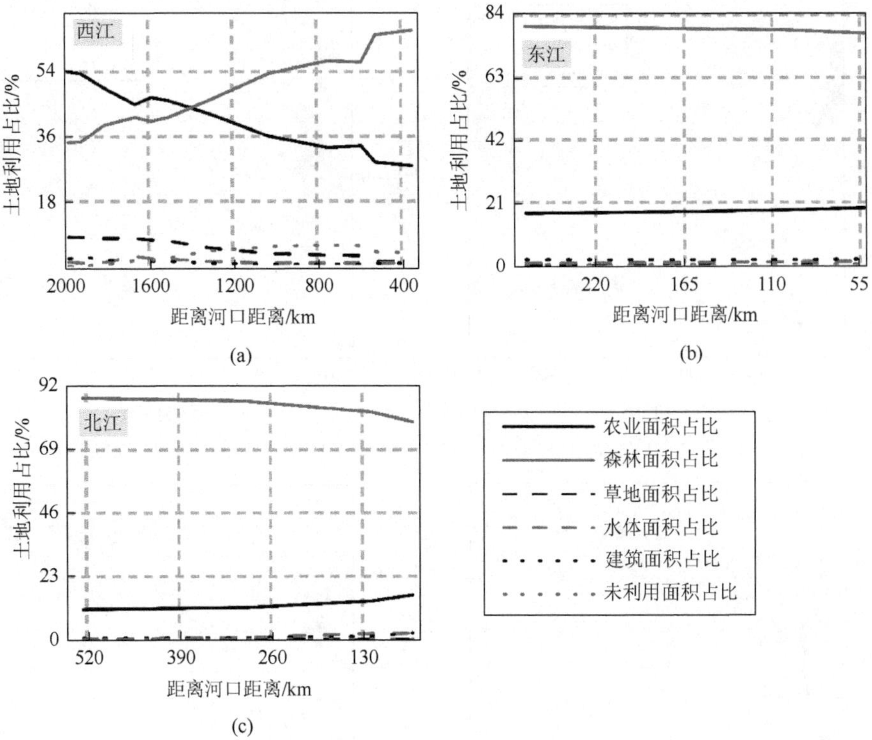

图 6.3.5　珠江流域土地利用类型变化

本节选取珠江流域森林用地占比和农用地占比，分析从上游到下游土地利用类型的变化与流域氮磷通量的线性相关性（图 6.3.6）。珠江氮磷通量与森林和农田的用地占比有着显著的相关性，其中农用地与氮磷通量呈负相关，皮尔逊相关系数分别为−0.84 和−0.75，森林用地与氮磷通量呈正相关，皮尔逊相关系数分别为 0.88 和 0.80。从该研究结果看，农用地可能削减氮磷通量，而森林覆盖可能促进氮磷通量的增加，这与当前的主要研究结论并不一致。从图 6.3.5 看，可能的原因是珠江流域的土地利用格局主要被面积最大的西江主导，而西江的耕地比例是上游高，下游低，与径流量相反，导致受径流影响较大的通量与耕地呈负相关；同理，林地的分布格局导致林地与氮磷通量呈正相关。因此，土地利用的空间格局变化对流域内氮磷通量的影响是复杂的，尤其是在不同的上游与下游区域，土地利用类型的变化会以不同方式影响氮磷流入水体的过程，也可能因空间分布格局问题导致与机理过程不一致的现象，如本节结果所指示的。因此，流域管理不仅需要考虑土地利用的变化，还需要考虑土地利用类型和空间布局对水体氮磷负荷的综合效应。

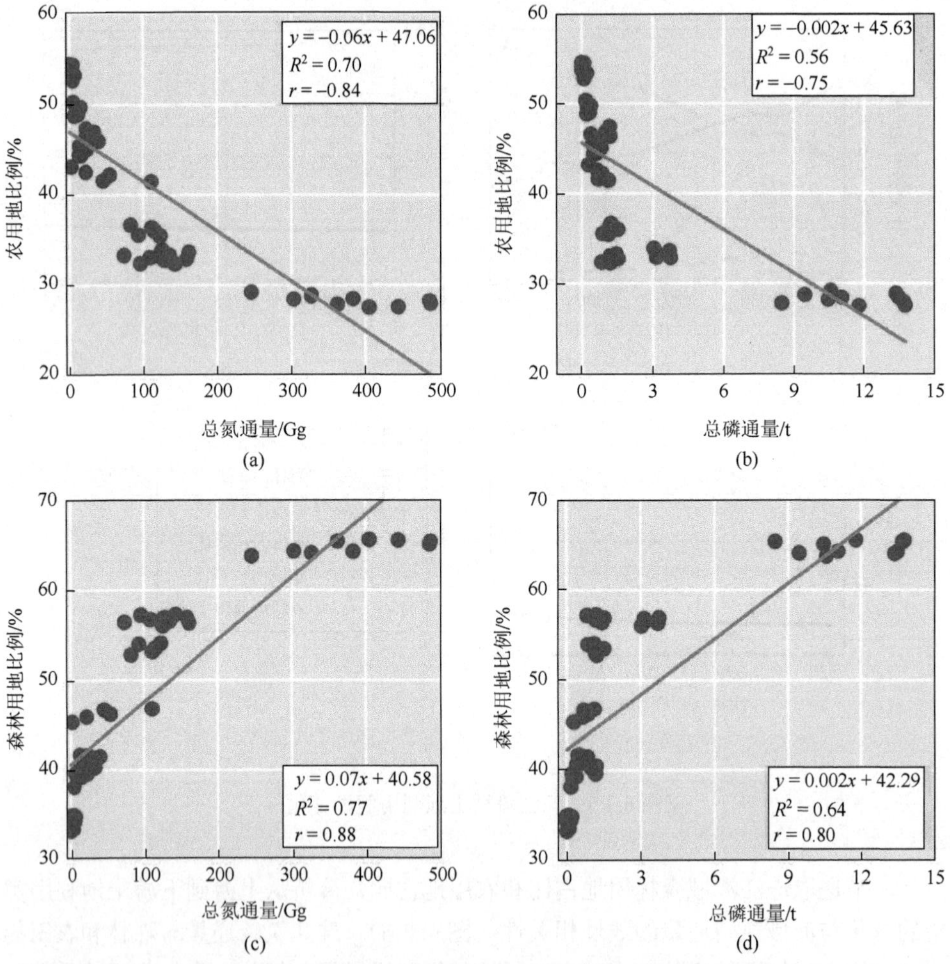

图 6.3.6　珠江流域农用地和森林用地与氮磷通量相关性

根据变量重要性分析表明，代表土地利用类型的预测因子在影响珠江氮磷通量的因子中处于中等水平。土地特征是物质运输和再分配的关键决定因素，从而影响氮磷循环的各种过程，包括侵蚀、储存、淋溶和转运（Gao et al.，2015；Lin et al.，2020）。因此森林覆盖指数和农业利用面积是土地利用类型中影响氮磷负荷的重要因子。此外，氮磷物质的不同来源已被证明对氮磷通量很重要（Aguilera et al.，2012)，在以森林为主的流域，大气氮沉降是总氮负荷的最大输入，而作为人类食物的氮输入是城市化流域的主要来源；在以农业为主的流域，农田固氮和施肥是最重要的氮输入。研究表明，化肥几乎一直是所有流域最大的磷输入（Aguilera et al.，2012）。因此结合 2014～2018 年珠江土地利用数据，西江中下游出现氮磷负荷大幅增长是因为流域土地使用类型由以森林用地为主转变成以农用地为主。建筑面积变化对氮通量影响相对复杂，有研究指出，单一城市化水平不是影响河流氮负荷变化的关键驱动力，城镇化率带来的影响是污染产生和污染削减两种作用耦合的结果。例如，黄河流域中城镇化率与溶解性无机氮和溶解性无机磷呈负相关（Wu et al.，2021），这可能是由于城镇污水处理厂对氮磷物质削减的作用和农村人口向城镇人口转化的结果。

6.3.6　人为氮磷输入对河流氮磷通量变化的影响

NANI 和 NAPI 是影响河流氮磷通量的最大贡献因子，即珠江流域中人类活动引入的氮磷输入是河流出现氮磷高负荷的最主要原因，研究表明珠江流域农业活动是影响 NAPI 和 NANI 强度变化的主要因素（Bai et al.，2022），人类农业活动导致农田面积和单位农田面积化肥施用量都有所提高，化肥的使用改变珠江径流中氮磷物质浓度。根据前文分析结果，珠江流域总氮和总磷通量由上游向下游呈明显增加趋势，而在有关珠江 NANI 和 NAPI 强度的时空变化相关研究中，珠江三角地区的 NANI 和 NAPI 高于上游地区（Bai et al.，2022），这与总氮和总磷通量空间变化特征类似。NANI、NAPI 和流量的联合效应能很好地解释珠江流域河流总氮和总磷的年际变化。Swaney 等（2012）通过分析各流域 NANI，说明人类向流域输入的氮与向沿海水域输出的氮之间的关联，河流通常向沿海水域输出 15%～30%的 NANI。研究表明，在世界大部分流域和沿海水域，人类活动输入到流域的氮是主要的氮源（Han et al.，2020）。总体而言，NANI 和 NAPI 的时空格局是高氮磷负荷的决定因素。因此，控制珠江流域氮磷物质的关键在于根据驱动力调控人类活动对氮磷物质的输入，以缓解水质恶化及其对海洋的影响。珠江流域人为氮磷输入高值区主要集中在西江中下游和珠江三角洲地区。

6.4　珠江口氮磷输入与富营养化特征

6.4.1　珠江口氮磷输入组成

珠江口作为连接珠江流域与南海的关键区域，受到强烈的陆海相互作用及人类活动干扰，氮磷营养盐负荷较高，导致富营养化问题突出（Niu et al.，2020；

罗珮珍等，2019）。根据 2014～2022 年石角、博罗和高要水文水质数据核算了北江、东江和西江流域的逐日氮磷输入（图 6.4.1），珠江三个主要干流的总氮与总磷负荷总量变化。图 6.4.1 也显示了 2014～2022 年珠江流域总氮和总磷负荷的来源及年际变化趋势。珠江干流在此期间的年均总氮通量为 66.46 万 t。9 年内，干流的总氮负荷在 2022 年达到峰值，测得为 87.00 万 t，而最低值出现在 2021 年，降至 36.77 万 t。总磷负荷的年变化亦显著，2016 年达到最高值为 2.45 万 t，而最低值为 2021 年的 0.63 万 t。对珠江三大子流域分析的氮磷贡献率表明，尽管各年度子流域的总氮和总磷输入量有所波动，西江始终是珠江主要的氮磷供给源，占珠江流域总氮通量的 76.46%和总磷通量的 67.95%。相较之下，东江的贡献率相对较小，年均总氮和总磷的贡献分别为 8.71%和 11.36%。值得注意的是，在氮磷负荷较高的年份（例如 2016 年和 2019 年），东江的氮磷占比有所上升。

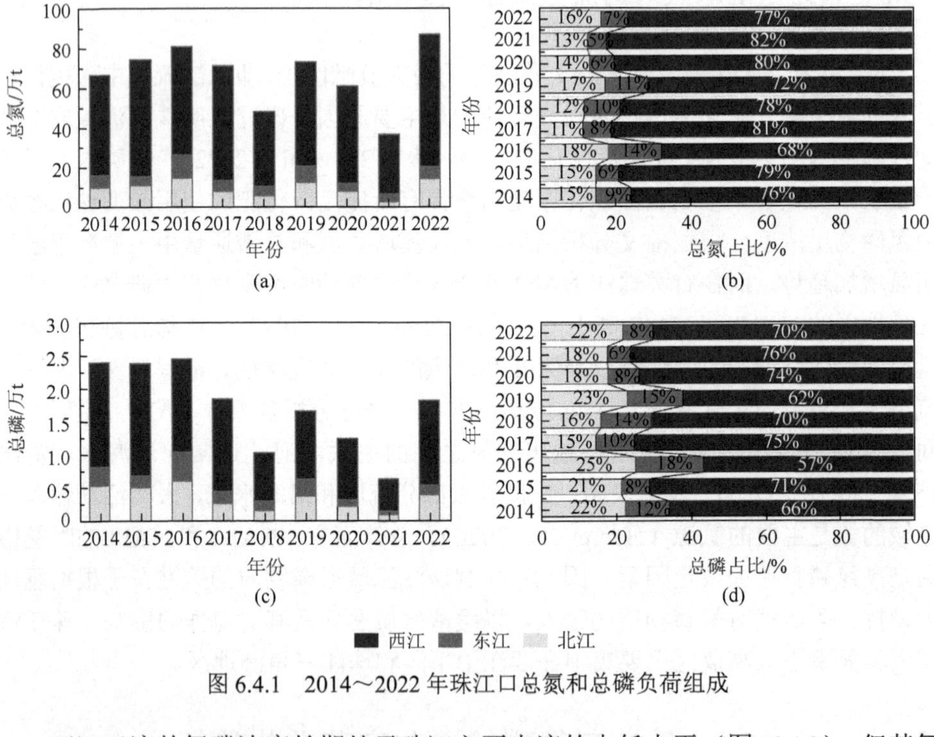

图 6.4.1　2014～2022 年珠江口总氮和总磷负荷组成

西江干流的氮磷浓度长期处于珠江主要支流的中低水平（图 6.4.2），但其氮磷通量显著高于东江与北江，主要原因是西江水量最大。西江流域年均径流量约占珠江总径流量的 80%，径流量远高于其他支流。通量高并不意味着水质污染更严重，而是反映了单位时间内向下游输送的污染物总量更大。在高流量作用下，氮磷被快速输移至下游与河口区，构成以“高径流、高输入、高输移效率”为特征的高通量氮磷输出格局。体现高流量主导型河流在污染物输出中的关键作用。

这种机制意味着仅关注浓度变化不足以反映真实的污染负荷，应将通量作为评估与管理的重要指标。

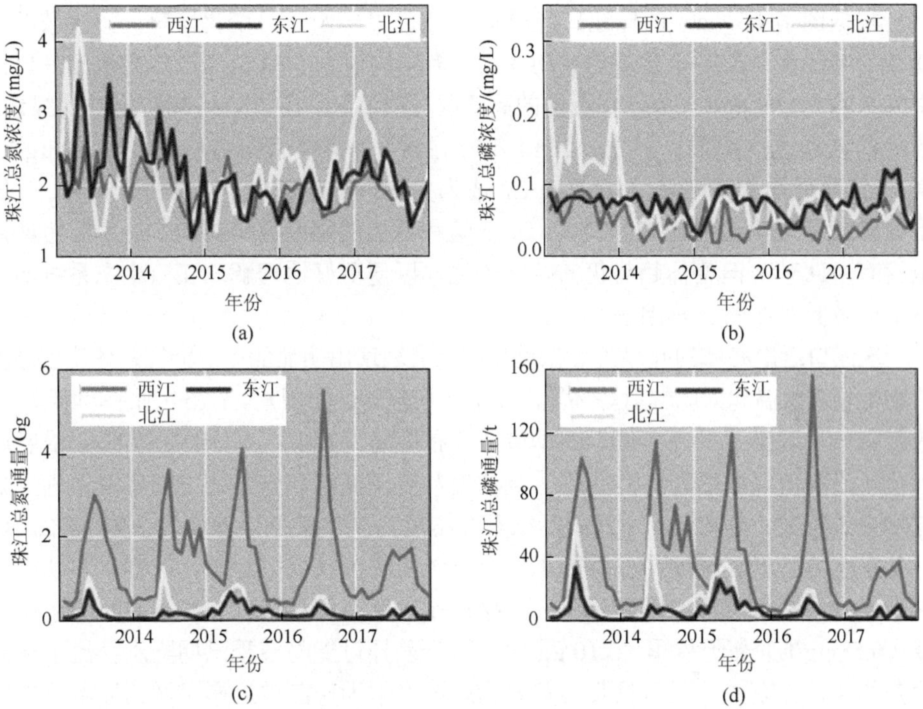

图 6.4.2　2014～2022 年珠江口总氮、总磷月均浓度与月均通量

在国内主要河流中，长江和珠江的年均总氮通量明显高于其他河流，而年均总磷通量以长江最高，珠江次之（表 6.4.1）。在亚洲其他主要河流中，恒河的年均总氮和总磷通量显著高于其他河流，而湄公河的年均总氮通量最低，黄河的年均总磷通量则处于最低水平。值得关注的是，珠江流域的集水区面积相对较小，但其氮磷负荷却处于较高水平，这表明珠江在氮磷物质输出方面的潜在压力较大，未来需加强对其氮磷排放的管理和控制，以缓解生态环境压力。

表 6.4.1　国内外及跨境河流年均总氮和总磷通量对比

河流名称	集水区面积/10^4 m^2	年均径流量/10^8 m^3	TN/t	TP/t	来源
长江	179.81	8 914	493 202	65 206	（Chen et al.，2012）
黄河	80.81	288	19 185	7 141	（Liu et al.，2018）
湄公河	79.65	3 049	10 498	18 540	（Whitehead et al.，2019）
恒河	105.32	3 560	968 026	143 736	（Jiang et al.，2023）
珠江	65.43	5 201	664 581	17 173	本书

6.4.2 珠江口富营养化特征

根据图 6.4.3（a）的珠江口叶绿素 a 浓度多年及逐月变化情况，该区域近岸海域的叶绿素 a 浓度呈显著的波动变化。多年均值为 5.64 μg/L，年内浓度变化范围为 3.94～8.67 μg/L，显示出明显的高值区与低值区。在 2014～2017 年，叶绿素 a 浓度的波动尤为明显。其中，2014 年叶绿素 a 平均浓度较高，达到 6.50 μg/L。2017 年的平均浓度则降至 4.57 μg/L，成为多年内的最低值。随后的五年中，叶绿素 a 浓度呈现出缓慢增加的趋势，然而这种增加的幅度逐年减弱。这说明短期内浓度有所回升，但整体趋势仍需持续关注，以便更好地理解珠江口生态系统的动态变化及其潜在的影响因素。

珠江口近岸海域的叶绿素 a 浓度变化趋势表现出明显的季节特征，体现了浮游植物生长对水温和太阳辐射等环境因子的响应规律。如图 6.4.3（b）所示，叶绿素 a 浓度整体呈现出“夏高冬低”的季节性分布格局。其中，7 月的叶绿素 a 浓度达到全年最高值，浓度为 8.67 μg/L，高浓度与夏季高温和充足的太阳辐射促进浮游植物生长有关。相对地，1 月的叶绿素 a 浓度为全年最低，浓度为 3.94 μg/L，这与冬季水温降低、光照减弱等因素导致浮游植物生长受限有关。在春季和秋季，由于温度和辐射等环境因子相似，叶绿素 a 浓度亦相对接近。春季的叶绿素 a 浓度（6.58 μg/L）高于秋季（5.10 μg/L），这一差异可能与春季汛期降水径流带来的营养物质输入有关。径流携带的营养物质在春季为珠江口近岸海域的浮游植物提供丰富的养分，显著促进浮游植物的增殖。

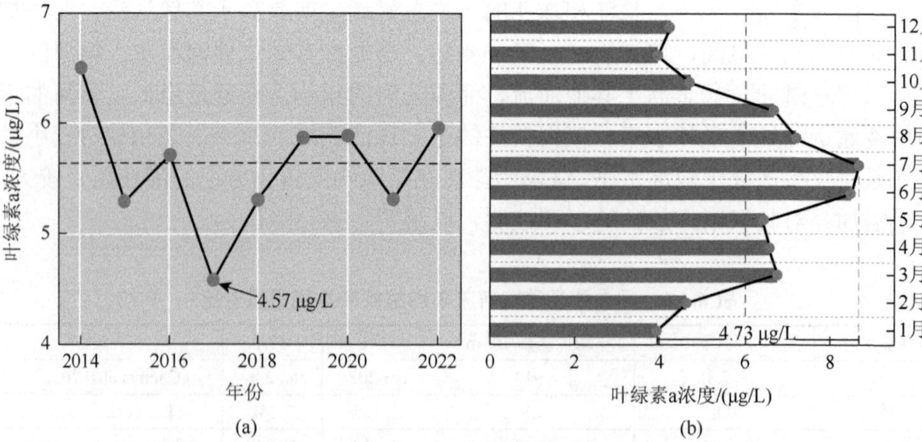

图 6.4.3　珠江口叶绿素 a 浓度时间分布特征

图 6.4.4 展示了珠江口及其周边邻近水域在 2014～2022 年海洋叶绿素 a 浓度的空间分布特征。从整体来看，该区域表层海水的叶绿素 a 浓度表现出显著的空间异质性。随着与海岸线的距离增加，叶绿素 a 浓度逐渐递减，并且这一分布格局在多年间未发生显著变化。这种趋势反映海域内部营养物质分布的显著不均。在珠江三角洲主要入海口附近，尤其是珠江口西侧的近岸水域，叶绿素 a 浓度明显偏高，局部区域甚至达到浓度的峰值。这一现象与该区域复杂的水文和动力环境密切相关。受地转偏向力影响，珠江口水流呈现向右偏转的趋势，使得入海口输送的营养物质在西侧近岸水域大量积聚（刘绿柳等，2012）。这些高浓度的营养物质为浮游植物的快速生长提供充足的营养供应，直接导致叶绿素 a 浓度的显著增加。此外，河口区域的高营养盐负荷输入与近岸水体较弱的扩散能力共同加剧该现象。

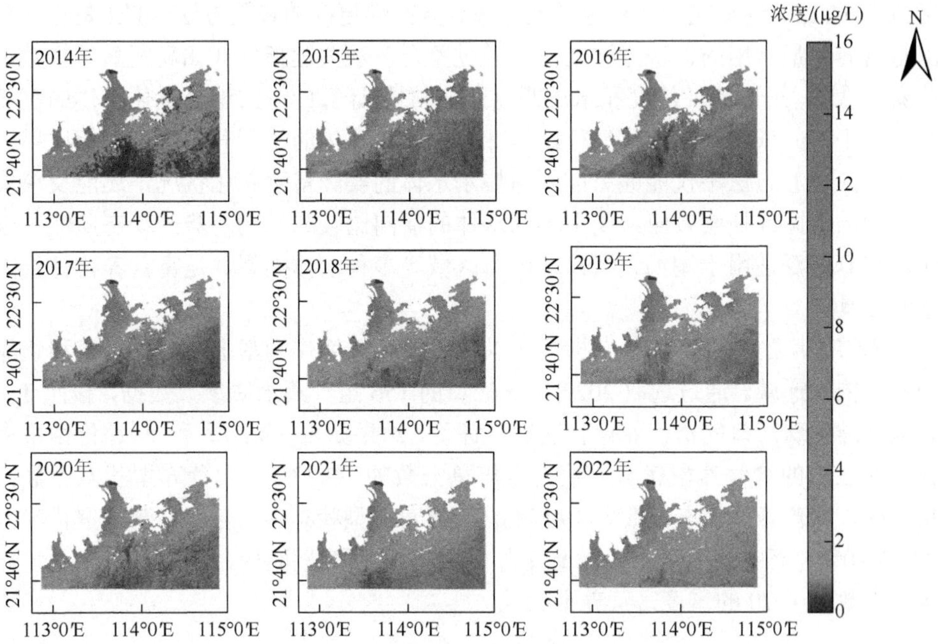

图 6.4.4　珠江口叶绿素 a 浓度空间分布特征

（扫封底二维码获取彩图）

目前我国水体富营养化程度并没有形成统一的评价指标和方法，这会造成评价的结果略有不同，因此如何选择评价指标以及评价模型十分重要。国际公认的富营养化指标中，一般采用基于浮游植物群落结构指数评价法，该方法采用目标海域浮游植物的个体密度、生物量、多样性指数及均匀性指数进行综合评估，以判定该海域的富营养化状况（Garmendia et al.，2013）。其中，叶绿素 a 浓度作为关键指标，将富营养化程度分为贫营养型、中营养型和富营养型三级（林晓娟等，2018）。具体而言，浓度为 0～1.9 μg/L 定义为贫营养型，2.0～9.9 μg/L 为中营养型，＞10 μg/L 则标识为富营养型。基于以上富营养化指标，本节对重构后的珠江口叶绿素 a 浓度进行系统评价。在 2014～2022 年，共重构 542 天的珠江口叶绿素 a 浓度数据，结果显示，珠江口近岸海域叶绿素 a 浓度超过 1.9 μg/L 的测量次数达到 507 次，表明该海域有 6.5%的时期处于贫营养型状态。中营养型为珠江口最常见的富营养化状态，而富营养型状态则占 1.5%。

上述浮游植物群落结构指数评价法作为单因子评价方法因其操作简便，在富营养化评价中被广泛使用。然而，该方法存在显著局限性，如难以全面反映富营养化的复杂性，无法体现多指标间的协同效应，对动态变化和区域差异的适应性不足，评价结果常因依赖单一阈值而显得片面。为克服这些不足，综合营养状态指数法（TLI）逐渐成为一种科学性更强、全面性更高的替代方法。TLI 是目前我国富营养化最常用的评价方法之一，通过整合多项关键指标（如高锰酸盐指数、总氮、总磷、叶绿素 a 浓度和水透明度），以加权计算的方式综合量化水体的富营养化水平，并依据经验公式进行综合计算以判断水体的富营养化状态。相比单因子评价，TLI 方法不仅能够更准确地揭示水体的实际富营养化状况，还能反映多指标间的协同或补偿效应，便于不同水体的横向比较和长期趋势的动态监测。因此，TLI 广泛适用于湖泊、河口及沿海区域等多种水体类型，是富营养化评价的重要工具。

本节采用的综合营养状态指数法以叶绿素 a 浓度作为基准权重，总磷和总氮的权重依次递减。通过选取 2022 年珠江口的 156 组实测水质参数数据，按照 TLI 分级标准对珠江口的富营养化状况进行评价，结果如表 6.4.2 所示。从评价结果来看，珠江口的贫营养型状态天数占全年总天数的 33.33%，中营养型状态天数占 46.79%，富营养型状态天数占 19.87%。在富营养型状态中，轻度富营养型状况占比 87.10%，而中度富营养型状况仅占 12.90%。研究期间内，珠江口未出现营养状态指数大于 70 的重度富营养型状况。

表 6.4.2　综合营养状态指标法分级标准及珠江口营养状况

营养状况	营养状态指数	珠江口出现营养状况天数
贫营养型	＜30	52
中营养型	30～50	73
富营养型	＞50	31
轻度富营养型	50～60（不含 60）	27
中度富营养型	60～70（不含 70）	4
重度富营养型	＞70	0

根据浮游植物群落结构指数评价法以及综合营养状态指数法，珠江口的富营养化状况以中营养型状况为主，贫营养型状况次之，富营养型状况较少出现，尤其是中度和重度富营养型状况较为罕见。从整体来看，珠江口海域长期处于中营养型状态。这类中营养型水体通常能够支持丰富的生物群落，生态系统较为健康，表明珠江口的营养物质结构与环境相对稳定，生态系统在维持一定生产力的同时未出现显著的过度富营养化问题。然而，长期的中营养型状态也需密切关注外部因素的潜在影响，例如农业和城市排放所导致的营养水平波动。这些外部干扰可能改变水体的富营养化状态，从而对水生生态系统的健康产生不利影响。因此，加强对外源营养输入的监控和管理，对于维持珠江口生态系统的长期健康具有重要意义。

6.4.3　氮磷通量与河口营养状态响应关系

珠江口叶绿素 a 浓度的变化受到自然条件与营养盐的共同作用，这两者相互影响，决定水体的生态特征和生产力。水温、光照和水流速度对浮游植物的生长至关重要。水温的升高通常会促进浮游植物的光合作用，从而增加叶绿素 a 浓度。特别是在春夏季节，随着温度的上升，水体的光照条件也得到改善，适合浮游植物的繁殖和生长。此外，水流速度和潮汐变化影响着水体的混合程度，进而影响营养盐的分布和可用性。在珠江口，潮汐和河流入海的动力能够将营养盐带入沿海水域，促进浮游植物的生长。因此选择海水表面温度、太阳辐射量以及海洋厄尔尼诺-南方涛动（ENSO）指数来评估自然条件对珠江口海域叶绿素 a 浓度的驱动机制。营养盐的浓度直接影响叶绿素 a 的积累。珠江口附近的农业和城市排放源是氮和磷的主要来源，这些营养盐通过径流进入水体，促进浮游植物的生长。当营养盐浓度适中时，浮游植物能够有效利用这些资源，维持健康的生物量和多样性。然而，当营养盐浓度过高，可能导致富营养化现象的发生，进而引发水华，影响水体质量和生态平衡。因此选择总氮和总磷的当前输送以及滞后输送可以很好地表达珠江口氮磷物质对叶绿素 a 浓度作用的响应关系。如图 6.4.5 所示，2014～2022 年多种指标的年均值并无显著相同的趋势，以年为尺度评价珠江口叶绿素 a 驱动效应精度不足，需要可以量化重要性的评价体系来解释珠江口的叶绿素 a 浓度变化规律。

对 2014～2022 年珠江口近岸海域叶绿素 a 浓度和影响因子构建的随机森林，评估每个特征对叶绿素 a 浓度的重要性（图 6.4.6）。随机森林中影响因子重要性排序结果指出驱动珠江口近岸海域的叶绿素 a 浓度变化的主要是人为过程和自然过程。珠江口近岸海域选取当前总氮、当前总磷、滞后总氮、滞后总磷、氮磷比、多厄尔指数、太阳辐射以及海水表面温度作为随机森林的输入变量，对逐日叶绿素 a 浓度、逐月叶绿素 a 浓度以及极端叶绿素 a 浓度（大于等于叶绿素 a 浓度的 75%百分位）等多尺度变量进行随机森林模拟。

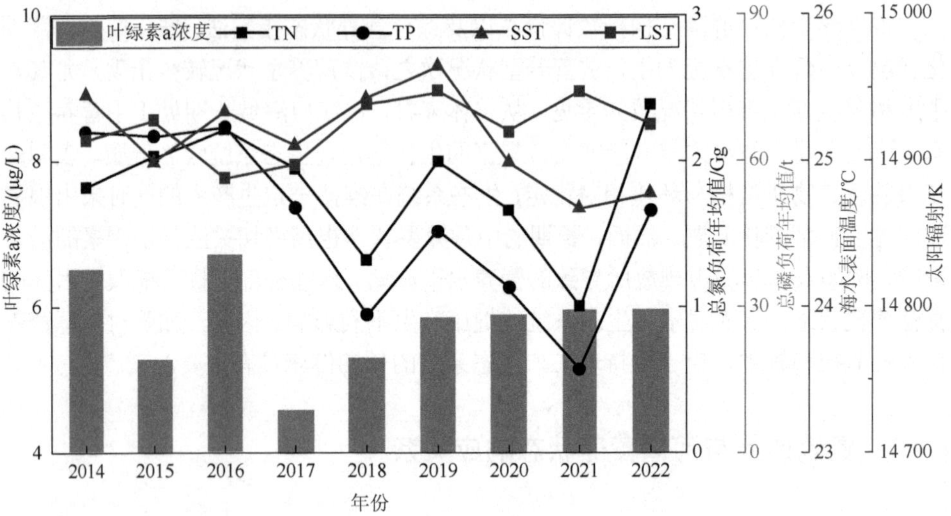

图 6.4.5　珠江口叶绿素 a 浓度与环境变量时间分布特征

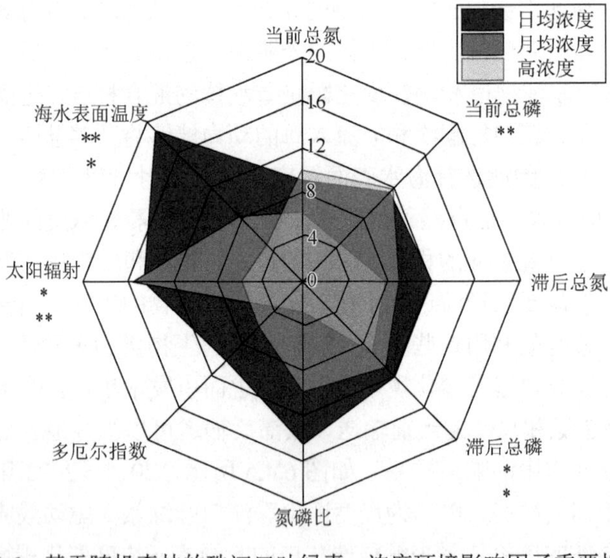

图 6.4.6　基于随机森林的珠江口叶绿素 a 浓度环境影响因子重要性评估

根据模型输出的%IncMSE 判断去掉某一特征模型预测精度的下降程度，从而计算特征的重要性。特征值重要性结果表明，珠江口逐日叶绿素 a 浓度变化与海水表面温度相关性最高，%IncMSE 达到 19.08，其次是氮磷比和太阳辐射，这与 Kormas 等（2002）对地中海的相关性关系研究结果一致，叶绿素 a 浓度的短期变化是由于浮游植物生成的自然环境变化主导的，海水表面温度和太阳辐射都影响浮游植物的光合作用。而氮磷的输送效应，无论是逐日或者滞后期为一周的输入，在逐日叶绿素 a 浓度上都没有体现较高的重要性。在对珠江口逐月叶绿素 a 浓度与特征变量的随机森林重要性排序发现，自然环境变量中的太阳辐射变成影响逐月叶绿素 a 浓度的最重要变量，%IncMSE 达到 15.31。此外，氮磷通量的输送效应在较长时间尺度上也逐渐提升对叶绿素 a 浓度变化的重要性，尤其是滞后期为一个月的总磷和总氮，%IncMSE 分别为 9.05 和 7.84。由此说明在时间尺度逐渐变长后，叶绿素 a 浓度的主要影响因子由自然环境逐渐转变成营养盐的输出，并且磷类物质对浮游植物的效益将大于氮类物质，而营养盐的滞后作用也将大于即时的效果。对高叶绿素 a 浓度随机森林重要性排序的结果表明，氮磷物质是导致高叶绿素 a 浓度出现的主要因素，无论是当前氮磷物质的输送或者是滞后期为一周的氮磷物质输送，都较大程度地影响珠江口高叶绿素 a 浓度的出现。此外对于以上的三种叶绿素 a 浓度影响因子排序，总磷无论是当前的输送还是滞后作用，其影响叶绿素 a 浓度变化的能力都大于总氮，表明河口藻类生长可能受到磷的限制，氮负荷过高导致氮不常构成富营养化的限制因子。此外，氮磷比对叶绿素 a 浓度也表现出较为显著的影响力，因此珠江口的富营养化研究有必要关注氮磷的输入结构。

为进一步探究叶绿素 a 浓度变化原因，利用海水表面温度、河口营养盐通量和太阳辐射分别与月均叶绿素 a 浓度数据做相关性分析。

营养盐是浮游植物生长和繁殖的基础，营养盐的负荷及比例直接影响浮游植物的数量。而浮游植物的生长、繁殖和死亡又会反过来影响水体中营养盐浓度的变化。在珠江口海域，叶绿素 a 浓度与多种环境因子之间存在显著的相关性，叶绿素 a 浓度与溶解氧、总氮和 pH 呈显著正相关。然而，采用日均浓度值进行分析时，营养盐对浮游植物的滞后作用可能会影响叶绿素 a 浓度与环境因子之间的线性相关性。研究表明，珠江口的氮类物质主要通过径流输入，而径流对磷类物质的贡献则较为有限（施玉珍等，2019）。当表层水体中的磷被浮游植物大量消耗且未得到及时补充时，磷的浓度便会显著降低。此外，水体的高度层化阻碍了上层水体与底层水体之间的营养盐交换，使得表层水体中的磷先于氮被耗尽，从而导致浮游植物生长受磷限制。这一现象表明，河口的冲淡水对浮游植物的生长产生显著影响，尤其是在磷的供应上。

统计 2014～2022 年珠江口 TN、TP 与月均叶绿素 a 浓度值的关系，得出图 6.4.7。结果表明，TN、TP 的月均浓度值与月均叶绿素 a 浓度值之间表现出正相关，在氮磷通量相对较高的月份，叶绿素 a 浓度出现最大值，说明营养盐的负荷对浮游植物的生物量具有促进生长的效应。但氮磷通量负荷较高的月份叶绿素 a 浓度处于较低的水平，这可能是因为高通量月份常伴随大规模的径流输入，水动力增强会导致营养盐和浮游植物被稀释，并且伴随降水量和浑浊度增加，悬浮物浓度上升降低水体透光率，使浮游植物光合作用效率下降，进而影响叶绿素 a 浓度。

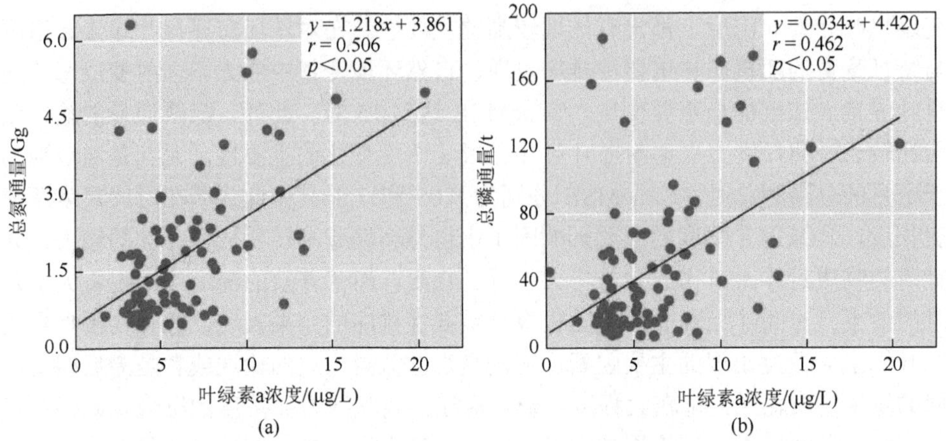

图 6.4.7　2014～2022 年珠江口叶绿素 a 浓度与氮磷通量的关系

氮磷通量与叶绿素 a 浓度在汛期与非汛期的月均值散点图如图 6.4.8 所示。在汛期，氮磷通量平均值大多高于多年年均值，而在非汛期，只有少量氮磷通量超过年均水平。同时，叶绿素 a 浓度的高值主要集中于汛期。然而，氮磷通量与叶绿素 a 浓度在不同水期之间未表现出显著的线性相关性。进一步分析珠江口径流量与叶绿素 a 浓度的关系表明，两者之间的皮尔逊相关系数为 0.23，显示较弱的正相关。其中，汛期径流量与叶绿素 a 浓度的皮尔逊相关系数为 0.21，非汛期则

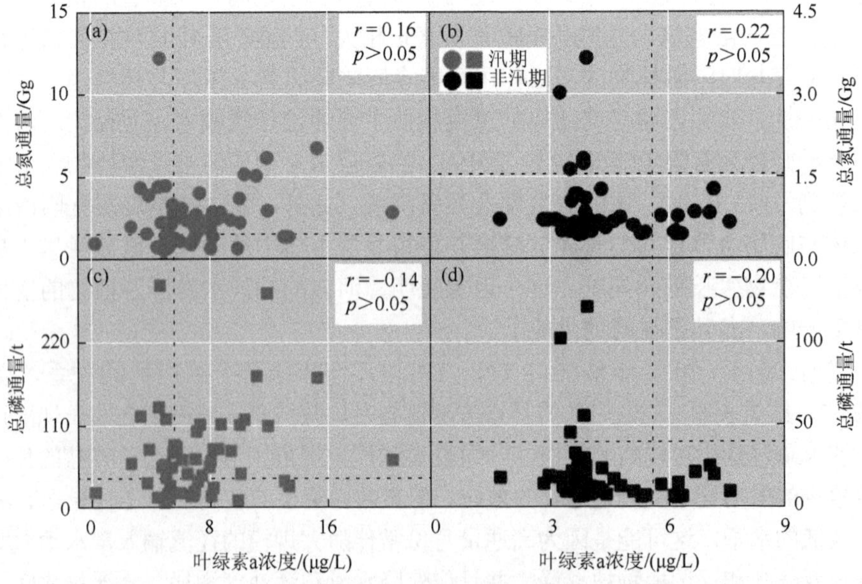

图 6.4.8　珠江口汛期与非汛期叶绿素 a 浓度与氮磷通量线性相关

为–0.18，呈现出弱负相关。这表明径流量对叶绿素 a 浓度的影响存在一定的复杂性，且不同水期的相关性差异反映出其影响机制可能并不单一，可能涉及多种环境因子的综合作用。如图 6.4.9 所示，叶绿素 a 浓度峰值与河口径流量峰值出现的时间接近，径流量对叶绿素 a 浓度的作用并不具有显著的线性相关性，这反映珠江口水环境的复杂性和多重影响因素的交互作用。

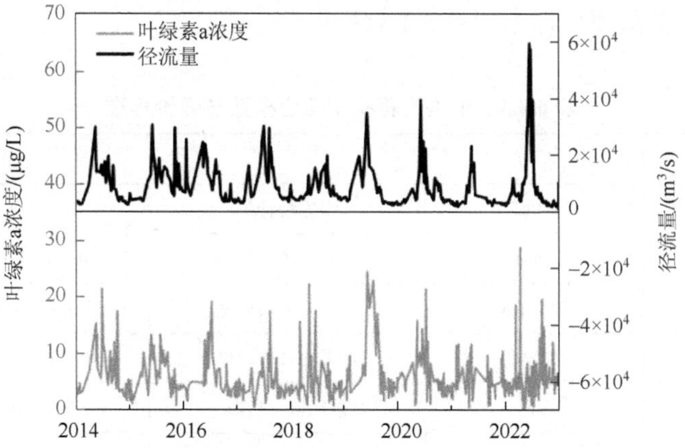

图 6.4.9　珠江口多年叶绿素 a 浓度与河口径流量

6.4.4　珠江口氮磷通量富营养化效应解析

前文通过皮尔逊相关系数进行线性相关分析，快速定量评估叶绿素 a 浓度与单个变量之间的线性关系。然而，该方法的适用范围有限，仅能捕捉线性依赖关系，难以揭示生态系统中复杂的非线性交互作用及变量间的间接效应。相比之下，随机森林作为一种非参数机器学习方法，能够有效处理多变量之间的非线性关系，并评估各变量对叶绿素 a 浓度的相对重要性。尽管随机森林在变量重要性排序和非线性建模方面表现优异，其结果的解释性较低，难以明确变量之间的因果路径，尤其在生态系统这样复杂的环境中，变量的相互作用常常无法通过随机森林模型直观呈现。为弥补上述方法的不足，结构方程模型（structural equation modeling，SEM）提供一种综合性分析工具。SEM 不仅能够同时处理多个变量间的直接效应和间接效应，还支持对潜在变量（如水质综合状态）的建模。此外，SEM 显式考虑测量误差的影响，从而能够更准确地区分变量之间的因果路径。其高度的解释能力使其特别适合用于研究复杂生态系统中多因子驱动机制（夏威等，2023；石亚飞等，2022）。

结构方程模型由测量模型和结构模型两部分组成，分别对应测量方程和结构方程。测量方程通过因子分析展示并描述潜变量与测量指标之间的关系，而结构方程则通过路径关系图直观地表征潜变量之间的关系（Yang et al.，2024）。在 SEM 中，潜变量用于表征无法直接测量的现象或概念，如生态系统健康状态等，而测量变量（或显变量）则用于描述可直接测量和量化的现象或指标，如叶绿素 a 浓度、营养盐浓度等。通过整合这两种变量类型，结构方程模型能够构建出全面且直观的变量关系网络，从而揭示复杂系统中潜在驱动机制的内在逻辑。结构方程模型的拟合指数与评价标准如表 6.4.3 所示。

表 6.4.3　结构方程模型拟合指数与评价标准

分类	指标	含义	评价标准
绝对拟合指数	X^2/df	卡方统计量	X^2＜3
	p-value	显著性水平	*p*＞0.05，表示模型拟合较好
	RMSEA	拟合均方根误差	RMSEA＜0.08，可接受
	SRMR	标准化残差均值	SRMR＜0.08，拟合良好
增量拟合指数	NFI	规范拟合指数	NFI≥0.90，拟合较好
	CFI	比较拟合指数	CFI≥0.90，拟合较好
	TLI	非规范拟合指数	TLI≥0.90，拟合较好
简约拟合指数	AIC	赤池信息准则	越小越好
	BIC	贝叶斯信息准则	越小越好
	PGFI	简约拟合优度指数	越大越好

研究期间珠江入海口的叶绿素 a 浓度的变化范围为 0.22～218.40 μg/L，平均值为 10.36 μg/L。根据实测变量数据类型以及富营养化的形成机理，珠江口叶绿素 a 浓度变异的成因可以描述为营养物质、物理因子和毒性物质共同作用。因此，将营养物质、物理因子、毒性物质和浮游植物作为 4 个潜变量。叶绿素 a 是浮游植物进行光合作用的主要色素，将叶绿素 a 浓度设置为潜变量浮游植物的实测变量。将此路径模型编写代码后输入 R，使用 R Studio 中的 lavaan 包，输入基于实测变量标准化后的协方差矩阵。初始测量模型的基本参数如表 6.4.4。

表 6.4.4　初始结构方程模型参数

变量	因子载荷	*t* 值	标准误差
TN	0.102	0.935	0.102
TP	0.458	4.718	0.458

续表

变量	因子载荷	t 值	标准误差
NH_4^+-N	0.767	8.795	0.767
NO_3^--N	0.193	1.820	0.193
NO_2^--N	0.504	5.278	0.504
DIN	0.145	1.344	0.145
PO_4^{3-}-P	0.593	6.397	0.593
NH_3	0.751	8.562	0.751
COD	0.874	10.288	0.874
SS	0.672	6.951	0.672
pH	0.852	9.920	0.852
DO	0.951	11.606	0.951
SST	0.955	11.675	0.955
OT	0.307	2.461	0.307
Cu	0.721	7.521	0.721
Zn	0.923	10.930	0.923
Cr	0.629	6.183	0.629
Hg	0.498	4.511	0.498
Pb	0.846	9.536	0.846
叶绿素 a	0.000		0.000
营养物质	0.026	0.204	0.029
物理因子	0.126	4.552	1.000
毒性物质	0.564	6.641	0.813
浮游植物	0.715	0.589	0.715

初始模型评价参数结果表明初始模型并非合理模型，因此需要对其进行修正。SEM 优化依据以下原则：根据 t 检验进行模型修正，t 值大于 1.96，表示参数达到 0.05 的显著性水平；t 值大于 2.58，表示参数达到 0.01 的显著性水平；根据因子载荷绝对值调整变量，因子载荷绝对值通常应大于 0.5，在较高标准中应大于 0.7，若该变量的理论意义较强，可以保留并在模型修改中改善其拟合优度；标准误差反映因子载荷估计值的稳定性，标准误差较大表明估计不可靠。根据模型优化原则营养物质预测模型中保留 TP、NO_3^--N 、NO_2^--N 、PO_4^{3-}-P 以及 NH_3；物理

因子预测模型中保留COD、SS以及pH；删除毒性物质预测模型中的Cr，路径模型不进行调整（图6.4.10）。

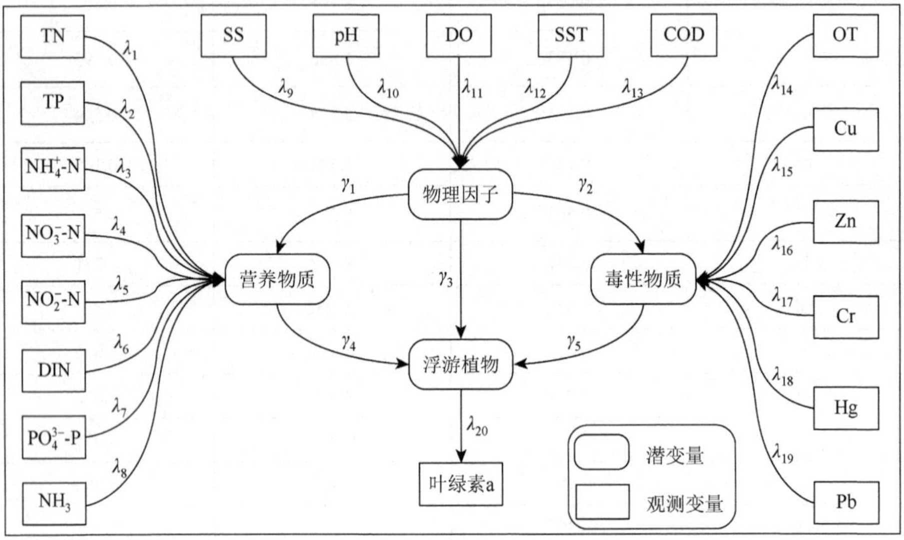

图6.4.10　珠江口叶绿素a初始模型标准化系数路径图

珠江口叶绿素a的结构方程模型结果显示（图6.4.11），浮游植物和叶绿素a的标准化相关系数为1.00，说明模型解释几乎全部叶绿素a浓度的变化，这是由于研究中数据有限，仅使用一个指标表征该变量。影响叶绿素a浓度的因子中理

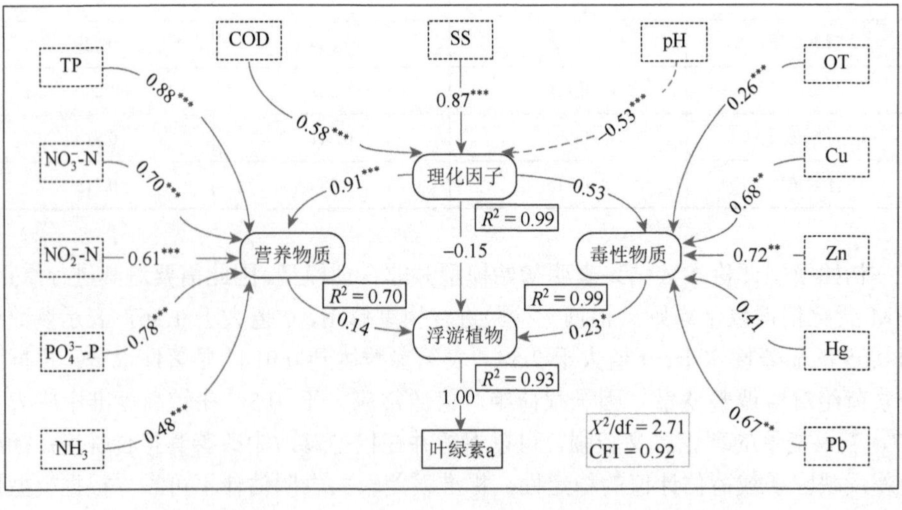

图6.4.11　珠江口叶绿素a结构方程模型标准化系数路径图

化因子的标准化相关系数为–0.15，营养物质的标准化相关系数为 0.14，毒性物质的标准化相关系数为 0.23，表明三种潜变量对叶绿素 a 浓度影响程度相近，毒性物质对浮游植物的影响高于理化因子和营养物质。同时，理化因子通过营养物质和毒性物质间接影响浮游植物，标准化路径系数分别为 0.91 和 0.53，说明理化因子对营养物质的正向影响极为显著。

在结构方程模型中，间接效应通过路径系数的乘积计算，而总效应为直接效应与间接效应之和。根据构建的结构方程模型参数，营养物质和毒性物质对浮游植物仅表现出直接效应，而实测变量通过潜变量间接影响浮游植物，因此对浮游植物仅存在间接效应。同时，理化因子对浮游植物既有直接效应，也通过营养物质和毒性物质对浮游植物产生间接效应。如图 6.4.12 所示，计算结果表明理化因子对浮游植物的总效应为正（0.10），尽管其直接效应为负（–0.15），但通过营养物质和毒性物质产生间接效应为正（0.25），使总效应转为正值。在模型分析中，对浮游植物总效应正向影响较高的实测变量包括铜、锌和总磷，而总效应负向影响最高的变量为 pH。

此外在模型潜变量理化因子中，悬浮物标准化路径系数为 0.87，是理化因子的主要表征指标。高浓度悬浮物会显著降低水体的透光率，减少到达水体深层的光照强度，浮游植物的光合作用依赖光能，光照不足会限制其生长，导致叶绿素 a 浓度下降。而在浅水区域，高悬浮物导致光线过度散射，抑制浮游植物的光利用效率。同时悬浮颗粒吸附水体中的营养盐，减少浮游植物可利用的营养盐供应，从而抑制其生长；在营养盐指标中，总磷和磷酸盐的标准化路径系数分别为 0.88 和 0.78，而氮类物质的标准化路径系数均低于磷类物质，说明对珠江口浮游植物生长，磷元素为限制营养因子（图 6.4.11）。毒性物质对浮游植物的作用表现为正向（路径系数为 0.23），从生态学的角度来看，这可能是由于复杂的生态关系和环境因子的相互作用。尽管结构方程模型的结果显示毒性物质对浮游植物呈现正向作用，但这一结果可能源于模型所捕捉的变量主要为即时变量，而非长期生态效应。毒性物质的浓度变化通常与营养盐的输送同步发生，在营养盐对浮游植物生长产生促进作用的同时，水体中的毒性物质浓度也在增加。由于结构方程模型未能独立解析毒性物质的长期抑制效应，其促进效应可能是营养盐输送带来的整体生长趋势的结果。因此，毒性物质在模型中被赋予了正向效应，但这并不意味着其对浮游植物的实际影响是单一促进的，而可能是营养盐促进作用与毒性物质潜在抑制作用共同作用的表现。毒性物质中，锌影响最强，石油类影响最低，重金属类主要是通过影响浮游植物酶的活性，直接毒性作用或间接影响浮游植物的光合作用，模型保留的理化因子对毒性物质影响较低，因此监测毒性物质的环境浓度及其生物可利用性，对控制浮游植物叶绿素 a 浓度具有重要意义。

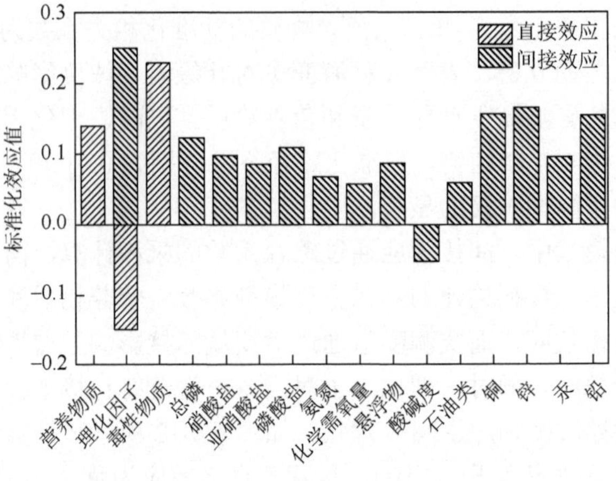

图 6.4.12　珠江口叶绿素 a 结构方程效应值

参 考 文 献

傅伯杰，黄光庆，张虹鸥，等，2023. 强化珠江流域生态保护与绿色发展助力粤港澳大湾区建设[J]. 中国科学院院刊，38（10）：1440-1446.

黄小平，田磊，彭勃，等，2010. 珠江口海域环境污染研究进展[J]. 热带海洋学报，29（1）：1-7.

柯东胜，关志斌，余汉生，等，2007. 珠江口海域污染及其研究趋势[J]. 海洋环境科学，（5）：488-491.

林晓娟，高姗，仉天宇，等，2018. 海水富营养化评价方法的研究进展与应用现状[J]. 地球科学进展，33（4）：373-384.

刘绿柳，姜彤，徐金阁，等，2012. 21 世纪珠江流域水文过程对气候变化的响应[J]. 气候变化研究进展，8（1）：28-34.

罗珮珍，牛丽霞，罗向欣，等，2019. 珠江磨刀门河口枯季叶绿素 a 环境因子驱动分析[J]. 广东海洋大学学报，39（2）：83-93.

吕乐婷，高晓琴，刘琦，等，2021. 东江流域景观格局对氮、磷输出的影响[J]. 生态学报，41（5）：1758-1765.

生态环境部，2024. 2024 年 3 月全国地表水水质月报[R/OL].（2024-04-29）[2025-03-28].https://www.mee.gov.cn/hjzl/shj/dbsszyb/202404/W020240429390638571686.pdf.

施玉珍，赵辉，王喜达，等，2019. 珠江口海域营养盐和叶绿素 a 的时空分布特征[J]. 广东海洋大学学报，39（1）：56-65.

石亚飞，石善恒，黄晓敏，2022. 基于 R 的结构方程模型在生态学中的应用[J]. 生态学杂志，41（5）：1015-1023.

田媛，李涛，胡思敏，等，2020. 广东省沿岸海域藻华发生的时空特征[J]. 海洋环境科学，39（1）：1-8.

王金南，蒋洪强，吴文俊，等，2022. 珠江三角洲地区生态文明建设提升战略研究[J]. 中国工程科学，24（6）：154-163.

吴东少，高伟，陈岩，等，2022. 基于改进 LAM 模型的河流污染源解析方法与例证[J]. 环境科学学报，42（12）：376-383.

夏威，张萌，周慜，等，2023. 大型深水湖库溶解氧时空变化及驱动因素：以江西仙女湖为例[J]. 湖泊科学，35（3）：874-885.

张景平，黄小平，江志坚，等，2009. 2006～2007 年珠江口富营养化水平的季节性变化及其与环境因子的关系[J]. 海洋学报（中文版），31（3）：113-120.

中国河湖大典编纂委员会，2013. 中国河湖大典 珠江卷[M]. 北京：中国水力水电出版社.

Aguilera R，Marcé R，Sabater S，2012. Linking in-stream nutrient flux to land use and inter-annual hydrological variability at the watershed scale[J]. Science of the Total Environment，440：72-81.

Bai Y，Sun C Q，Wang L，et al.，2022. The characteristics of net anthropogenic nitrogen and phosphorus inputs（NANI/NAPI）and TN/TP export fluxes in the Guangdong section of the Pearl River（Zhujiang）basin[J]. Sustainability，14（23）：16166.

Bowes M J，Smith J T，Jarvie H P，et al.，2008. Modelling of phosphorus inputs to rivers from diffuse and point sources[J]. Science of the Total Environment，395（2-3）：125-138.

Chen D J，Hu M P，Guo Y，et al.，2015. Reconstructing historical changes in phosphorus inputs to rivers from point and nonpoint sources in a rapidly developing watershed in eastern China，1980～2010[J]. Science of the Total Environment，533：196-204.

Chen N W，Wu Y Q，Chen Z H，et al.，2015. Phosphorus export during storm events from a human perturbed watershed，southeast China：Implications for coastal ecology[J]. Estuarine，Coastal and Shelf Science，166：178-188.

Chen Y X，Liu R M，Sun C C，et al.，2012. Spatial and temporal variations in nitrogen and phosphorous nutrients in the Yangtze River Estuary[J]. Marine Pollution Bulletin，64（10）：2083-2089.

Gao W，Swaney D P，Hong B，et al.，2015. Evaluating anthropogenic N inputs to diverse lake basins：A case study of three Chinese lakes[J]. Ambio，44（7）：635-646.

Garmendia M，Borja Á，Franco J，et al.，2013. Phytoplankton composition indicators for the assessment of eutrophication in marine waters：Present state and challenges within the European directives[J]. Marine Pollution Bulletin，66（1）：7-16.

Han Y G，Feng G，Swaney D P，et al.，2020. Global and regional estimation of net anthropogenic nitrogen inputs（NANI）[J]. Geoderma，361：114066.

Hirsch R M，2014. Large biases in regression-based constituent flux estimates：Causes and diagnostic tools[J]. Journal of the American Water Resources Association，50：1401-1424.

Jiang S，Hossain M J，Uddin S A，et al.，2023. Nitrogen accumulation and attenuation in the Ganges-Brahmaputra-Meghna river system：An evaluation with multiple stable isotopes and microbiota[J]. Marine Pollution Bulletin，193：115204.

Whitehead P G，Jin L，Bussi G，et al.，2019. Water quality modelling of the Mekong River basin：Climate change and socioeconomics drive flow and nutrient flux changes to the Mekong Delta[J]. Science of the Total Environment：218-229.

Knutson T R，Mcbride J L，Chan J，et al.，2010. Tropical cyclones and climate change[J]. Nature Geoscience，3（3）：157-163.

Kormas K A，Garametsi V，Nicolaidou A，2002. Size-fractionated phytoplankton chlorophyll in an Eastern Mediterranean coastal system（Maliakos Gulf，Greece）[J]. Helgoland Marine Research，56（2）：125-133.

Lin J J，Chen N W，Wang F F，et al.，2020. Urbanization increased river nitrogen export to western Taiwan Strait despite increased retention by nitrification and denitrification[J]. Ecological Indicators，109：105756.

Liu X C，Beusen A H W，Van Beek L P H，et al.，2018. Exploring spatiotemporal changes of the Yangtze River（Changjiang）nitrogen and phosphorus sources，retention and export to the East China Sea and Yellow Sea[J]. Water Research，142：246-255.

Lu F H，Ni H G，Liu F，et al.，2009. Occurrence of nutrients in riverine runoff of the Pearl River Delta，South China[J]. Journal of Hydrology，376（1）：107-115.

Niu L X，Luo X X，Hu S，et al.，2020. Impact of anthropogenic forcing on the environmental controls of phytoplankton dynamics between 1974 and 2017 in the Pearl River estuary，China[J]. Ecological Indicators，116：106484.

Paerl H W，Plaas H E，Nelson L M，et al.，2024. Dual nitrogen and phosphorus reductions are needed for long-term mitigation of eutrophication and harmful cyanobacterial blooms in the hydrologically-variable San Francisco Bay Delta，CA[J]. Science of the Total Environment，957：177499.

Shope C L，Angeroth C E，2015. Calculating salt loads to Great Salt Lake and the associated uncertainties for water year 2013；updating a 48year old standard[J]. Science of the Total Environment，536：391-405.

Sinha E，Michalak A，2016. Precipitation dominates interannual variability of riverine nitrogen loading across the continental United States[J]. Environmental Science & Technology，50（23）：12874-12884.

Soro M P，N'goran K M，Ouattara A A，et al.，2023. Nitrogen and phosphorus spatio-temporal distribution and fluxes intensifying eutrophication in three tropical rivers of Côte d'Ivoire（West Africa）[J]. Marine Pollution Bulletin，186：114391.

Swaney D P，Hong B，Ti C P，et al.，2012. Net anthropogenic nitrogen inputs to watersheds and riverine N export to coastal waters：A brief overview[J]. Current Opinion in Environmental Sustainability，4（2）：203-211.

Wang Y S，Xie X，Liu C，et al.，2020. Variation of net anthropogenic phosphorus inputs（NAPI）and riverine phosphorus fluxes in seven major river basins in China[J]. Science of the Total Environment，742：140514.

Wei P，Huang L M，2010. Water quality and eutrophication in the Guangzhou Sea Zone of the Pearl River estuary[J]. Chinese Journal of Oceanology and Limnology，28（1）：113-121.

Wu L，Long T Y，Liu X，et al.，2012. Impacts of climate and land-use changes on the migration of non-point source nitrogen and phosphorus during rainfall-runoff in the Jialing River Watershed，China[J]. Journal of Hydrology，475：26-41.

Xu W J，Shao Z H，Chen H，et al.，2024. Climate change modulates the impact of nitrogen and enhances phosphorus-driven top-down control by zooplankton on harmful algae[J]. Journal of Cleaner Production，475：143653.

Yang R B，Wu J N，Zhao J C，et al.，2024. Marked interannual variability in the relative dominance of phytoplankton over submerged macrophytes rather than regime shifts in a shallow eutrophic lake：Evidence from long-term observations[J]. Ecological Indicators，166：112301.

Zhang L，Wang L，Yin K D，et al.，2014. Spatial and seasonal variations of nutrients in sediment profiles and their sediment-water fluxes in the Pearl River Estuary，Southern China[J]. Journal of Earth Science，25（1）：197-206.

Zhao H W，Yuan M L，Strokal M，et al.，2021. Impacts of nitrogen pollution on corals in the context of global climate change and potential strategies to conserve coral reefs[J]. Science of the Total Environment，774：145017.

第 7 章　东江流域农业源碳氮磷排放预测

7.1　基于 SD 的农业源碳氮磷预测模型

系统动力学（system dynamics，SD）是一种通过分析系统内部要素间的反馈关系来研究复杂系统行为的方法。该方法聚焦系统内部相互作用机制，通过建立数学模型模拟现实系统的动态演变过程（段哲哲等，2022）。系统动力学作为一种基于反馈机制的系统分析方法，在环境治理领域展现出独特优势，成为水资源、环境污染物和碳排放的重要模拟方法（王平顺等，2025；王西琴等，2023；杜焱和胡鑫杨，2022；姜妮等，2018）。然而，现有研究主要聚焦于单一污染物或碳排放的模拟分析，将 SD 模型应用于多种污染物协同治理的研究相对较少。本章系统梳理了 SD 模型在减污降碳领域的应用实践，该模型能够构建多要素耦合的反馈系统，实现经济-能源-环境子系统的动态仿真与协同优化（麦文隽，2022）。曾元等（2023）构建的京津冀产业能源碳排放 SD 模型，通过模拟四类政策组合效应，证实产业结构与能源结构调整的协同方案可使减污降碳效率提升。Gao 等（2016）基于人类活动净氮输入（NANI）的概念，建立了一种模拟区域人类活动净氮输入的系统动力学（NANI-SD）模型，评估了人类活动向整个流域引入的新氮量，为研究人类对区域氮循环的影响提供了一种简单而有效的方法。值得注意的是，当前研究已出现 SD 模型与 LMDI 法融合的创新范式。如王志强等（2023）通过 LMDI 分析碳排放影响因素，构建系统动力学模型，预测调控 GDP 增长率、建材占比、碳排放系数和碳交易政策四种因素对山东省建筑业碳排放的影响。Gu 等（2019）采用 LMDI 法和系统动力学模型，探讨了 1995～2016 年上海市 CO_2 排放变化的决定因素，并预测了上海市 2016～2030 年的减排潜力。然而，现有研究大多局限于单一污染物系统，对碳、氮、磷等多污染物协同作用的 SD 模拟研究明显不足。未来研究以东江流域农业生产系统为研究对象，突破农业源碳排放与污染物耦合建模和多空间尺度整合等关键问题，以充分发挥 SD 模型在污染物协同治理决策支持中的潜力。

本章建模的核心步骤如下：

1）系统界定与目标明确。基于东江流域 20 个区县，确定以农业生产系统为核心研究对象，重点考察全流域的碳氮磷排放动态。系统边界涵盖流域内所有行政区划单元，同时考虑区县间的空间关联。

2）系统结构可视化表达。构建因果关系图揭示要素间的作用机制，如农业投入与环境污染的反馈回路。在此基础上绘制系统流图，明确状态变量、速率变量等关键要素的量化关系。

3）动态方程体系建立。基于流域统计数据和实地调研，运用相关统计方法构造系统内各变量间产生相互作用的结构方程，用以反映变量间的动态作用机制。

4）模型验证与应用。通过历史数据回测确保模型可靠性后，模拟不同发展情景下的流域环境响应。

基于系统动力学模型，构建了东江流域农业源碳氮磷排放模型，重点模拟农村人口、种植业和畜禽养殖业发展对农业源温室气体排放与氮磷流失的影响，构建的模型含有 20 个状态变量，用于模拟种养结构等关键农业变量对碳氮磷排放的影响，碳、氮、磷排放量通过共同状态变量的驱动发生协同变化，从而实现多物质的耦合模拟功能，模型的系统流图如图 7.1.1 所示。

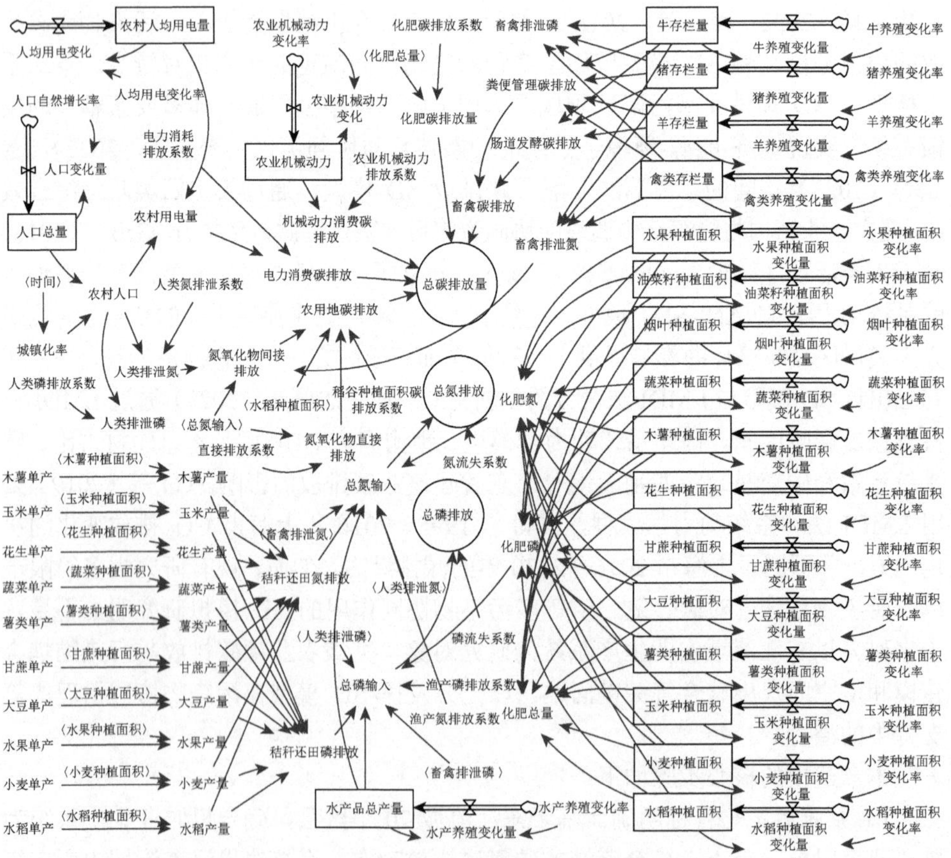

图 7.1.1　东江流域农业源碳氮磷排放系统流图

7.2　SD 模型检验

7.2.1　有效性检验

本章基于系统动力学模型建立起来的是一个将流域农业生产中各污染物排放要素连接起来的抽象模型，该模型能否科学、合理地模拟客观现状以及未来发展趋势，需要对模型的有效性进行检验。有效性检验方法具体如下：

1）检验模型中自变量与因变量之间函数关系、因果关系、方程式是否合理，排除逻辑上的错误。

2）检验模型中指标数学量纲的一致性，运用 Vensim 软件中 Units check 工具可以对指标的单位进行检验，使用 Check model 工具可以检验模型方程式的表达，自动检验和跟踪模型表达的正确性。

7.2.2　历史性检验

通过计算模型运算结果与历史值之间的相对误差，对模型进行检验和修正，对于误差较大的指标，进行参数的修正，从而使模型能够更好地拟合客观系统。模拟结果与历史值检验的公式为

$$D_t = (S_t - X_t) / X_t \times 100\% \tag{7.2.1}$$

式中，D_t表示 t 时刻的相对误差值；S_t表示 t 时刻的模型运算值；X_t表示 t 时刻的历史值。模型的合理性和科学性是模拟的关键，一般要求模型运行结果与历史值的相对误差范围在±10%。本章选取模型的核心指标：碳、氮、磷排放总量进行历史性检验，结果如表 7.2.1 所示。历史性检验误差都在±10%，说明模型拟合效果好，模型的可行性、有效性、科学性得到验证，可用于对东江流域农业源碳氮磷排放发展趋势的模拟。

表 7.2.1　东江流域农业源碳氮磷排放系统动力学模型历史性检验结果

年份	碳排放			氮排放			磷排放		
	实际排放量/万 t	模拟排放量/万 t	误差/%	实际排放量/万 t	模拟排放量/万 t	误差/%	实际排放量/t	模拟排放量/t	误差/%
2000	468.61	475.12	−1.39	3.02	3.29	−8.89	780.52	781.91	−0.18
2001	464.60	472.76	−1.76	3.07	3.26	−6.29	836.52	786.86	5.94
2002	444.31	471.15	−6.04	2.99	3.24	−8.29	810.23	792.70	2.16

续表

年份	碳排放			氮排放			磷排放		
	实际排放量/万 t	模拟排放量/万 t	误差/%	实际排放量/万 t	模拟排放量/万 t	误差/%	实际排放量/t	模拟排放量/t	误差/%
2003	435.36	461.38	−5.97	2.99	3.21	−7.41	823.73	798.74	3.03
2004	436.48	452.89	−3.76	3.04	3.19	−4.96	871.70	806.25	7.51
2005	452.14	452.20	−0.01	3.12	3.17	−1.46	896.89	814.21	9.22
2006	482.04	487.36	−1.10	3.05	3.15	−3.32	885.65	823.31	7.04
2007	496.90	521.43	−4.94	2.99	3.13	−4.74	882.92	833.17	5.63
2008	510.01	521.21	−2.20	3.06	3.11	−1.71	904.65	843.78	6.73
2009	516.49	522.05	−1.08	3.13	3.10	0.98	927.24	855.31	7.76
2010	530.80	532.74	−0.37	3.10	3.08	0.39	940.12	866.95	7.78
2011	554.86	544.07	1.94	3.14	3.07	2.04	950.23	879.68	7.42
2012	562.10	547.26	2.64	3.17	3.06	3.43	963.57	893.08	7.32
2013	561.54	553.65	1.41	3.13	3.05	2.44	956.49	906.93	5.18
2014	535.49	527.72	1.45	3.11	3.04	2.23	959.42	921.85	3.92
2015	550.76	529.86	3.80	3.16	3.04	3.82	1008.73	936.73	7.14
2016	547.83	527.06	3.79	3.12	3.03	2.79	974.94	952.44	2.31
2017	555.16	538.86	2.94	3.36	3.03	9.81	1400.21	1350.23	3.57
2018	550.01	537.05	2.36	3.25	3.02	6.89	1322.28	1348.37	−1.97
2019	550.00	549.08	0.17	3.06	3.02	1.12	1260.08	1347.09	−6.91
2020	571.68	568.93	0.48	3.13	3.02	3.56	1249.57	1346.41	−7.75
2021	579.51	565.79	2.37	3.19	3.02	5.17	1348.02	1348.61	−0.04

7.3 情景设计

本章基于系统内各要素的因果关系，以及影响排放的关键因素，构建了东江农业源碳氮磷排放系统动力学模型。采用系统动力学方法对东江农业源碳、氮、磷排放的未来趋势进行模拟。基于回归分析、线性插值等数学方法，建立了系统各模块变量之间的动力学方程，对模型参数赋值并进行可行性检验。最后采用情景分析法探索东江农业源减污降碳路径。综合考虑历史发展与未来可能的变化，最终设计出五种情景：历史发展情景、推进农业发展情景、农业发展约束情景、能源约束情景和综合约束情景。具体如下：

（1）历史发展情景

在历史发展情景中，研究区域农业发展相关指标按照历史趋势发展，在农业生产力和技术条件不变情况下，农业源污染物排放效应变化。根据东江流域多年农业经济统计数据确定，常住人口年均变化率、城镇化率、农作物种植面积变化率、畜禽养殖变化率等主要参考2000～2021年50%分位数。此情景下，各项指标设置情况如表7.3.1所示。

表7.3.1　历史发展情景下SD模型相关指标参数值

指标	单位	数值	备注
常住人口年均变化率	%	2.55	2000～2021年50%分位数
城镇化率	%	$y = 1/\{1 + e^{\wedge}[0.4627-0.0652(x-2000)]\}$	x表示年份
农村人均用电量年均变化率	%	8.93	2000～2021年50%分位数
农业机械总动力年均变化率	%	3.77	2000～2021年50%分位数
牛年均变化率	%	−1.59	2000～2021年50%分位数
羊年均变化率	%	3.15	2000～2021年50%分位数
猪年均变化率	%	−0.31	2000～2021年50%分位数
家禽年均变化率	%	1.71	2000～2021年50%分位数
水稻种植面积年均变化率	%	0.17	2000～2021年50%分位数
小麦种植面积年均变化率	%	−4.40	2000～2021年50%分位数
玉米种植面积年均变化率	%	−1.99	2000～2021年50%分位数
薯类种植面积年均变化率	%	−0.51	2000～2021年50%分位数
大豆种植面积年均变化率	%	−0.28	2000～2021年50%分位数
甘蔗种植面积年均变化率	%	−3.46	2000～2021年50%分位数
花生种植面积年均变化率	%	0.21	2000～2021年50%分位数
木薯种植面积年均变化率	%	−1.15	2000～2021年50%分位数
蔬菜种植面积年均变化率	%	2.56	2000～2021年50%分位数
水果种植面积年均变化率	%	−0.58	2000～2021年50%分位数
水产品变化率	%	2.23	2000～2021年50%分位数

（2）推进农业发展情景

在推进农业发展情景中，研究区域各农业生产指标增长速度得到提升。在技术条件不变的情况下，污染物排放量可能有潜在变化。在该情景下，农业生产指标选择过去20年的75%分位数作为推进发展依据，代表主要农业生产规模处于历史中较快的发展水平，模拟农业经济快速发展情况下污染物排放效应变化，研究污染物排放效应对农业生产力度调控的响应程度（表 7.3.2）。

表 7.3.2　推进农业发展情景下 SD 模型相关指标参数值

指标	单位	数值
牛年均变化率	%	1.93
羊年均变化率	%	5.10
猪年均变化率	%	5.43
家禽年均变化率	%	5.21
水稻种植面积年均变化率	%	1.14
小麦种植面积年均变化率	%	1.06
玉米种植面积年均变化率	%	3.67
薯类种植面积年均变化率	%	2.20
大豆种植面积年均变化率	%	2.89
甘蔗种植面积年均变化率	%	7.00
花生种植面积年均变化率	%	2.12
木薯种植面积年均变化率	%	0.88
蔬菜种植面积年均变化率	%	5.55
水果种植面积年均变化率	%	3.71
水产品变化率	%	3.65

（3）农业发展约束情景

在农业发展约束情景下，研究区域农业生产速度受到限制。在生产技术条件不变的情况下，预测污染物排放量未来的变化，从而模拟出限制农业生产规模时，农业污染物排放效应响应特征，为农业生产调控提供指导。在此情景下，农业生产指标选择过去 20 年的 25%分位数作为限制发展的依据，模拟缩小农业生产规模情况下，碳氮磷排放效应变化（表 7.3.3）。

表 7.3.3　农业发展约束情景下 SD 模型相关指标参数值

指标	单位	数值
牛年均变化率	%	−11.31
羊年均变化率	%	0.17
猪年均变化率	%	−3.25
家禽年均变化率	%	−2.79

续表

指标	单位	数值
水稻种植面积年均变化率	%	–4.70
小麦种植面积年均变化率	%	–7.68
玉米种植面积年均变化率	%	–16.31
薯类种植面积年均变化率	%	–2.60
大豆种植面积年均变化率	%	–3.56
甘蔗种植面积年均变化率	%	–12.79
花生种植面积年均变化率	%	–6.17
木薯种植面积年均变化率	%	–7.41
蔬菜种植面积年均变化率	%	1.19
水果种植面积年均变化率	%	–1.77
水产品变化率	%	0.20

（4）能源约束情景

在能源约束情景下，农业能源消耗年均增长速度受到限制，人口增长主要考虑受规划政策的影响。模拟生产规模变化趋势和技术条件不变的情况下，农业集约化进程放缓，污染物排放效应的变化。在此情景下，农业生产指标不变，农村人均用电量和农业机械总动力增长率放缓，参数调控参考过去 20 年的 25%分位数，取值分别为 3.28%和 1.62%。人口自然增长率根据《广东省人口发展规划（2017～2030 年）》要求取值为 5‰。

（5）综合约束情景

农业源污染物排放效应的影响因素有很多，综合约束情景可以实现多因素组合模拟，评估综合约束情景下污染物排放效应变化（表 7.3.4）。为了探索出最佳的减污降碳路径，将农业发展约束情景和能源约束情景结合，模拟未来农业源污染物排放效应变化。

表 7.3.4　综合约束情景下 SD 模型相关指标参数值

指标	单位	数值
常住人口年均变化率	‰	5.00
农村人均用电量年均变化率	%	3.28
农业机械总动力年均变化率	%	1.62
牛年均变化率	%	–11.31
羊年均变化率	%	0.17

续表

指标	单位	数值
猪年均变化率	%	−3.25
家禽年均变化率	%	−2.79
水稻种植面积年均变化率	%	−4.70
小麦种植面积年均变化率	%	−7.68
玉米种植面积年均变化率	%	−16.31
薯类种植面积年均变化率	%	−2.60
大豆种植面积年均变化率	%	−3.56
甘蔗种植面积年均变化率	%	−12.79
花生种植面积年均变化率	%	−6.17
木薯种植面积年均变化率	%	−7.41
蔬菜种植面积年均变化率	%	1.19
水果种植面积年均变化率	%	−1.77
水产品变化率	%	0.20

7.4　情景模拟结果

7.4.1　历史发展情景

模拟结果显示，在历史发展情景下，东江流域农业源碳氮磷排放量均呈现上升趋势（图 7.4.1）。碳排放量由 2021 年的 572.65 万 t 逐年递增至 2040 年的 1042.95 万 t，其间累计增长 470.30 万 t，年均增长 24.51 万 t（$p<0.001$），2021～2040 年碳排放的平均值达到 807.80 万 t。从整体趋势来看，东江流域农业源碳排放量的持续上升与农业扩张、集约化发展及可能的土地利用变化密切相关。氮排放量由 2021 年的 3.03 万 t 增长至 2040 年的 3.55 万 t，累计增长 0.52 万 t，年均增长约 0.03 万 t（$p<0.001$），增长幅度相对较小，但长期积累效应不容忽视。2021～2040 年期间，氮排放的平均值为 3.30 万 t，表明农业源氮排放总体水平相对稳定，长期处于较高排放状态。尽管氮排放的绝对增长量相对较小，但其长期积累可能对水体富营养化和生态系统健康造成潜在威胁。磷排放量由 2021 年的 1349.76 t 增长至 2040 年的 1711.99 t，累计增长 362.23 t，年均增长约 19.00 t（$p<0.001$），虽然增长速率不高，但其累积效应对环境负荷仍具有显著影响。2021～2040 年期

间，磷排放的平均值为 1530.88 t，表明农业源磷排放的整体水平较高，对区域水体富营养化的潜在风险不可忽视。总体来看，如果延续历史发展策略，东江流域农业源碳、氮、磷排放将呈现协同增长趋势。为实现可持续发展，建议未来在优化农业结构、减少化肥使用及提升土地利用效率等方面进行系统性调整。

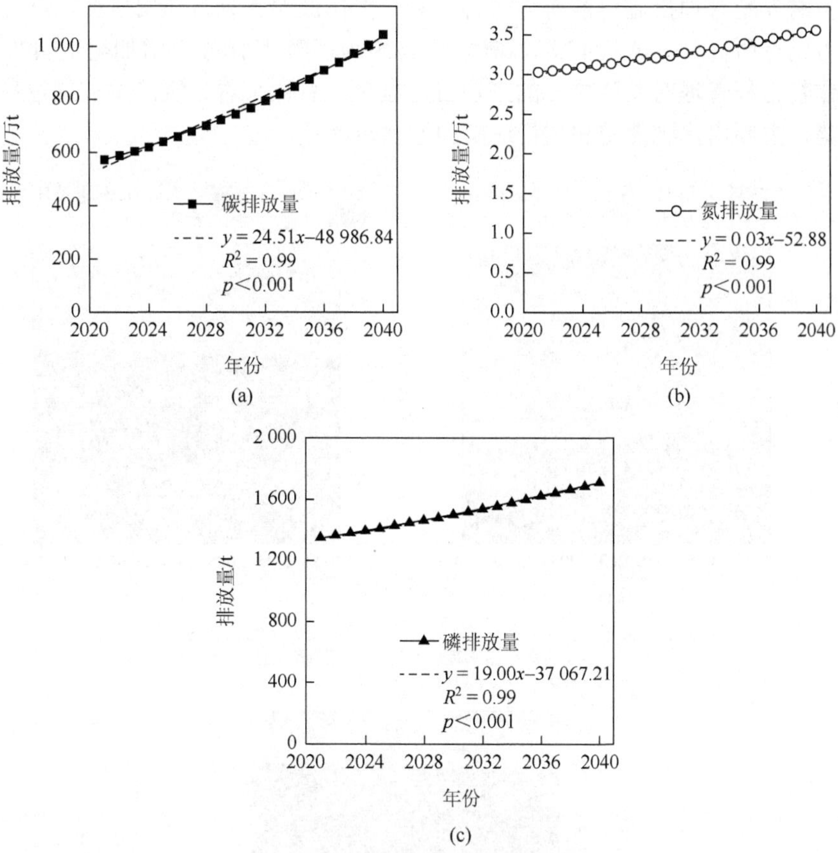

图 7.4.1　历史发展情景下 2021～2040 年东江流域农业源碳氮磷排放量

在历史发展趋势下，东江流域农业源碳氮磷排放结构变化如图 7.4.2 所示。碳排放以畜禽排放、电力消费碳排放、农用地排放为主。2021 年首要排放源为农用地，排放占比为 44.52%，但随着时间推移，逐年下降至 2040 年的 27.30%，表明其在碳排放结构中的相对贡献逐步降低，这是因为土地利用效率提高或其他排放源贡献增长更快。电力消费碳排放占比显著上升，从 2021 年的 38.43%增加至 2040 年的 63.04%，成为碳排放增长的主要来源，反映出电力使用在农业生产中地位逐渐增强。畜禽养殖碳排放占比从 2021 年的 13.98%逐步下降至 2040 年的 7.42%。

氮排放和磷排放具有同源性，其主要排放源相同，以秸秆还田排放、化肥排放和畜禽排放为主。且 2021 年化肥排放为二者的首要排放源，直至 2040 年都未曾发生改变。化肥排放在氮磷排放总量中的占比逐渐上升，氮从 45.87%增加至 47.01%，磷从 67.82%增加至 69.52%。氮磷排放的第二排放源为畜禽排放，畜禽排放的占比逐渐下降，氮从 37.62%下降至 34.78%，磷从 20.41%下降至 17.31%，表明畜禽养殖管理措施可能有所改善。第三大排放源为秸秆还田排放，秸秆还田排放占比有所提升，氮从 15.84%增加至 17.50%，磷从 10.88%增加至 12.49%，说明农作物秸秆管理对氮磷排放的影响日益显著。总体来看，氮磷排放总量呈现上升趋势，主要由化肥使用和秸秆还田的增长驱动。

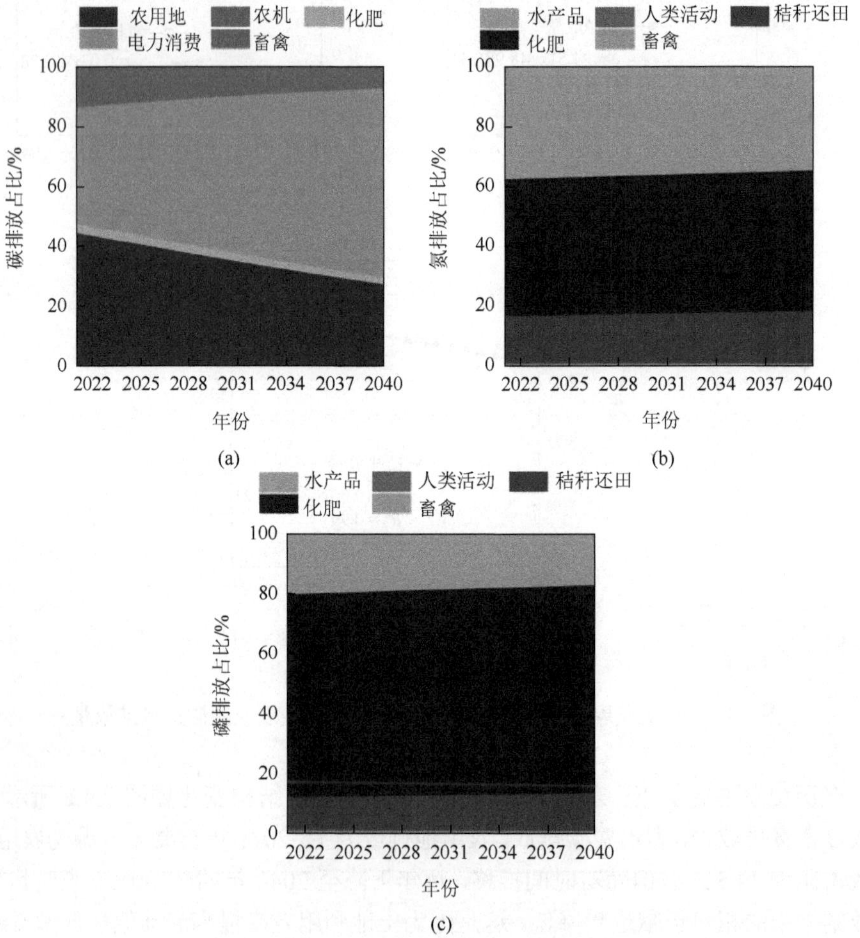

图 7.4.2　历史发展情景下 2021～2040 年农业源碳氮磷排放结构

（扫封底二维码获取彩图）

随着城市化进程的持续推进，东江流域人口结构与数量发生了显著变化。人口总量从 2021 年的 993.29 万人增加至 2040 年的 1602.71 万人，增加了 609.42 万人，增长率为 61.35%（图 7.4.3）。人口总量的增长为区域经济发展和市场规模扩张提供了支撑，同时也对资源利用和环境保护提出了更高要求。城镇人口由 2021 年的 708.12 万人增加至 2040 年的 1434.91 万人，增加了 726.79 万人，增幅达 102.64%。这表明随着城市化的深入推进，大量农村人口向城镇迁移，城镇化水平显著提升。农村人口从 2021 年的 285.17 万人下降至 2040 年的 167.80 万人，减少了 117.37 万人，下降幅度为 41.16%。农村人口的持续减少是城市化进程的不断发展导致的，同时反映了农业劳动力资源的减少，为应对这一趋势，需进一步推进农业生产的机械化和集约化，提升农业生产效率。未来需统筹协调城乡发展，加强城镇基础设施建设和农村土地整合利用，以确保城乡人口结构的稳定和区域经济的可持续发展。

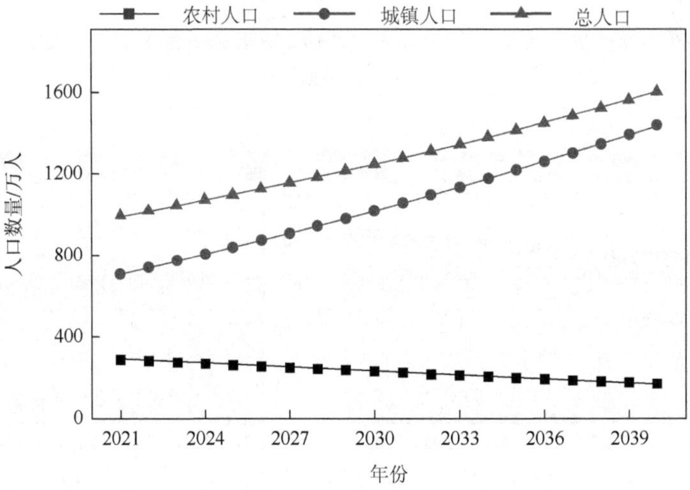

图 7.4.3　历史发展情景下 2021～2040 年东江流域人口数量变化

在历史发展情景下，畜禽养殖（图 7.4.4）和各类农作物种植结构（图 7.4.5）呈现出不同的变化趋势。猪存栏量呈缓慢下降趋势，由 2021 年的 189.91 万头下降至 2040 年的 179.03 万头，下降了 5.73%。羊存栏量持续增长，由 2021 年的 6.18 万只增加至 2040 年的 11.15 万只，增长了 80.42%。家禽存栏量大幅增加，由 2021 年的 3317.02 万羽增长至 2040 年的 4577.81 万羽，增长了 38.01%。牛存栏量持续减少，从 2021 年的 14.95 万头下降至 2040 年的 11.03 万头，下降了 26.22%，由于牛这种大型反刍动物是农业源碳排放的重要来源，其数量锐减，碳排放量减少。畜禽养殖总量从 3528.06 万头增长至 4766.60 万头，增长了 35.11%，增长主要由家禽和羊存栏量驱动。

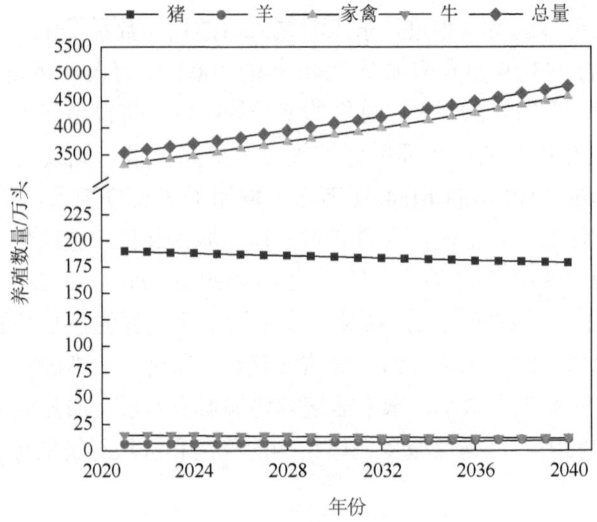

图 7.4.4　历史发展情景下 2021～2040 年东江流域畜禽养殖数量变化（羊单位为万只，家禽单位为万羽）

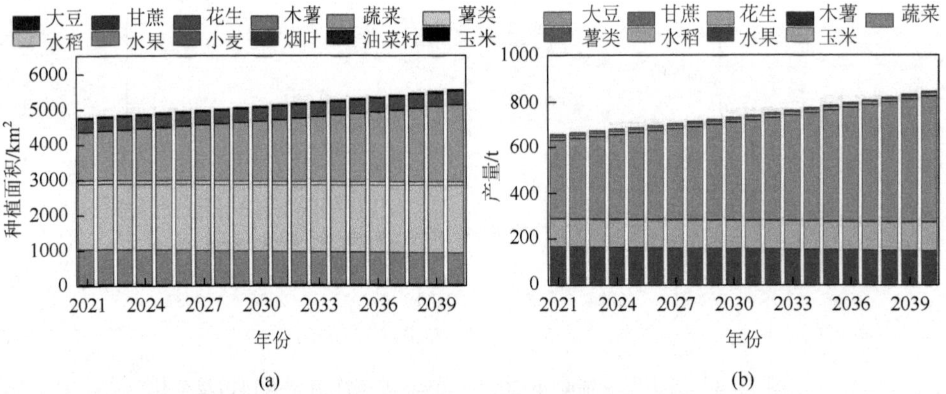

图 7.4.5　历史发展情景下 2021～2040 年东江流域主要农作物种植面积与产量变化

（扫封底二维码获取彩图）

农作物种植面积总体呈上升趋势，由 2021 年的 4801.78 km^2 增加至 2040 年的 5580.42 km^2，但各类农作物种植面积变化趋势存在差异。种植面积排名前四的农作物中，水稻、花生和蔬菜的种植面积呈上升趋势。水稻种植面积小幅增加，由 2021 年的 1852.67 km^2 增长至 2040 年的 1913.44 km^2，增长了 3.28%。水稻产量随之增加，由 118.01 万 t 增长至 121.87 万 t，增长了 3.27%。水稻的稳定增长与粮食安全政策密切相关。花生种植面积略有增长，从 2021 年的 362.18 km^2 增长至 2040 年的 376.91 km^2，增长了 4.07%，产量增长了 4.05%。蔬菜种植面积快速增加，由 2021 年的 1353.62 km^2 增长至 2040 年的 2188.16 km^2，增长了 61.65%。蔬菜产量也由 339.16 万 t 增长至 548.25 万 t，增长了 61.65%。符合《广东省国土空间规划（2021～2035 年）》中将耕地主要用于粮食、油和蔬菜等农产品生产要求。

此情景下各类农作物和畜禽养殖结构呈现出不同的变化趋势，种植结构逐渐向高附加值农作物如蔬菜和花生倾斜，水果和甘蔗等传统农作物种植面积有所减少；畜禽养殖业中羊和家禽增长显著，而大型牲畜如牛和猪的存栏量下降，反映出养殖结构的调整和优化。

7.4.2 推进农业发展情景

在推进农业发展情景下，模拟结果显示东江流域农业源碳、氮、磷排放量均呈现出显著增长趋势（图 7.4.6）。其中，碳排放量由 2021 年的 572.65 万 t 增长至 2040 年的 1351.96 万 t，增加了 779.31 万 t，涨幅为 136.09%，年均增长量

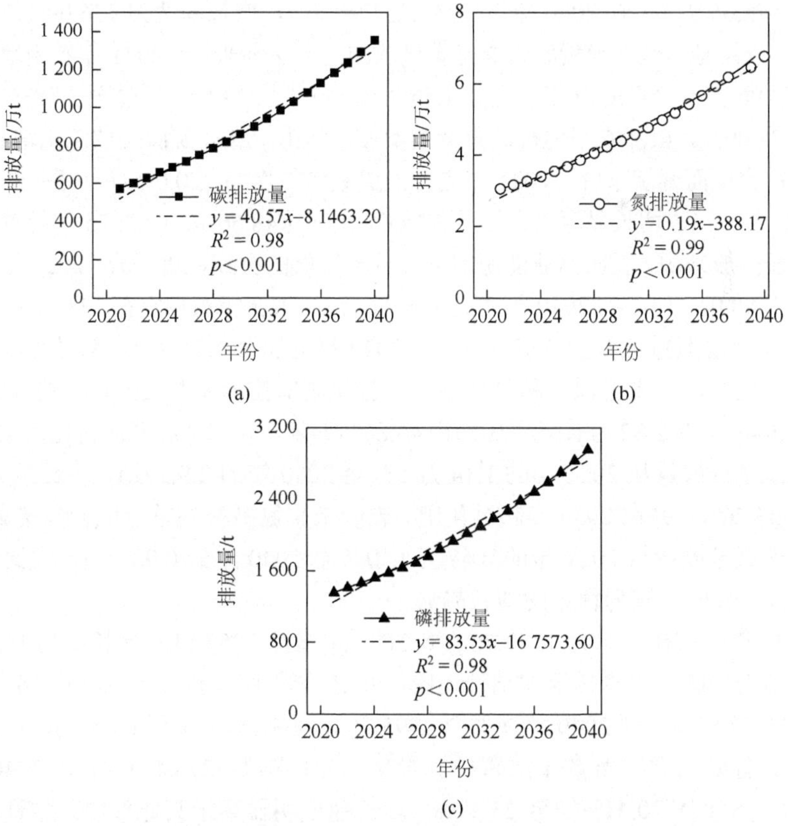

图 7.4.6　推进农业发展情景下 2021～2040 年东江流域农业源碳氮磷排放量

为 40.57 万 t（$p<0.001$），2021～2040 年的平均排放量为 962.31 万 t；氮排放量由 2021 年的 3.03 万 t 增长至 2040 年的 6.75 万 t，增加了 3.72 万 t，涨幅为 122.77%，年均增长量为 0.19 万 t（$p<0.001$），2021～2040 年的平均排放量为 4.88 万 t；磷排放总量由 2021 年的 1349.76 t 增长至 2040 年的 2957.51 t，增加了 1607.75 t，涨幅为 119.11%，年均增长量为 83.53 t（$p<0.001$），2021～2040 年的平均排放量为 2183.64 t。由此可见，在农业生产规模扩大的驱动下，碳、氮、磷排放的协同增长问题更加显著。

与历史发展情景相比，到 2040 年，碳排放量多了 309.01 万 t；氮排放量多了 3.20 万 t；磷排放量多了 1245.52 t。在此情景下，碳排放的增长幅度最为显著，而氮、磷排放的增长量也远超历史发展情景。由此说明，推进农业发展对于碳、氮、磷排放的推动作用较为显著。未来东江流域应聚焦于减排措施的协同实施，尤其是针对农业源氮、磷排放的控制，继续优化种植结构和养殖方式，从源头减少环境压力。

对此情景的碳氮磷排放结构进行分析，结果如图 7.4.7 所示。2021 年碳排放总量为 572.65 万 t，到 2040 年增加至 1351.96 万 t，增长率达到 136.09%。在不同部门中，农用地、电力消费和畜禽是碳排放的三大主要来源。2021 年农用地碳排放量为 254.96 万 t，到 2040 年升至 471.55 万 t，占比从 44.52%下降至 34.88%，年均占比为 38.09%。虽然农用地排放量持续增加，但由于农业源碳排放总量增长更快，农用地占比反而逐步下降。2021 年电力消费碳排放量为 220.09 万 t，到 2040 年增加至 657.80 万 t，增长显著，占比从 38.43%上升至 48.66%，于 2025 年超越农用地成为首要排放来源，表明农业能源需求对总碳排放的贡献显著提升。2021 年畜禽碳排放量为 80.04 万 t，到 2040 年达到 186.04 万 t，占比相对稳定在 13%左右。

2021 年总氮排放量为 3.03 万 t，到 2040 年增加至 6.75 万 t，总量翻倍。主要来源包括化肥、畜禽排泄和秸秆还田。尽管化肥氮排放量从 2021 年的 1.39 万 t 增长至 2040 年的 2.82 万 t，但占比却由 45.87%下降至 41.78%，平均占比为 43.57%。畜禽排泄氮排放量从 2021 年的 1.14 万 t 升至 2040 年的 2.92 万 t，占比从 37.62%上升至 43.26%，并在 2036 年超过化肥。表明未来氮减排的重点应转向畜禽管理。秸秆还田氮排放量从 2021 年的 0.48 万 t 增长至 2040 年的 0.98 万 t，占比维持在 15%左右，表现出较为稳定的增长趋势。

2021 年总磷排放量为 1349.76 t，到 2040 年增至 2957.51 t，增长率为 119.11%。主要来源为化肥、畜禽排泄和秸秆还田。2021 年化肥磷排放量为 915.36 t，占总磷排放的 67.82%，到 2040 年增加至 1895.75 t，占比却下降至 64.10%，化肥仍为磷排放的首要来源。畜禽排泄磷排放量从 2021 年的 275.43 t 升至 2040 年的 694.20 t，占比从 20.41%增至 23.47%，增长速度明显高于其他部门。秸秆还田磷排放量从 2021 年的 146.86 t 增长至 2040 年的 354.30 t，占比逐步上升，由 10.88%

增至 11.98%。综上所述，碳排放中电力消费成为主导因素，氮排放逐步向畜禽部门集中，而磷排放仍以化肥为主要来源。未来的减排策略的制定应因部门而异。

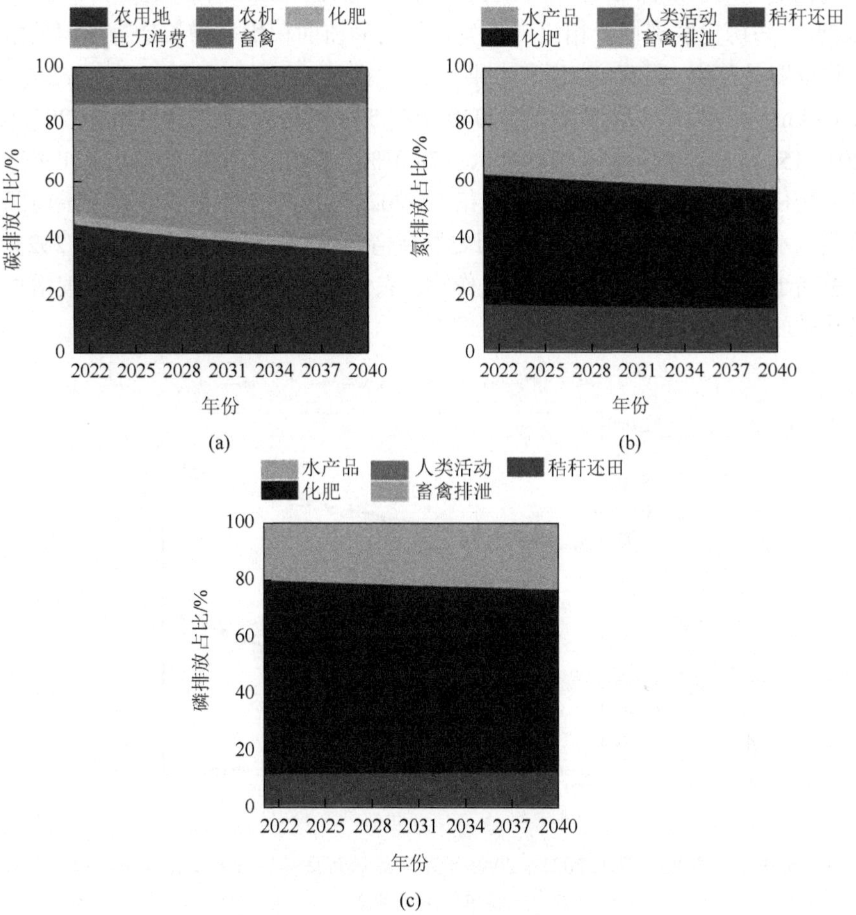

图 7.4.7　推进农业发展情景下 2021～2040 年东江流域农业源碳氮磷排放结构

（扫封底二维码获取彩图）

在推进农业发展情景下，畜禽养殖总量大幅度增长，由 2021 年的 3528.06 万头增加至 2040 年的 8803.27 万头，涨幅 149.52%，各类畜禽均呈现增长趋势（图 7.4.8）。其中猪存栏量从 2021 年的 189.91 万头增长至 2040 年的 518.63 万头，增长了 328.72 万头，涨幅为 173.09%；牛存栏量从 2021 年的 14.95 万头增长至 2040 年的 21.50 万头，增长了 6.55 万头，涨幅为 43.81%；家禽存栏量从 2021 年的 3317.02 万羽增长至 2040 年的 4577.81 万羽，涨幅为 38.01%。总体来看，该情景下未来畜禽饲养量将持续上升。

主要农作物种植面积呈现大幅度增长，由 2021 年的 4801.78 km^2 增长至 2040 年的 8988.36 km^2，涨幅 87.19%（图 7.4.9）。随着种植面积的大幅度增长，主要农作物产量也随之增长，由 2021 年的 665.34 万 t 增长至 2040 年的 1517.14 万 t，涨幅 128.02%。与历史发展情景相比，各类农作物种植面积均呈增长趋势，但最主要的农作物依旧是花生、蔬菜、水稻和水果，分别由 2021 年的 362.18 km^2、1353.62 km^2、1852.67 km^2 和 1007.74 km^2 增加至 2040 年的 539.55 km^2、3777.49 km^2、2297.92 km^2 和 2013.45 km^2，涨幅分别为 48.97%、179.07%、24.03%和 99.80%。农作物产量结构发生变化，甘蔗产量增长速度高于花生，2021～2040 年主要农作物产量前四分别是蔬菜、水果、水稻和甘蔗，这与历史发展情景不同，历史发展情景下 2023 年花生产量高于甘蔗，成为产量第四的农作物。农作物种植面积和产量的持续增长对未来氮磷排放将形成较大压力。

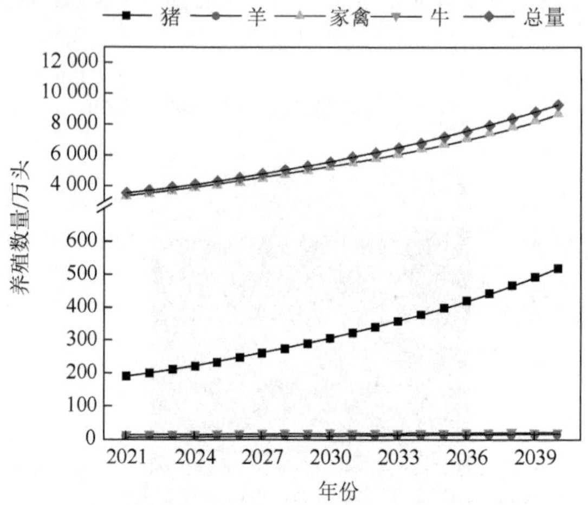

图 7.4.8　推进农业发展情景下 2021～2040 年东江流域畜禽养殖数量变化（羊单位为万只，家禽单位为万羽）

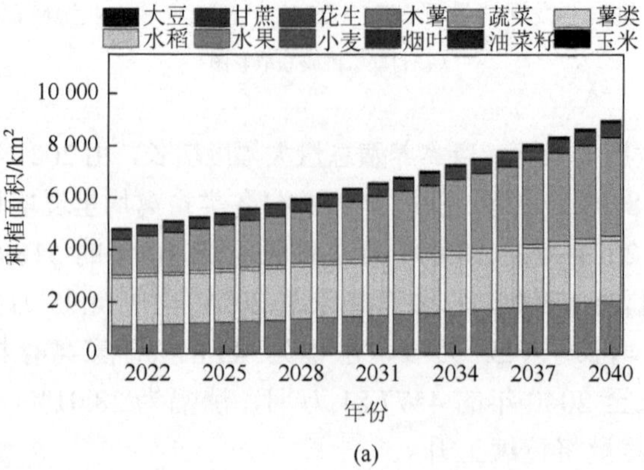

(a)

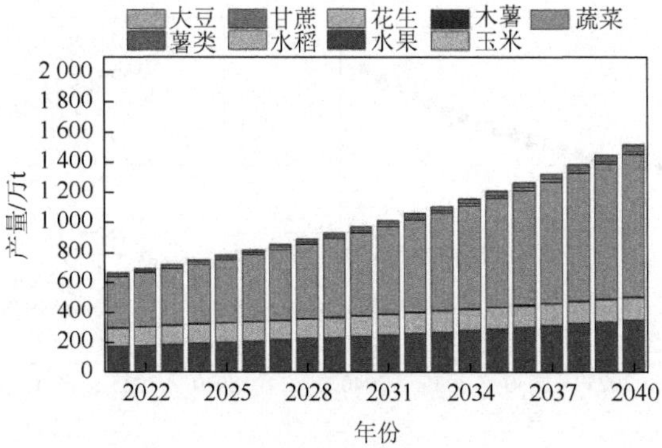

(b)

图 7.4.9　推进农业发展情景下 2021～2040 年东江流域主要农作物种植面积与产量变化

（扫封底二维码获取彩图）

7.4.3　农业发展约束情景

模拟结果显示，在农业发展约束情景下，东江流域碳、氮、磷排放呈现不同变化趋势（图 7.4.10）。碳排放总量从 2021 年的 572.65 万 t，增长到 2040 年的 852.56 万 t，增长了 279.91 万 t，涨幅为 48.88%。碳排放呈现持续增长趋势，表明农业活动中碳排放量逐年增加，主要与农业生产过程中能源消耗碳排放的增加相关。总氮排放从 2021 年的 3.03 万 t 下降至 2040 年的 2.09 万 t，减少了 0.94 万 t，降幅为 31.02%。氮排放量的逐年下降趋势的主要原因是农业生产中的氮肥使用减少，导致氮排放得到了有效控制。总磷排放也从 2021 年的 1349.76 t 下降至 2040 年的 1056.61 t，减少了 293.15 t，降幅为 21.72%。与历史发展情景相比，2040 年碳氮磷排放量分别少了 190.39 万 t、1.46 万 t 和 655.38 t。这表明，在农业发展约束情景下，氮和磷的减排潜力远超过了碳的减排潜力，主要原因是农业发展限制对不同物质排放的驱动效应存在差异。

对碳、氮、磷排放结构进行分析，结果如图 7.4.11 所示。碳排放主要由农用地排放、畜禽排放和电力消费排放构成。农用地排放占比逐年下降，由 2021 年的 44.52%下降至 2040 年的 17.15%；畜禽排放占比显著减少，由 2021 年的 13.98%下降至 2040 年的 3.96%；电力消费排放占比则呈显著上升趋势，由 2021 年的 38.43%增加至 2040 年的 77.16%，并在 2026 年超过 50%，成为农业源碳排放的主要来源；化肥的碳排放占比相对较低，保持在 2%左右的水平。这一结果表明，未来农业源碳减排的研究重点应更多关注能源消耗部门，特别是电力消费的优化和清洁能源的使用。氮排放主要来源于化肥排放、畜禽排放和秸秆还田排放，其中化肥排放占比逐步上升，由 2021 年的 45.87%增加至 2040 年的 52.64%；畜禽排

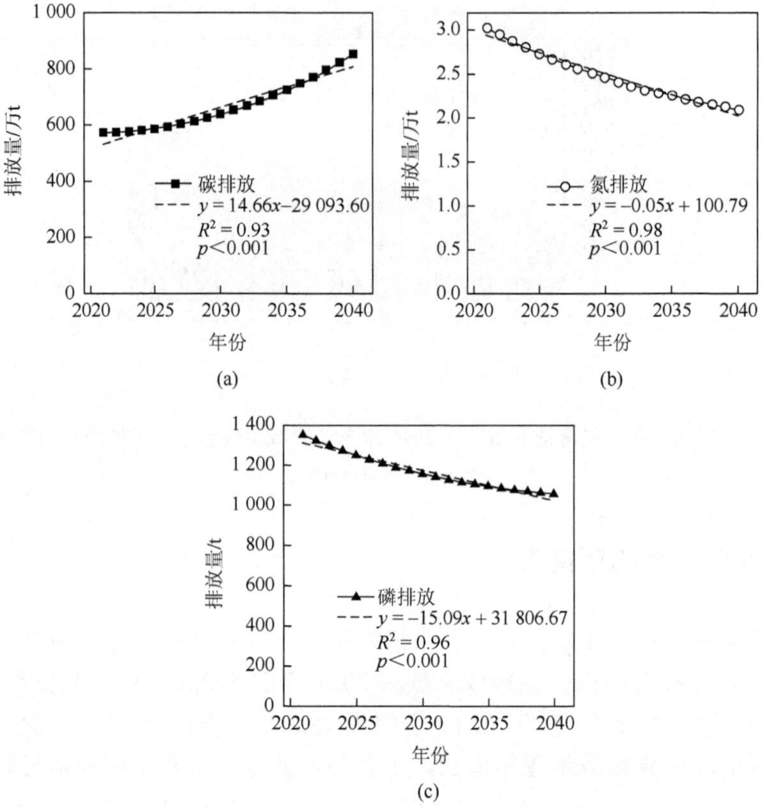

图 7.4.10　农业发展约束情景下 2021～2040 年东江流域农业源碳氮磷排放量变化

放占比呈下降趋势，由 2021 年的 37.62%下降至 2040 年的 27.95%；秸秆还田排放占比小幅增长，由 2021 年的 15.84%增加至 2040 年的 19.41%。氮排放结构的变化表明，未来氮减排应注重化肥使用的科学管理，同时通过改善畜禽管理措施进一步降低畜禽排放对总氮排放的贡献。磷排放的主要来源包括化肥排放、畜禽排放和秸秆还田排放。化肥排放占比逐步上升，由 2021 年的 67.82%增加至 2040 年的 71.94%；畜禽排放占比显著下降，由 2021 年的 20.41%下降至 2040 年的 12.97%；秸秆还田排放占比缓慢增长，由 2021 年的 10.88%增加至 2040 年的 15.09%。未来，磷排放的治理重点在于优化化肥使用，降低化肥对总磷排放的占比，同时强化畜禽排泄物的资源化利用。

综合来看，电力消费的快速增长使其成为碳排放的主要来源，而氮、磷排放则主要由化肥使用驱动。未来应采取针对性措施，优化能源结构、合理施肥，推动农业绿色低碳发展。

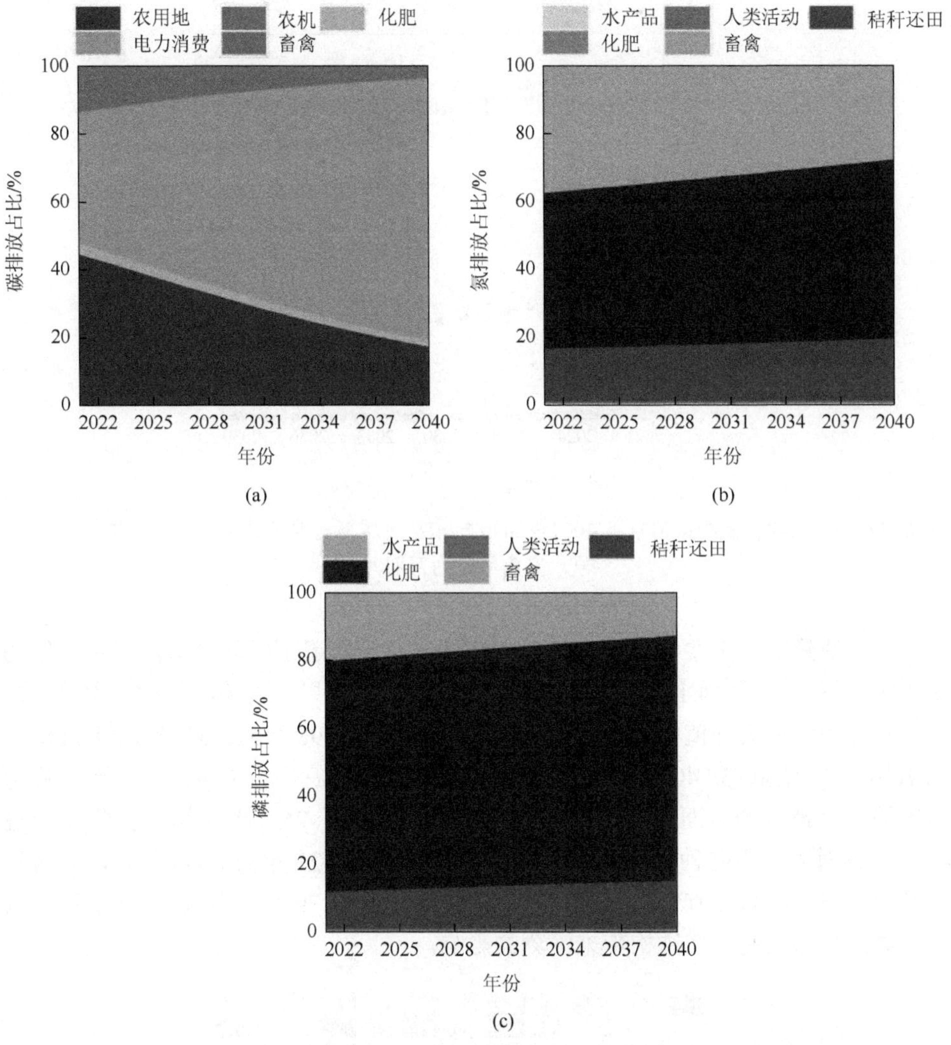

图 7.4.11　农业发展约束情景下 2021～2040 年东江流域农业源碳氮磷排放结构

（扫封底二维码获取彩图）

对畜禽养殖结构预测结果显示，除羊存栏量呈现上升趋势外，其余主要畜禽养殖量均呈现持续下降的趋势（图 7.4.12）。具体来看，羊存栏量在预测期间增长了 3.26%，而猪、牛和家禽存栏量分别大幅减少了 46.63%、89.78%和 41.58%。这一结果表明，由于主要畜禽养殖量的显著负增长，整体畜禽养殖总量呈现明显的下降趋势，降幅达 44.99%。未来这一趋势将进一步延续，对畜牧业生产格局带来深远影响。

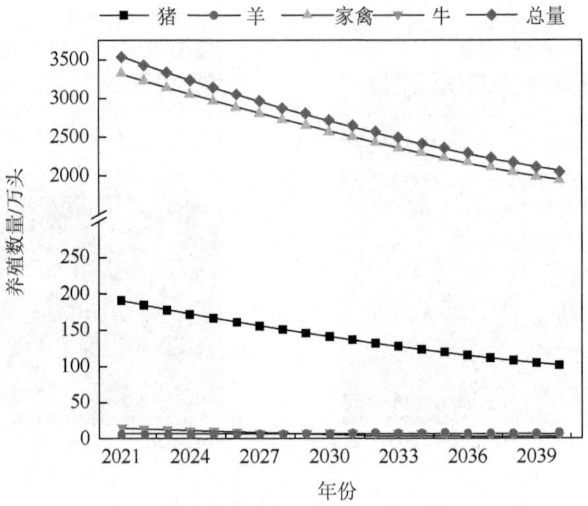

图 7.4.12　农业发展约束情景下 2021～2040 年东江流域畜禽养殖数量变化（羊单位为万只，家禽单位为万羽）

在此情景下，主要农作物的种植面积同样呈现普遍下降的趋势，但各农作物变化幅度不一（图 7.4.13）。玉米、油菜籽、烟叶、水果、水稻、薯类、木薯、花生、甘蔗和大豆的种植面积显著减少，降幅分别高达 98.39%、62.78%、88.85%、28.76%、59.91%、39.40%、76.82%、70.16%、92.58%和 49.77%。与之形成鲜明对比的是，蔬菜种植面积在此期间保持增长，增加了 25.23%。这一变化使得蔬菜逐渐成为最主要的种植作物，其种植面积占比由 2021 年的 18.88%大幅提高到 2040 年的 52.42%，而产量占比则从 27.36%攀升至 66.79%。蔬菜的主导地位进一步凸显，将对农业生产结构带来深刻的影响。

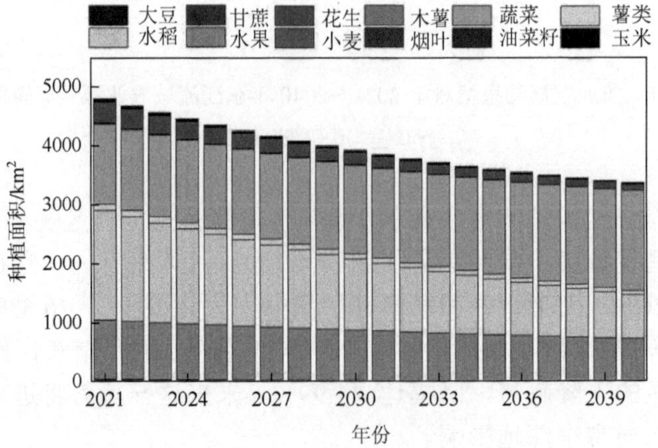

(a)

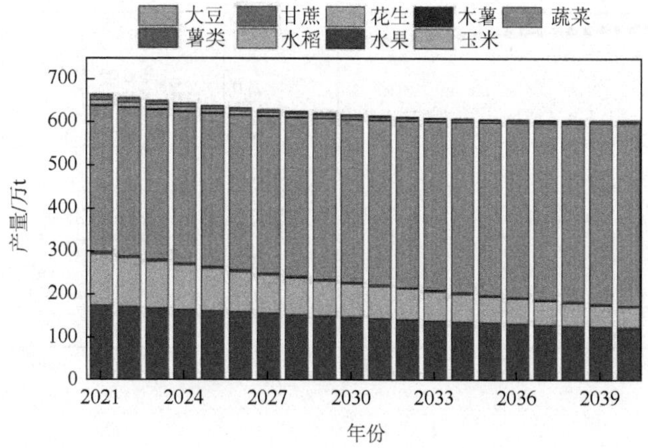

(b)

图 7.4.13　农业发展约束情景下 2021～2040 年东江流域主要农作物种植面积与产量变化

（扫封底二维码获取彩图）

总体来看，由于大多数农作物种植面积的大幅缩减远超过蔬菜种植面积的增长，总体种植面积呈现明显下降趋势。预测期间，总种植面积减少了 2522.83 km^2，降幅达 52.54%。种植结构和面积的显著变化也将对未来农业环境产生重要影响，预计氮磷排放压力将显著缓解，为生态环境改善提供良好契机。然而，大规模的种植面积下降可能对粮食安全造成不利影响，因此在农业结构调整中还需要充分考虑粮食的供需关系等因素。

7.4.4　能源约束情景

能源约束情景模拟结果显示，东江流域农业源碳、氮、磷排放量将呈现不同变化趋势（图 7.4.14）。总碳排放量呈现持续下降的趋势，但下降幅度相对平缓。具体来看，2021 年的农业源碳排放量为 572.65 万 t，到 2040 年减少至 547.89 万 t，总降幅为 4.32%。这一变化表明，在能源约束政策影响下，农业源碳排放可以得到一定程度的控制。从年度变化来看，碳排放量每年均呈现微幅下降的态势，每年平均减少约 1.38 万 t（$p<0.001$）。虽然整体降幅有限，但持续的下降趋势反映了能源约束政策对农业生产中碳排放削减的推动作用。这一趋势也表明，随着农业生产方式的优化和能源利用效率的提升，东江流域农业源的碳排放有望进一步降低。未来，如果能够进一步推广低碳技术和可持续农业模式，预计农业源碳排放量的下降趋势将得以延续，这对实现区域碳中和目标和生态环境保护具有重要意义。由于能源约束情景主要调控能源消耗指标，对氮磷相关生产活动影响较小，因此流域氮磷排放与历史发展情景基本无较大差异。

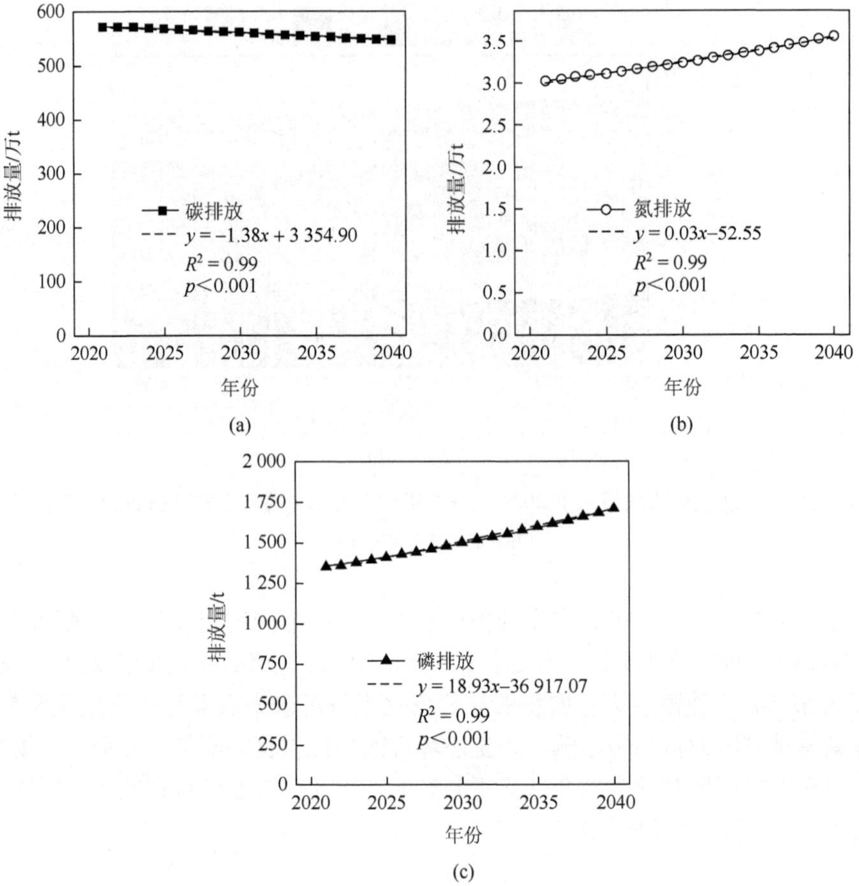

图 7.4.14　能源约束情景下 2021～2040 年东江流域农业源碳氮磷排放量变化

对此情景下碳排放结构进行分析，结果如图 7.4.15 所示。东江流域农业源碳排放结构呈现出显著的时间变化特征。农用地碳排放持续增加，由 2021 年的 254.96 万 t 增长至 2040 年的 284.57 万 t，总增幅达到 11.61%。农用地碳排放量在总碳排放中的占比逐年上升，2021 年占总碳排放的 44.52%，到 2040 年这一比例增至 51.94%。这表明在能源约束情景下农用地碳排放将逐渐成为东江流域农业源碳排放的主要来源。化肥碳排放稳步上升，由 2021 年的 17.52 万 t 增长至 2040 年的 22.92 万 t，总增幅约为 30.82%。化肥碳排放占比呈缓慢上升趋势。2021 年化肥碳排放占总碳排放的 3.06%，到 2040 年占比增至 4.18%。尽管化肥碳排放的绝对值增加，但由于总排放量的逐步下降，其占比增长幅度相对较缓。电力消费碳排放显著下降，从 2021 年的 220.09 万 t 下降至 2040 年的 162.92 万 t，总降幅为 25.98%。电力消费碳排放在总碳排放中的占比呈现显著下降趋势，从 2021 年的 38.43%下降至 2040 年的 29.74%，成为碳排放总量下降的主要贡献因素之一，反映了能源结构优化对碳排放控制的重要作用。氮磷排放结构与历史发展情景无明显差异。总体而言，东江流域农业源碳排放在能源约束情景下表现出较强的减排潜力，尤其在电力消费领域。然而，农用地和化肥碳排放的上升趋势是未来亟待关注和治理的关键问题。

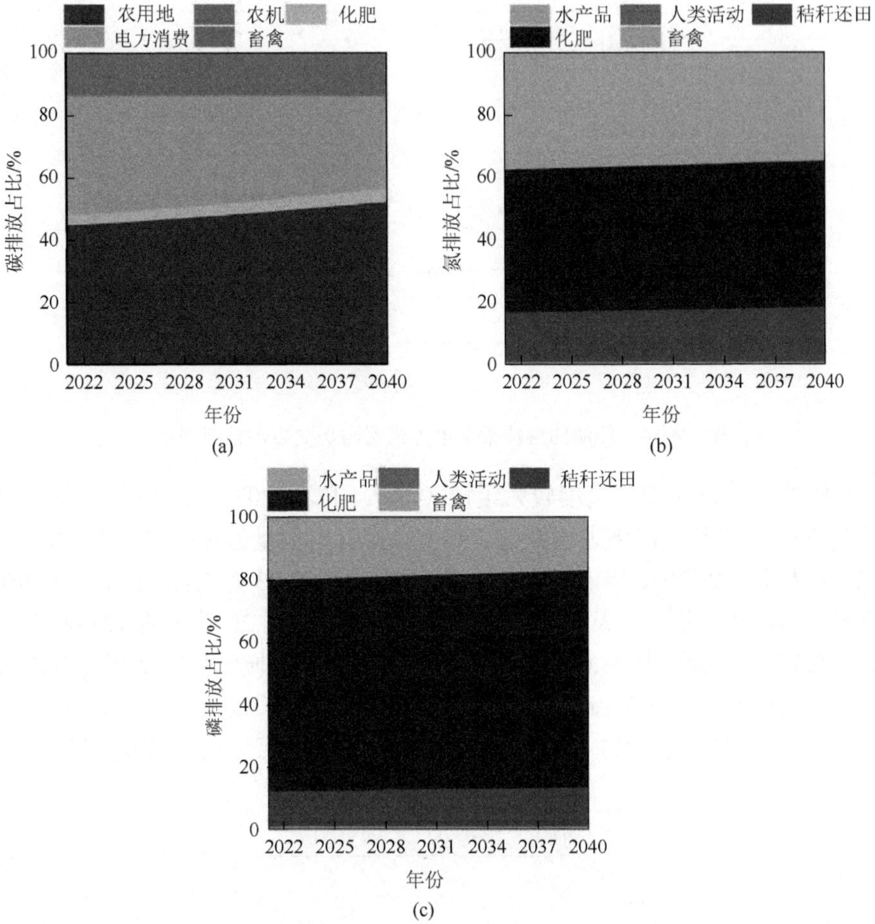

图 7.4.15　能源约束情景下 2021～2040 年东江流域农业源碳氮磷排放结构

（扫封底二维码获取彩图）

将此情景电力消费与历史发展情景对比发现（图 7.4.16），在历史发展情景下，电力消费量呈现出逐年上升的趋势，且增速明显，从 2021 年到 2040 年，电力消费量从 378.81 万 MW·h 增加到 1132.19 万 MW·h，增加了 753.38 万 MW·h，增长了约 198.88%。在能源约束情景下，电力消费量则呈现出逐年下降的趋势，从 2021 年到 2040 年，电力消费量从 378.81 万 MW·h 下降到 280.42 万 MW·h，下降了 98.39 万 MW·h，降幅为 25.97%。历史发展情景下电力消费量的持续上升与能源约束情景下电力消费量的下降形成鲜明对比，反映了能源约束和节能措施对电力消费的有效控制作用。为了应对日益增长的电力需求，尤其是在东江流域等地区，推动绿色、低碳的能源结构转型和加强能源效率管理将是未来实现低碳发展的关键。

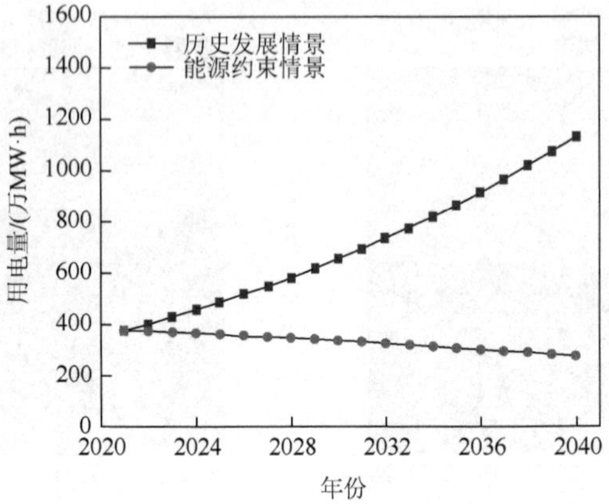

图 7.4.16　能源约束情景下电力消费与历史发展情景对比

此情景人口总量增长速度较为缓慢（图 7.4.17），2021～2040 年人口数量增加了 12.72%。随着城市化进程推进，未来农村人口数量持续下降，从 2021 年的 285.17 万人下降到 2040 年的 114.34 万人，减少了 170.83 万人，降幅高达 59.90%。城镇人口增长相对缓慢，从 2021 年的 708.12 万增长到 2040 年的 977.69 万，增加了 269.57 万，增幅为 38.07%。在能源约束情景下，城镇化率受到能源约束的限制，表现在人口向城市流动的速度减缓。总人口增长较为平缓，从 2021 年的 993.29 万增长到 2040 年的 1092.02 万，增加了 98.73 万，仅增长 9.94%。

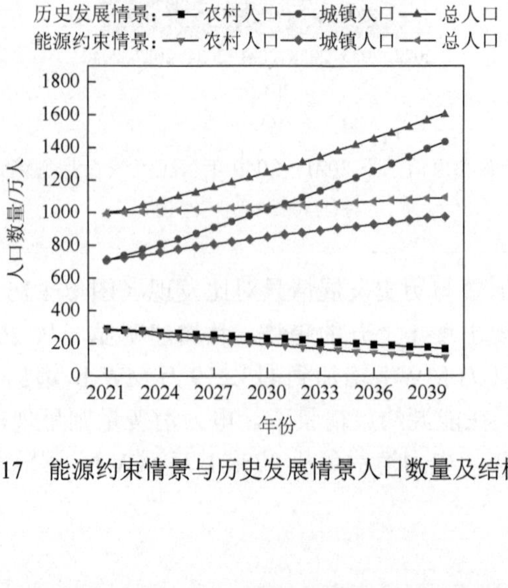

图 7.4.17　能源约束情景与历史发展情景人口数量及结构对比

7.4.5　综合约束情景

模拟结果显示，在综合约束情景下，东江流域农业源碳、氮、磷排放实现了同步减少（图 7.4.18）。总碳排放量从 2021 年的 572.65 万 t 下降到 2040 年的 357.49 万 t，减少了 215.16 万 t，降幅达 37.57%。总氮排放量从 2021 年的 3.03 万 t 下降到 2040 年的 2.09 万 t，减少了 0.94 万 t，降幅为 31.02%。总磷排放量从 2021 年的 1349.76 t 下降至 2040 年的 1055.16 t，累计减少 294.60 t，降幅约 21.83%。总体来看，综合约束情景对农业源碳、氮、磷的排放量变化均形成了较强的制约作用，尤其是碳和氮排放。

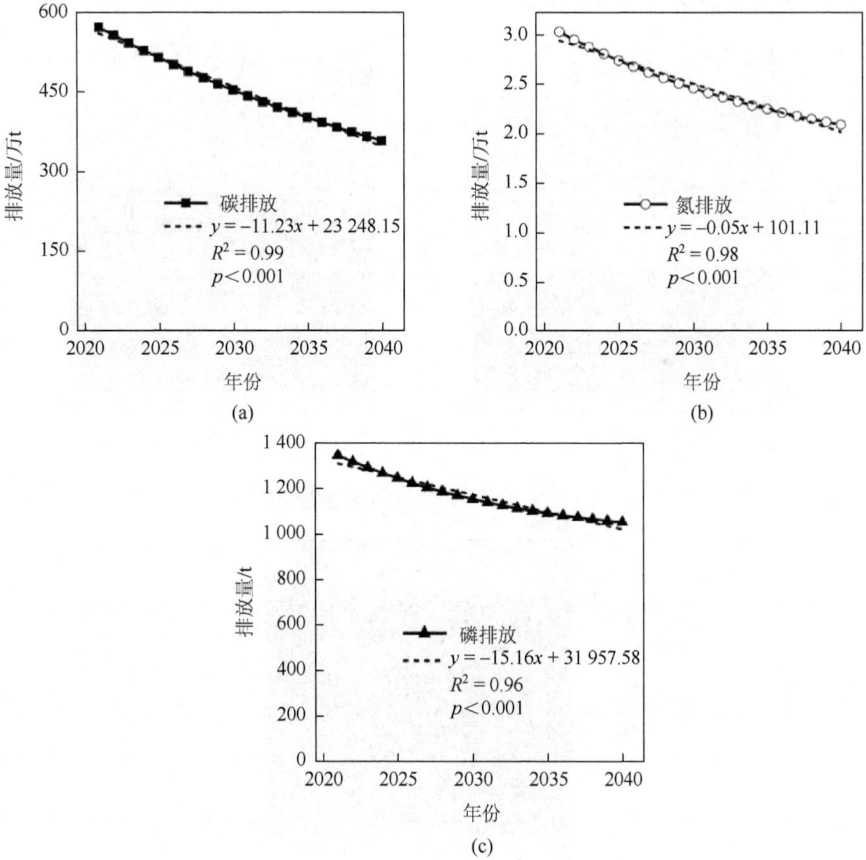

图 7.4.18　综合约束情景下 2021～2040 年东江流域农业源碳氮磷排放量

从该情景的农业源碳、氮、磷排放结构演变看（图 7.4.19），农用地碳排放是碳排放的主要来源，占总碳排放的比例从 2021 年的 44.52%小幅降至 2040 年的 40.86%。

电力消费的碳排放占比从 2021 年的 38.43%升至 2040 年的 45.56%，超越农用地成为碳排放的首要来源。化肥的碳排放占比从 2021 年的 3.06%升至 2040 年的 4.10%，变化较小。畜禽的碳排放占比从 2021 年的 13.98%降至 2040 年的 9.45%。农机的碳排放占比始终不足 0.02%，对整体影响可忽略。综合约束情景的结果表明对能源结构的优化、电力消费减排和农业低碳技术推广在碳减排上将起到关键作用。

化肥是氮排放的主要来源，氮排放占比从 2021 年的 45.87%升至 2040 年的 52.74%。畜禽的氮排放占比从 2021 年的 37.62%降至 2040 年的 28.00%，减排贡献显著。秸秆还田的氮排放占比从 2021 年的 15.84%增至 2040 年的 18.47%。人类活动的氮排放占比较小，从 2021 年的 0.53%降至 2040 年的 0.31%，影响较小。总体来看，该情景下畜禽养殖对流域氮排放的影响得到有效控制，原因是畜禽养殖规模控制显著减少了氮流失。

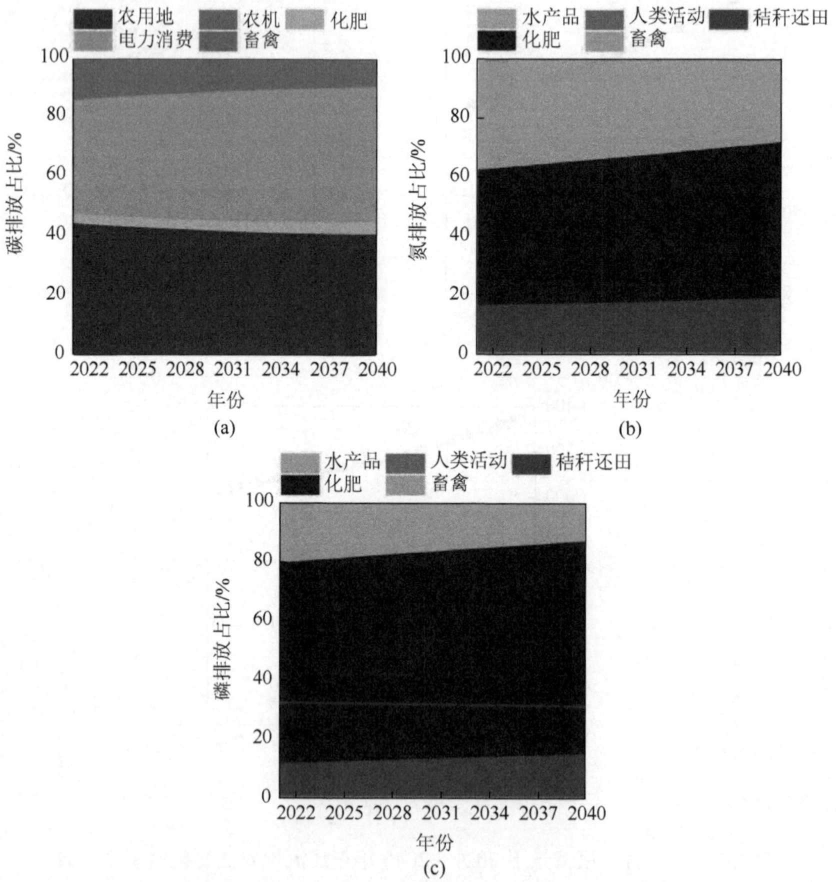

图 7.4.19　综合约束情景下 2021～2040 年东江流域农业源碳氮磷排放结构

（扫封底二维码获取彩图）

化肥的磷排放占比从 2021 年的 67.82%升至 2040 年的 72.01%，是磷排放增长的主要驱动因子。畜禽的磷排放占比从 2021 年的 20.41%降至 2040 年的 12.99%，畜禽养殖规模的下降直接影响畜禽磷的排放占比。秸秆还田的磷排放占比从 2021 年的 10.88%增至 2040 年的 14.28%，是第二大增长贡献来源。人类活动和水产品的磷排放占比较小，对整体影响可以忽略不计。总磷减排效果明显，但化肥的磷排放占比仍比较高，表明未来政策应加大对低磷农业和水环境保护技术的资金与技术支持。

7.5 情景比较

对各情景 2021～2040 年农业源碳氮磷排放耦合协调度进行评估，结果如图 7.5.1 所示。在历史发展情景下，耦合协调度呈现下降趋势，从 2021 年的 0.39 下降到 2035 年的 0.10（耦合协调度最低值），并持续到 2040 年。整个时间序列的变化表明，在不考虑外部约束的情况下，东江流域的碳氮磷排放系统的耦合协调度逐渐下降，并于 2035 年抵达下限，表明碳氮磷排放之间的协同效应逐渐弱化，可能是由于农业、能源等领域的排放量不断增长，耦合协调度逐年下降。在推进农业发展情景下，耦合协调度呈现急剧下降趋势，从 2021 年的 0.39 下降至 2024 年的 0.10，仅过 3 年便到达下限，与历史发展情景相比快了 11 年，加速打破碳氮磷的排放平衡。这是因为农业生产的扩张导致排放强度的上升，进一步削弱了农业系统的耦合协调度。在农业发展约束情景下，耦合协调度呈现缓慢上升趋势，前期表现为先升后降，到 2022 年升至 0.40 后下降至 2025 年的 0.37，后续持续上升到 2040 年的 0.43。表明在农业发展约束情景下，东江流域的碳氮磷排放系统逐渐趋向协调，且耦合协调度在整个预测期内不断提高。这一趋势反映了在实施农业约束措施后，农业部门的排放压力得到了一定程度的控制，促进了碳氮磷排放的协调发展。在能源约束情景下，耦合协调度的变化与历史发展情景基本一致，不同点在于前期耦合协调度下降趋势相对较缓，表明对单一污染物进行约束对耦合协调度的影响比较有限。在综合约束情景下，耦合协调度呈现出最为显著的上升趋势，从 2022 年的 0.50 增长至 2040 年的 0.91。这表明在综合约束措施下，碳氮磷排放系统在各方面的协调性得到了显著改善。综合约束情景可能包括农业、能源、产业等多个方面的综合措施，这些措施通过协同作用加强了各领域之间的协调性，促进了碳氮磷的同步减排，最终导致耦合协调度的显著提高。

综上所述，要实现农业源碳氮磷排放耦合协调度的稳定提升，必须采用多种措施协同并举的方式，单一治理模式或者延续历史发展方式是低效的，甚至会进一步恶化。通过不同类型的约束措施，尤其是综合约束措施，可以有效促进碳氮磷排放的协调化管理，从而提高整体的耦合协调度，推动东江流域农业源碳氮磷排放系统实现更可持续的发展目标。

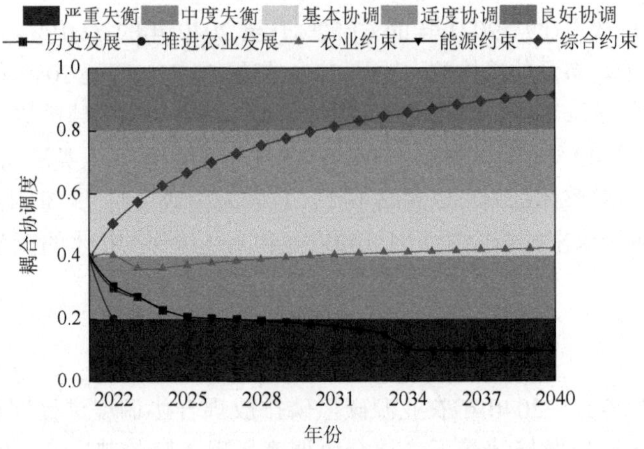

图 7.5.1　2021～2040 年各情景耦合协调度变化

（扫封底二维码获取彩图）

本章基于系统动力学方法构建了东江流域农业源碳氮磷排放模型，通过历史数据验证模型有效性（误差±10%），并模拟了五种发展情景下 2021～2040 年排放趋势与结构演化规律，揭示了不同调控路径对农业污染物减排的协同效应。研究表明，在历史发展情景中，东江流域的农业源碳、氮、磷排放将持续增长，电力消费碳排放占比从 38.43%升至 63.04%，成为主导碳排放的关键因素，化肥使用对氮磷排放贡献持续增强，耦合协调度从 0.39 降至下限 0.10，2035 年后保持下限，表明该情景下农业源碳氮磷排放系统协同性持续恶化；在推进农业发展情景中，氮磷排放翻倍，畜禽养殖扩张与农作物种植面积激增，主要农作物种植面积增长 87.19%导致环境压力倍增，耦合协调度在 3 年内从 0.39 骤降至 0.10，反映农业生产扩张将进一步导致碳氮磷排放失衡；在农业发展约束情景中，氮和磷排放显著下降，降幅分别为 31.02%和 21.72%，耦合协调度波动上升至 0.43，但碳排放仍增长 48.88%，反映单一农业调控措施对碳减排的局限性。在能源约束情景中，碳排放下降 4.32%，电力消费碳减排贡献突出，占比从 38.43%降至 29.74%，但农用地碳排放逆势增长 11.61%，暴露能源-土地协同治理的必要性，耦合协调度变化趋势与历史发展情景相似。如果实施综合约束，东江流域的碳、氮、磷将实现碳氮磷同步减排，降幅分别为 37.57%、31.02%、21.83%，耦合协调度从 0.39 升至 0.91，验证多维度调控政策协同的有效性。

参考文献

杜淼，胡鑫杨，2022. 我国 2030 年实现碳达峰路径研究：基于经济、能源、碳排放系统的 SD 模型[J]. 资源与产业，24（5）：19-28.

段哲哲，艾健，秦强，2022. 系统理论中系统动力学方法论的困境、问题与未来：基于经典定性与定量方法的批判视角[J]. 系统科学学报，30（2）：30-34.

姜妮，陈仲晗，赵庄明，等，2018. 基于 SD 的海岸带污染负荷预测及污染经济损失研究：以江门市为例[J]. 海洋环境科学，37（5）：720-727.

麦文隽，2022. 系统动力学中的系统思想及其在“碳中和”愿景目标中的应用研究：以交通行业减碳为例[J]. 系统科学学报，30（1）：17-22.

王平顺，臧旭超，厚富来，等，2025. 基于 SD 模型的巴彦淖尔市水资源供需平衡方案研究[J]. 干旱区地理，48（2）：202-211.

王西琴，贾宝珍，姜智强，等，2023. 非点源特征区水环境承载力预警与调控研究：以承德市为例[J]. 环境科学学报，43（5）：486-495.

王志强，李可慧，任金哥，等，2023. 基于 LMDI-SD 模型的山东省建筑业碳排放影响因素与情景预测[J]. 环境工程，41（10）：108-116.

曾元，张文港，孙靖文，等，2023. 基于系统动力学的京津冀区域减污降碳政策仿真研究[J]. 环境科学研究，36（11）：2210-2220.

Gao W，Hong B，Swaney D P，et al.，2016. A system dynamics model for managing regional N inputs from human activities[J]. Ecological Modelling，322：82-91.

Gu S，Fu B T，Thriveni T，et al.，2019. Coupled LMDI and system dynamics model for estimating urban CO_2 emission mitigation potential in Shanghai，China[J]. Journal of Cleaner Production，240：118034.

第 8 章　东江流域农业源减污降碳协同调控

8.1　农业源碳氮磷排放协同优化模型构建

8.1.1　优化框架

在国家“双碳”和区域非点源控制的目标下，东江流域农业源的协同调控是指农业生产和农村生活中碳、氮、磷三种物质的排放量实现协同下降。具体来说，农业源碳排放是指农业生产活动和农村生活活动导致的各类温室气体排放，农业源氮、磷排放是指农业生产和农村生活中向水体排放污染物，也称为氮、磷流失。因此，农业源的碳、氮、磷排放特指农业农村活动主体向大气和水环境的排放情况。然而，由于农业源碳、氮、磷排放驱动力的差异，难以通过单一维度的调控措施实现多要素协同下降。为此，本节设计农业源碳氮磷协同优化模型。该模型是以碳氮磷排放量同时下降为目标，以污染排放总量和经济社会发展为约束的农业源碳氮磷协同调控的多目标优化模型。

多目标优化（MOO）方法自帕累托最优理论提出以来，已发展出传统多目标规划（classical multi-objective programming，CMOP）、灰色多目标规划（gray multi-objective programming，GMOP）和多目标动态规划（multi-objective dynamic programming，MODP）三类方法体系（White，1980）。传统多目标规划作为经典的优化方法，通过建立严格的数学模型来协调多个相互冲突的目标函数。该方法的核心优势在于其能够基于帕累托最优理论，运用数学规划工具求解非劣解集，确保在不过多降低任一目标的前提下实现系统总效益最优。在资源环境配置、环境承载力和系统优化等领域，该方法被广泛使用。杨木易（2014）通过传统多目标规划模型优化浙江北部地区农业源污染物的排放，可减少 20%～40%的污染物排放量；张国丰等（2016）运用 Lingo 软件求解河北省“水资源-水环境-社会经济”发展动态综合模型，预测 2025 年实现 COD_{Cr} 有效减排与经济增长；程娜（2016）采用优化模型在经济、资源、社会、环境和生态五个维度对佳木斯市农业产业结构进行多维临界调控分析，预测到 2020 年农业源污染物排放可减少 13.2%。灰色多目标规划作为一种融合灰色系统理论与多目标优化的创新决策方法，在处理环境系统中普遍存在的不确定性问题上展现出独特优势。该方法特别适用于含有定量与定性指标的不确定性环境问题，如水资源和土地资源的优化配置。例如，韩海燕和于苏俊（2010）利用 GMOP 模型优化四川省水资源配置；王丽萍等（2007）在桂林市水资源配置中，加入了 BOD 作为环境目标；张芮等（2016）利用 GMOP 进行兰州市农村部门用水量预测，发现到 2020 年生态和农业用水量可分别增加 0.24 亿 m^3 和 1.13 亿 m^3。多目标动态规划是解决复杂时序决策问题的突破性方法，其创新性地将动态规划的分阶段递推机制与多目标优化的帕累托最优理论相融合。这一理论创新使其特别适用于具有时序依赖性且目标间存在冲突的复杂环境系统优化问题，如水资源调度、能源规划等典型应用场景。在实证研究方面，如任政（2017）针对水库的多目标调度问题提出了多目标动态规划算法，预测了最优情景下水库的泄水量和缺水量；张淑祥等（2006）在常规决策变量的基础上，增加了阶段变量和状态变量，以水库的多种供水功能为目标函数，比较动态规划模型和常规方法的计算结果，发现动态规划模型能显著减少水库的弃水量和输水量。这些研究成果不仅验证了 MOO 方法在环境决策中的实用价值，也推动了多目标优化理论在时序决策领域的发展。

8.1.2　优化目标

为实现减污降碳协同增效，选择东江流域农业源碳氮磷排放负荷总和最小化为优化目标。在本章中碳氮磷排放均由人类生活、畜禽养殖和农业种植活动产生。由于目标函数的数量级有差异，采用分别除以基准年数值的方法去量纲。农业源碳氮磷排放系统模型的优化函数设置如下：

$$\mathrm{OBJ} = \min\left(\sum_i W_i \cdot \frac{\sum_j E_{ij}}{\mathrm{BE}_i}\right) \tag{8.1.1}$$

式中，OBJ 为优化目标；min 为最小化函数；E_i 为农业源碳、氮和磷的排放量（万 t），$i = 1$、2 和 3 分别表示碳、氮和磷，计算公式对应 3.2 节中的 TAC、ANP_1 和 ANP_2；BE_i 为基准年碳、氮和磷的排放量（万 t）；W 为碳、氮、磷三种污染物排放的优化权重，本章采用等权法，即 $W_1 = W_2 = W_3 = 1/3$；j 代表东江流域的各个区县单元编号。

8.1.3　约束条件

（1）污染物排放约束

根据国家绿色发展战略和东江流域生态环境保护的要求，设置东江流域农业源碳、氮、磷排放总量不超过基准年水平。该约束旨在通过优化农业种植结构、推广绿色生产技术、减少化肥农药使用等措施，实现农业经济发展与生态环境保护的协同目标。

$$\sum_{j} E_{ij} \leqslant \sum_{j} \mathrm{BE}_{ij} \tag{8.1.2}$$

式中，符号含义同式（8.1.1）。

（2）城镇化发展约束

根据地区人口发展规划要求，人口规模维持增长态势，但增长速度逐年放缓，因此设置到规划年总人口数量不低于基准年的 1.1 倍。现在东江各区县人口变化相对稳定，为避免过度的人口增长和人口迁移造成的不合理现象，设置各区县人口数量波动范围限制，即人口增长不高于基准年的 1.25 倍。

$$\sum_{j} \mathrm{POP}_{j} \leqslant 1.1 \cdot \sum_{j} \mathrm{POPB}_{j} \tag{8.1.3}$$

$$1.25 \cdot \mathrm{POPB}_{j} > \mathrm{POP}_{j} > \mathrm{POPB}_{j} \tag{8.1.4}$$

式中，POP 为流域各区县人口数量（万人）；POPB 为基准年人口数量（万人）；j 为区县编号。

根据地区发展城镇化提高要求，设置城镇化率不低于规划年水平，2021 年东江流域常住人口城镇化率为 71.29%，根据《广东省人口发展规划（2017～2030 年）》，到 2030 年常住人口城镇化率为 76.70%。考虑城镇化不断发展的需求，规划年各区县城镇化率不应低于基准年。同时为保证其科学性，除部分区县（如龙岗区、坪山区）城镇化率可超过 85%，其余区县城镇化率设置不能超过此数值。

$$\mathrm{URTG} \leqslant \frac{\sum_{j} \mathrm{POP}_{1j}}{\sum_{j} \mathrm{POP}_{1j}} \tag{8.1.5}$$

$$85\% > \mathrm{URT}_{j} > \mathrm{URTB}_{j} \tag{8.1.6}$$

式中，URT 为城镇化率；URTG 为规划年城镇化率；POP_{1j} 为 j 县（区）城镇人口（万人）；URTB_j 为 j 县（区）基准年城镇化率。

（3）农业发展约束

根据耕地红线原则与《广东省国土空间规划（2021～2035 年）》，设置耕地规模不低于基准年水平。同时避免城市化发展的需求，未来耕地面积难以大规模扩大，因此设置耕地面积短时间内不得超过近年最大值。考虑复种指数不发生变化，以总种植面积为流域耕地变量的决策变量。此外，为保证区域农产品种类多样性，对每一类农产品种植面积下限作出约束。

$$\mathrm{CLAB} \cdot \mathrm{MCR} > \sum_{i} \sum_{j} \mathrm{CLA}_{ij} > \mathrm{CLAB} \tag{8.1.7}$$

式中，CLAB 为基准年总种植面积（亩）；MCR 为 2000～2021 年东江流域最大种植面积与基准年的比值；CLA_{ij} 表示区县 j 的 i 类农作物种植面积（亩[①]）；i = 1、2、3、…、11 和 12 分别表示水稻、小麦、玉米、薯类、大豆、甘蔗、花生、木薯、蔬菜、油菜籽、烟叶和水果。

畜禽养殖规模变化对农业经济影响较大，为避免过于强烈的畜禽养殖规模变化，根据历史养殖规模对其变化上限和下限设置以下限制：

$$\sum_{l}\sum_{j}\mathrm{LIV}_{lj} \geqslant P_{\mathrm{LIV}0.75} \cdot \sum_{l}\sum_{j}\mathrm{LIVB}_{lj} \tag{8.1.8}$$

$$\mathrm{LIV}_{lj} \geqslant P_{\mathrm{LIV}0.5l} \cdot \mathrm{LIVB}_{lj} \tag{8.1.9}$$

式中，LIV 为畜禽养殖量（头）；LIVB 表示基准年畜禽养殖总量（头）；l = 1、2、3 和 4 分别表示猪、牛、羊和家禽；$P_{\mathrm{LIV}0.75}$ 和 $P_{\mathrm{LIV}0.5}$ 分别为 2000～2021 年东江畜禽总量的 75%分位数和 5%分位数与基准年比值。

根据《广东省国土空间规划（2021～2035 年）》要求，确保粮食、油、糖、蔬菜、水果等农产品以及生猪、家禽产业和水产品产量增长势态，保证农产品总量增长。同时为了避免某类农作物产品过度挤占市场空间，对其产量占比上限做出约束。

$$\mathrm{AP}_{jk} \geqslant \mathrm{APB}_{jk} \tag{8.1.10}$$

$$1.2 \cdot \frac{\mathrm{APB}_{jk}}{\sum_{i}\mathrm{APB}_{ij}} \geqslant \frac{\mathrm{AP}_{fjk}}{\sum_{i}\mathrm{AP}_{ij}} \geqslant \frac{\mathrm{APB}_{jk}}{\sum_{i}\mathrm{APB}_{ij}} \tag{8.1.11}$$

$$\mathrm{AP}_{ij} = \mathrm{CA}_{ij} \cdot \frac{\mathrm{PUAY}_{i}}{1000} \tag{8.1.12}$$

$$\mathrm{LIV}_{jm} \geqslant \mathrm{LIVB}_{jm} \tag{8.1.13}$$

$$\mathrm{AQP}_{j} \geqslant \mathrm{AQPB}_{j} \tag{8.1.14}$$

式中，AP 为农产品产量（t）；APB 表示基准年农产品产量（t）；k = 1、2、3、4、5、6 和 7 分别表示水稻、大豆、花生、油菜籽、甘蔗、蔬菜和水果；PUAY_i 表示第 i 类农作物单位面积产量（kg/亩）；m = 1 和 2 分别表示生猪和家禽；AQPB 表示基准年水产品产量（t）。

在调整农业产业结构过程中，保证流域内各行政分区农业经济发展规模不能受到过大冲击。因此，设置各区县农业经济产出不低于当前基准年的水平。

$$\sum_{j}\sum_{n}\mathrm{CA}_{jn} \cdot \mathrm{UOV}_{n} \geqslant \sum_{j}\sum_{n}\mathrm{CLAB}_{jn} \cdot \mathrm{UOV}_{n} \tag{8.1.15}$$

式中，UOV_n 表示第 n 类农产品单位面积产值（万元/亩）；n = 1、2、3、…、17 表示 12 种农作物以及 4 种畜禽类型和水产品，其他符号含义同上。

此外，在农业产业发展和转型过程中，为避免地区产业向某个区域发生极

① 1 亩≈666.67 m^2

端化转移，设置各区县农产品保有量下限，要求各地区的农产品产量不低于历史序列数据的 5%分位数水平。

$$CA_{jn} \geqslant CAB_{jn} \cdot P_{0.05n} \tag{8.1.16}$$

式中，CA_{jn}表示到 2040 年第 j 县（区）第 n 类农产品的产量；$P_{0.05n}$表示 2000～2021 年东江第 n 类农作物产量的 5%分位数与基准年比值。

（4）能源消耗约束

能源消耗衡量了一个地区的科技发展水平。随着科技的进步，农业现代化进程的加快，农业中的机械化、自动化、智能化和精细化水平不断提高，电力消费也会相应增加，未来农村人均用电量可能持续增长。参考历史变化趋势，设置人均用电量不超过基准年的最大倍数 M（M 为 2000～2021 年东江流域农村人均用电量最大值与最小值的比值）。但随着绿色发展和清洁能源的推广，未来能源碳排放总量将会收敛，因此本节设置能源消耗约束。

$$TEC_j \leqslant TECB_j \tag{8.1.17}$$

$$TEC_j = POPR_j \cdot ECPUB \cdot ECEC \times 10 + AM_j \cdot CEC/1000 \tag{8.1.18}$$

$$ECPUB_j \cdot M \geqslant ECPU \geqslant ECPUB_j \tag{8.1.19}$$

$$AM_{fj} \geqslant AMB_j \tag{8.1.20}$$

式中，TECB 为基准年能源消耗碳排放总量（t）；POPR 为农村人口数量（万人）；ECEC 为电力消费碳排放系数［t/(MW·h)］；ECPUB 为基准年人均电力消费系数（kW·h/人）；CEC 为农机碳排放系数（kg/kW）；AMB 为基准年农机动力（kW）。

8.1.4　参数设置

模型共有变量 341 个，约束条件 603 条，其中 274 条为非线性约束。本节根据优化模型的参数设置要求，需要设置基准年的经济社会参数、农业生产参数、环境污染参数等。根据数据的可得性，优化选取的基准年为 2021 年，优化的基本单元为县级行政区，范围为东江流域内的各区县。

（1）经济社会参数

本节基于多目标优化模型构建的东江流域社会经济参数体系涵盖人口规模、城乡结构及农业现代化水平等核心指标。表 8.1.1 整合了流域内各区县人口总量、城镇化率、农村用电量及农业机械总动力等关键参数，其中人口总量反映区域人口集聚程度，城镇化率衡量城乡发展阶段，农村用电量可作为农村基础设施建设和经济活跃度的间接表征，农业机械总动力则体现农业生产技术水平。这些基准年的参数提供了优化模型的边界条件和运算基础，约束了模型变量的取值范围。

表 8.1.1　东江流域各区县基准年人口总量等关键参数

地市	地区	人口总量/万人	城镇化率	农村用电量/(万 kW·h)	农业机械总动力/kW
赣州市	安远县	13.68	0.25	755.74	50 247.02
	定南县	15.71	0.29	1 747.06	60 546.19
	寻乌县	29.82	0.24	9 304.35	159 921.30
河源市	源城区	70.75	0.96	6 154.00	36 635.40
	东源县	35.11	0.27	20 504.96	144 483.15
	和平县	35.35	0.33	9 668.41	112 338.79
	龙川县	36.37	0.34	14 880.53	152 259.12
	紫金县	43.83	0.39	20 594.52	106 030.50
	连平县	25.83	0.39	11 164.49	165 664.93
惠州市	博罗县	85.90	0.59	76 357.39	383 312.92
	惠城区	162.08	0.84	38 039.38	107 782.87
	惠东县	69.83	0.63	77 395.95	235 119.75
	惠阳区	74.63	0.75	77 360.78	85 002.00
	龙门县	7.09	0.46	2 778.54	48 383.87
深圳市	龙岗区	267.13	1.00	1 817.63	0.00
韶关市	新丰县	15.49	0.37	9 030.66	36 239.87
梅州市	兴宁市	4.68	0.48	1 264.63	23 385.80

（2）农业生产参数

本节基于多目标规划模型构建的东江流域农业生产参数包含三大核心模块，通过系统整合 2017～2021 年多源统计数据，形成覆盖全流域、多维度的农业生产基础数据库。为阐明区域农业发展的空间异质性与技术经济特征，本节首先呈现各区县基准年主要畜禽养殖规模与水产产量分布（表 8.1.2），揭示畜牧水产存量结构的区域分异规律；继而通过分析农作物种植面积的时空格局（表 8.1.3），解析粮食安全保障与经济作物布局的优化路径；最后基于参数化的生产技术指标（表 8.1.4），构建涵盖化肥投入强度、经济效益评估和单产水平的量化分析框架。共同构成研究的基础数据支撑体系，包含传统农业生产的物质存量数据，整合了反映现代农业特征的效益评价参数。

表 8.1.2　东江流域各区县基准年主要畜禽及水产品参数

地市	地区	牛/头	羊/只	猪/头	家禽/羽	水产品/t
赣州市	安远县	7 370	3 043	63 876	701 137	1 307.65
	定南县	15 759	1 299	293 827	495 466	3 351.21
	寻乌县	38 066	12 256	63 302	2 255 665	7 493.51

续表

地市	地区	牛/头	羊/只	猪/头	家禽/羽	水产品/t
河源市	源城区	634	275	600	1 999 095	1 160.00
	东源县	12 245	8 656	193 062	3 345 174	11 572.98
	和平县	7 591	7 211	119 752	3 822 811	4 445.81
	龙川县	7 926	5 783	111 472	2 073 128	8 546.19
	紫金县	16 020	3 672	114 526	3 536 681	7 771.79
	连平县	4 022	3 451	107 891	2 328 803	5 595.84
惠州市	博罗县	10 157	2 415	284 424	5 614 668	38 562.14
	惠城区	5 330	1 021	179 376	2 075 995	33 097.28
	惠东县	17 569	6 415	239 891	1 914 540	45 479.85
	惠阳区	2 995	1 182	4 100	416 768	15 578.05
	龙门县	1 533	362	26 669	459 033	1 828.02
深圳市	龙岗区	0	0	0	0	0.00
韶关市	新丰县	1 995	3 877	77 876	1 649 408	2 211.36
梅州市	兴宁市	295	911	18 427	481 858	965.83

表 8.1.3 东江流域各区县基准年主要农作物种植面积 （单位：亩）

地市	地区	水稻	薯类	大豆	甘蔗	花生	蔬菜	水果
赣州市	安远县	101 000	1 507	502	0	1 161	38 279	54 972
	定南县	87 031	3 223	8 596	0	4 126	43 343	47 588
	寻乌县	184 891	8 157	8 157	313	16 409	86 287	352 040
河源市	源城区	26 341	611	634	145	9 128	31 732	11 487
	东源县	350 959	13 451	6 878	5 403	99 304	98 464	63 887
	和平县	292 931	7 552	6 963	0	35 744	91 395	80 375
	龙川县	290 098	7 512	8 617	0	44 144	74 323	56 063
	紫金县	374 317	12 107	2 727	0	57 167	118 237	165 696
	连平县	198 583	6 108	5 504	0	68 250	89 460	97 563
惠州市	博罗县	241 363	9 915	4 311	7 857	64 698	424 134	149 379
	惠城区	133 939	6 953	3 202	561	36 570	231 377	65 442
	惠东县	279 565	75 865	2 139	1 194	51 919	340 630	127 763

续表

地市	地区	水稻	薯类	大豆	甘蔗	花生	蔬菜	水果
惠州市	惠阳区	49 496	11 028	1 507	128	17 903	223 397	113 477
	龙门县	63 147	2 755	800	392	6 288	39 738	74 851
深圳市	龙岗区	44	201	0	0	130	8 604	736
韶关市	新丰县	68 908	1 768	2 126	1 170	28 622	74 822	44 977
梅州市	兴宁市	36 396	1 099	650	5	1 704	16 202	5 313

表 8.1.4　东江流域各区县基准年主要农作物参数

参数类型	指标	水稻	薯类	大豆	甘蔗	花生	蔬菜	水果
施肥/(kg/亩)	氮肥	7.47	7.08	1.80	14.13	4.33	12.54	12.54
	磷肥	2.45	5.25	1.20	3.68	2.69	5.40	0.70
	化肥施用量	25.03	35.59	8.54	65.79	16.77	47.74	16.07
收益/(元/亩)	净利润	192	501	–107	772	253	2734	1959
产量/(kg/亩)	单位产量	424.63	324.00	191.44	6920.86	204.20	1670.36	1158.99

（3）环境污染参数

本节基于多目标规划模型构建的环境污染参数体系聚焦农业活动对氮磷排放及温室气体排放的综合影响。通过整合流域内各个地区的污染排放系数，以流域内面积权重的线性加权核算方法，将各行政区畜禽养殖、农业生产及能源消耗等排放因子转化为流域平均的排放系数（表 8.1.5）。

表 8.1.5　东江流域基准年农业活动因子污染物排放参数

活动因子	单位	碳排放	氮排放	磷排放
人	t/万人	30.8	0.57	0.61
牛	kg/头	2 036.2	8.0	5.5
羊	kg/只	381.0	2.4	0.7
猪	kg/头	394.1	3.2	1.7
家禽	kg/羽	10.3	0.1	0.1
水稻	kg/亩	488.5	2.2	2.7
小麦	kg/亩	119.3	1.9	3.5
玉米	kg/亩	96.2	1.6	0.8

续表

活动因子	单位	碳排放	氮排放	磷排放
薯类	kg/亩	115.8	1.7	5.5
大豆	kg/亩	65.6	1.2	1.3
甘蔗	kg/亩	424.0	7.4	5.2
花生	kg/亩	85.6	1.4	2.8
木薯	kg/亩	144.6	2.3	6.0
蔬菜	kg/亩	223.9	3.7	6.6
油菜籽	kg/亩	57.3	0.9	1.2
烟叶	kg/亩	29.5	0.0	0.0
水果	kg/亩	138.4	2.5	0.7
水产品	kg/t	29.2	0.5	0.5
电力	t/(MW·h)	0.581 0	—	—
农机	t/kW	0.000 18	—	—

8.2 流域农业源生产要素优化结果

基于构建的农业源碳氮磷排放协同优化模型，对东江流域各区县的生产要素进行优化，具体结果如表 8.2.1 所示。表中数据显示，经过系统优化，东江流域农业系统的不同生产要素指标的变化呈现差异化特征。在环境减排维度，碳、氮、磷三种指标均实现了一定程度的下降，其中碳排放量由基准年的 579.51 万 t 降至 423.08 万 t，降幅为 26.99%，成为减排成效最显著指标；氮排放量和磷排放量的降幅分别为 7.84%和 1.06%，反映农业源污染削减的下行空间较小。人口结构发生剧烈重构，城镇化率同比提升 27.37 个百分点，上升至 90.8%，农村人口锐减到 100.54 万人，下降 64.75%，形成“超速城镇化”特征，该转变虽缓解了农业源污染压力，但可能加剧城市环境承载负荷。畜禽养殖规模整体缩减 21.79%，其中羊存栏量骤降 70.87%，牛和家禽分别减少 12.31%和 22.99%，而生猪存栏量保持稳定，表明产业结构调整聚焦于甲烷排放较高的反刍动物。农作物种植面积微增 1.90%，但内部结构显著调整，其中烟叶扩种 47.92%，形成特色经济作物集群，玉米种植缩减 20%。值得注意的是，农机动力与人均用电量维持基准年水平，说明优化过程在技术创新与能源消费间保持平衡。

表 8.2.1　东江流域农业生产优化结果

类型	指标	单位	基准值	优化值	变化百分比
排放量	碳排放	万 t	579.51	423.08	−26.99%
	氮排放	万 t	3.19	2.94	−7.84%
	磷排放	t	1 393.22	1 378.52	−1.06%
人口参数	人口总量	万人	993.29	1 092.62	10.00%
	城镇人口	万人	708.11	992.08	40.10%
	农村人口	万人	285.18	100.54	−64.75%
	城镇化率	%	71.29	90.80	27.37%
畜禽参数	畜禽总量	万头	3 528.06	2 759.30	−21.79%
	牛	万头	14.95	13.11	−12.31%
	羊	万只	6.18	1.80	−70.87%
	猪	万头	189.91	189.91	0.00%
	家禽	万羽	3 317.02	2 554.48	−22.99%
农作物参数	农作物总种植面积	万亩	720.27	733.96	1.90%
	水稻	万亩	277.90	287.21	3.35%
	小麦	亩	3.49	6.63	89.97%
	玉米	万亩	1.96	1.57	−19.90%
	薯类	万亩	16.98	16.74	−1.41%
	大豆	万亩	6.33	6.55	3.48%
	甘蔗	万亩	1.72	1.72	0.00%
	花生	万亩	54.33	55.46	2.08%
	木薯	万亩	2.70	2.80	3.70%
	蔬菜	万亩	203.04	204.95	0.94%
	油菜籽	万亩	3.65	3.65	0.00%
	烟叶	万亩	0.48	0.71	47.92%
	水果	万亩	151.16	152.60	0.95%
水产参数	水产品产量	万 t	18.90	19.64	3.92%
农机参数	农机动力	MW	190.74	190.74	0.00%
能源参数	人均用电量	kW·h/人	1 328.36	1 328.36	0.00%

8.3　流域农业源碳氮磷排放优化结果

本节基于东江流域农业源碳氮磷排放的优化模拟结果，揭示出未来（2040 年）环境负荷呈现“总量下降、结构分化”的特征，具体如图 8.3.1 所示。农业源碳排放总量由 575.44 万 t 降至 423.08 万 t，降幅 26.48%。电力消费的碳排放由 220.09 万 t 降至 77.70 万 t，锐减 64.70%，成为主导减排路径，其贡献占比从 38.24%降至 18.34%。而与化肥相关的碳排放逆势增长，由 12.28 万 t 升至 19.11 万 t，增长 55.62%，占比提升 1.45 个百分点，达到 4.5%。凸显农业低碳转型中能源结构优化与化学品投入依赖加深的矛盾。

氮排放总量由 31 893 t 下降至 29 377 t，降幅 7.89%。人类活动排放由 161.69 t 降至 57.00 t，降幅达 64.75%，与城镇化率提升至 90.80%形成时空耦合。但水产养殖氮排放微增，由 101.63 t 升至 105.61 t，涨幅 3.92%，反映水产集约化养殖的污染控制滞后。畜禽养殖氮排放由 11 401.90 t 减少至 10 234.49 t，降幅 10.24%，其贡献占比从 35.75%降至 34.83%，显示种养循环模式初显成效。

磷排放系统呈现“边际改善-结构恶化”的双重特征，总量由 1393.22 t 降至 1378.52 t，仅下降 1.06%。化肥磷排放由 938.44 t 增长至 975.07 t，反增 3.90%，其贡献占比从 67.37%升至 70.74%，形成“减排努力被增量抵消”的困局。人类活动磷排放由 7.98 t 减少到 2.72 t，锐减 65.91%，与城镇化进程加快农村人口减少形成响应。水产品磷排放微增 0.44%，由 4.54 t 小幅增加到 4.56 t。

总体来看，在农业源碳、氮、磷排放的协同优化下，东江流域农业系统存在三大矛盾：其一，电力清洁化使碳排放强度下降，但化肥碳排放强度上升 55.62%，从而形成抵消效应；其二，畜禽单位排放强度下降（碳 8.71%、氮 10.24%、磷 13.17%）显示技术改进，但总量控制受限于市场需求刚性；其三，种植系统“减氮增磷”的跷跷板效应，反映养分管理技术体系存在结构性缺陷。本节建议建立“能源-投入品-种养结构”三维调控机制，重点破解化肥增效、水产养殖污染控制和种植结构优化等关键技术瓶颈。

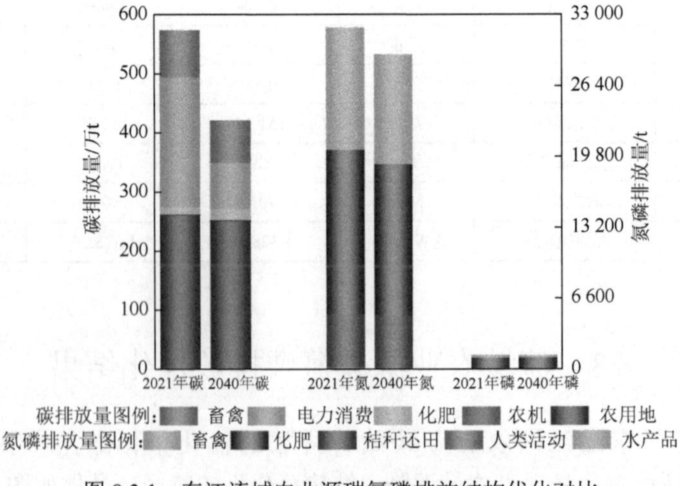

图 8.3.1　东江流域农业源碳氮磷排放结构优化对比

（扫封底二维码获取彩图）

8.4　各区县农业生产要素优化结果

基于多目标规划模型对东江流域各区县人口参数优化结果，如图 8.4.1 所示。结果显示区域人口分布呈现“总量微调、结构优化”的双重特征。从人口总量看，深圳市龙岗区由 333.91 万人增长至 417.39 万人，涨幅 25.00%，河源市源城区 88.44 万人增长至 110.55 万人，涨幅 25.00%，这两个地区成为东江流域主要的人口增长地区，两者增量占全域总增量的 62.3%。而安远、定南等 11 个区县人口总量维持零增长，反映人口向中心城市加速集聚的趋势。而在城镇化进程中，流域内 17 个县级行政单元中有 2 个实现城镇化率超过 85%的跨越式发展，其中原城镇化水平较低的安远县和寻乌县增幅最为显著，分别为 243.02%和 247.36%，通过政策驱动实现的“跨越式发展”，但需警惕空城化风险。此外，深圳市龙岗区作为高度城镇化区域，其城镇化率已达发展上限，而河源市源城区通过人口吸纳实现城镇化与人口增长的协同发展。综上所述，此结果体现了流域发展战略中“控制总量、提升质量”的平衡导向，为东江流域新型城镇化与人口高质量发展提供了量化决策依据。

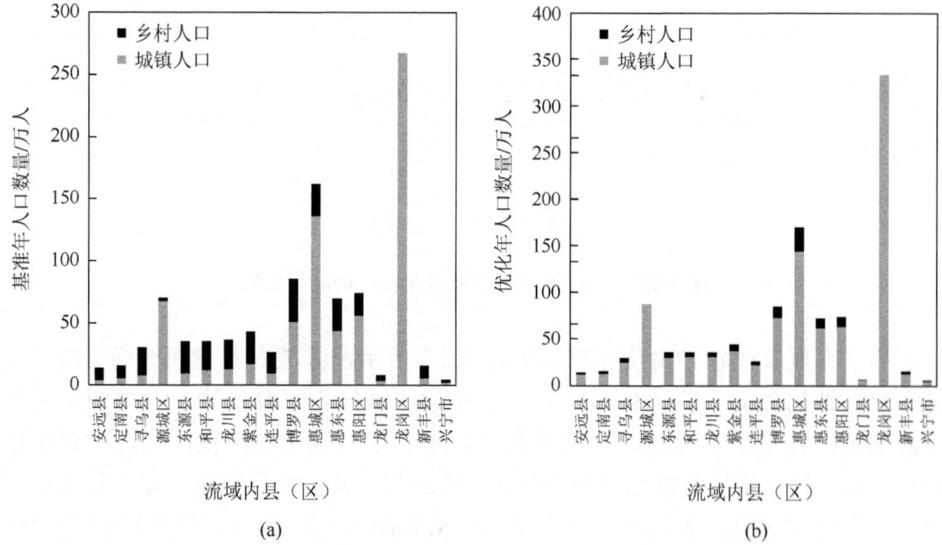

图 8.4.1　东江流域（a）基准年与（b）优化年的人口结构图

畜禽养殖优化结果如图 8.4.2 所示，东江流域养殖业呈现“总量压减、结构趋同”的调整态势。流域内 95%的县级行政单元牛存栏量下降 12.27%～12.31%；生猪养殖呈现稳定化发展，除惠阳区生猪存栏量微增 0.02%外，其余地区保持稳定，表明存在局部市场调节空间。家禽养殖则呈现全域性收缩趋势，大部分区域降幅为 21.79%～24.44%，赣州市定南县降幅较为突出，为–34.89%。另外，深圳市龙岗区作为经济特区，在优化过程中完全退出了传统畜牧养殖领域。该结果反映出流域治理中畜禽养殖总量和结构调控的重要性，未来可通过规模化转型和产业升级实现畜禽养殖与水资源保护的协调发展，为东江流域绿色农业体系建设提供了量化参考依据。

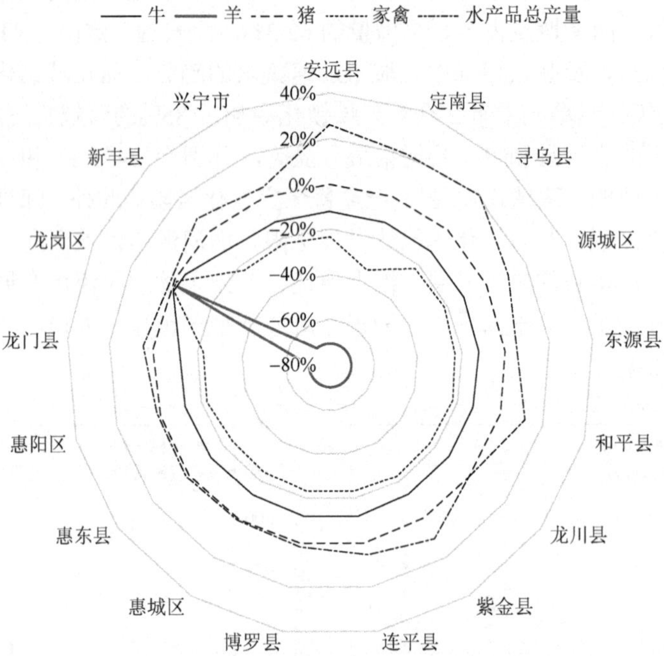

图 8.4.2　东江流域主要畜禽养殖与基准年比较

东江流域农作物种植优化结果如图 8.4.3 所示，区域农业空间布局呈现“总量稳定、结构微调”的优化特征。水稻作为流域核心粮食作物，种植面积整体保持稳定。赣州市安远县、寻乌县和河源市和平县等传统产粮区通过微调实现边际优化，其中寻乌县水稻种植面积增加 0.25%。值得注意的是，龙川县水稻种植面积激增 31.61%，表明该地区在水稻种植方面的推广潜力。薯类种植呈现“区域收缩-局部扩张”的分化格局，河源市源城区薯类减少 20%、紫金县保持稳定，而新丰县通过优化种植结构实现薯类增产 1.29%。大豆种植呈现“双轨发展”，龙川县大豆种植面积增长 25.67%，与其特色农产品加工产业链形成有效呼应；而惠州市龙门县大豆种植面积归零，暗示土地资源向高附加值作物倾斜。甘蔗、花生等经济作物呈现“零增长”态势，但水果种植实现战略扩张。龙川县水果种植面积同步增长 25.67%，与新丰县水果增产 1.29%共同构成粤北特色水果产业带。值得关注的是，深圳市龙岗区虽然耕地面积仅有 9714 亩，但通过种植精品蔬菜（8604 亩）和特色水果（736 亩），实现单位面积产值最大化，彰显大湾区都市农业的高效特征。

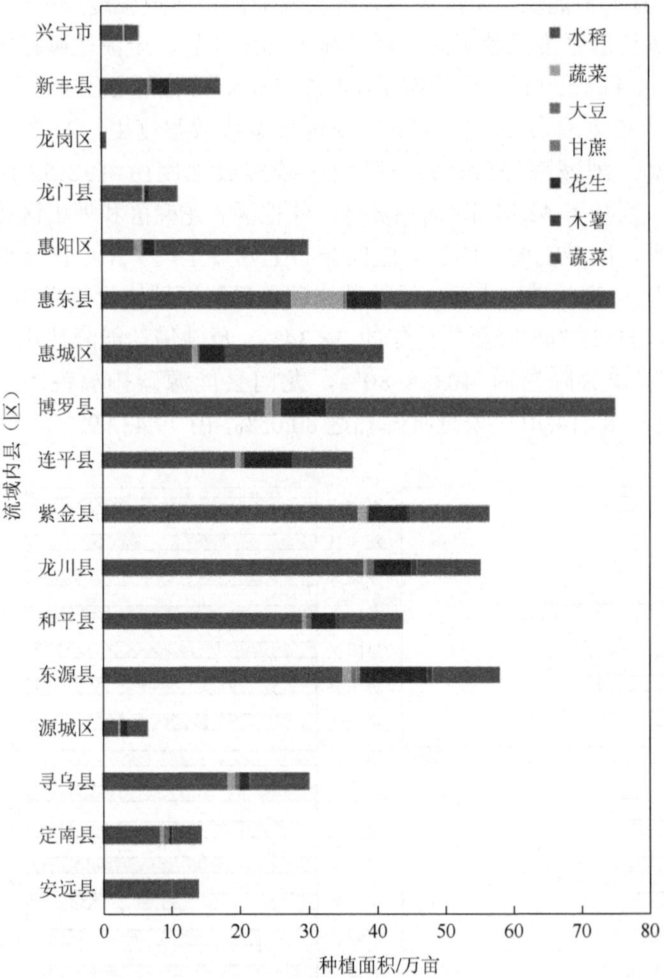

图 8.4.3 东江流域主要农作物优化结果

（扫封底二维码获取彩图）

综上，东江流域的部分区域通过“减法优化”实现绿色发展，河源市和平县薯类减少 9.82%、紫金县甘蔗持续清零，与流域“退耕还林还湿”政策形成有效衔接。这种结构性调整既保障了粮食安全底线，又为生态红线内的产业转型预留了弹性空间。

8.5　各区县农业源碳氮磷排放优化结果

（1）流域各区县碳排放优化特征

图 8.5.1 显示了优化年东江流域各区县农业源碳排放强度及排放结构。从排放强度上看，碳排放强度显著下降，区域显现梯度差异。全流域碳排放强度均值由基准年的 222.89 t/km^2 降至优化年的 164.17 t/km^2，降幅达 26.34%，各区县碳排放强度削减率分布范围为 21%～35%。安远县碳排放强度由 321.77 t/km^2 优化至 209.10 t/km^2，削减率 35.02%，源城区碳排放强度由 192.52 t/km^2 优化至 111.19 t/km^2，削减率 42.24%，而惠城区、仲恺区、龙岗区和坪山区等城市建成区维持极低水平，削减幅度不明显。空间分布上始终呈现“中心区域低强度，两极区域高强度”。从排放结构上看，排放结构调整受能源结构优化驱动，能源碳排放占比从基准年的 38.24%降至优化年的 18.34%，反映清洁能源替代成效。绝大部分区县能源碳排放降幅为 40%～80%，龙门县能源碳排放锐减 72.29%，由 29 648.73 t 降至 8 214.70 t；安远县降幅达 80.05%，由 79 432.98 t 降至 15 847.37 t；

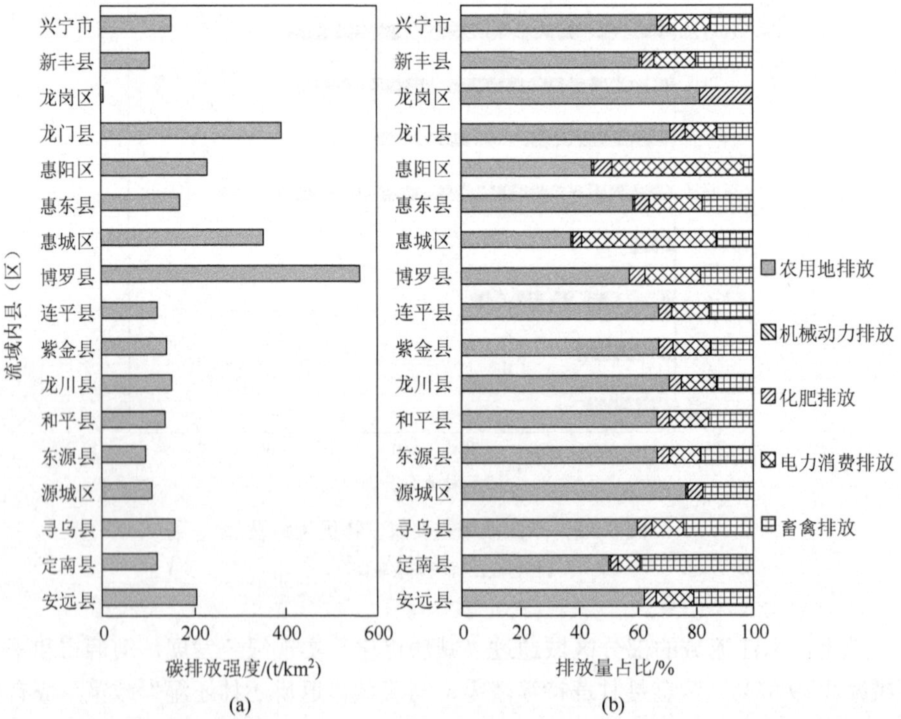

图 8.5.1　东江各区县碳排放强度及结构特征

2021 年的能源碳排放大县博罗县由 272 222.87 t 降至 99 516.21 t，降幅达 63.44%；源城区则由 24 549.14 t 降至 6.59 t，降幅达到 99.97%，保留了必要的农业生产能源消耗的同时实现城镇化率 100%——完全城镇化与农业并存。但仍有部分区县存在能源碳排放占比较高的问题，如大亚湾区、惠城区、惠阳区和仲恺区的占比均在 45%以上，建议推动此类区县农业集群式低碳转型，实现减排与粮食安全的动态平衡。另外需引起注意的是，绝大部分区县水产碳排放涨幅巨大，例如博罗县水产碳排放由 0.18 t 增长至 1.15 t，涨幅超过 500%。

（2）流域各区县氮排放优化特征

从排放强度上看，排放强度区域差异显著，总体呈下降趋势（图 8.5.2）。全流域氮排放强度仅下降 3.39%，由 1.18 t/km^2 下降至 1.14 t/km^2。绝大部分区县氮排放强度削减率为 1%～6%，主要通过畜禽粪污治理实现强度控制，但整体强度控制成效不明显。部分排放强度较高的区县排放强度削减较明显，如安远县氮排放强度由 1.44 t/km^2 降至 1.38 t/km^2，降幅 4.17%；博罗县由 2.34 t/km^2 下降至 2.24 t/km^2，降幅 4.27%；源城区由 1.30 t/km^2 下降至 1.15 t/km^2，降幅 11.54%，强度控制最为明显。唯有龙川县排放强度不降反升，由 0.82 t/km^2 增加至 0.93 t/km^2，

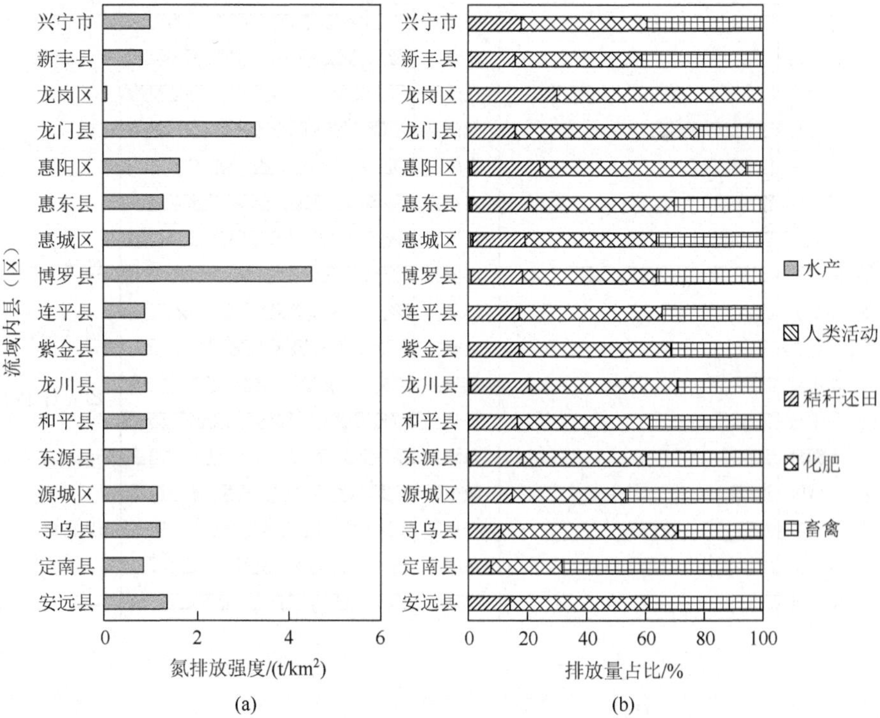

图 8.5.2　东江各区县氮排放强度及结构特征

涨幅 13.41%，与农作物种植面积增加 27.93%响应。从排放结构上看，人类活动和畜禽的氮排放均呈现同程度的削减，人类活动氮排放削减率为 40%～80%；畜禽氮排放削减率为 7%～17%，源城区畜禽氮排放削减了 21.56%；农作物氮排放除个别区县外，基本不变，龙川县增长了 27.88%；水产氮排放均呈增长势态，安远县和寻乌县增长幅度分别为 26.20%和 21.68%。各区县排放结构变化相似，人类活动和畜禽氮排放占比呈下降趋势，农作物氮排放虽然稳定，但是因为总量削减，其占比表现为增长趋势，水产氮排放呈增长趋势。

（3）流域各区县磷排放优化特征

农业源磷排放强度空间分布呈现“高值集聚与梯度递减并存”（图 8.5.3）。全流域磷排放强度由 53.96 kg/km^2 降至 53.38 kg/km^2，仅下降了 1.07%，减排进程面临结构性瓶颈。各区县削减率分布范围均为 2%～4%，源城区由 56.66 kg/km^2 降至 52.85 kg/km^2，是强度控制效果最好的区域，反观龙川县由 38.15 kg/km^2 升至 45.21 kg/km^2，涨幅 18.51%，又成为唯一出现磷排放强度上升的区域，此问题表现了磷排放强度与农业规模快速扩张的关联性。从排放结构上看，随着城镇化率的快速提高，大部分区县农村人口活动磷排放占比均呈现大幅度下降，降

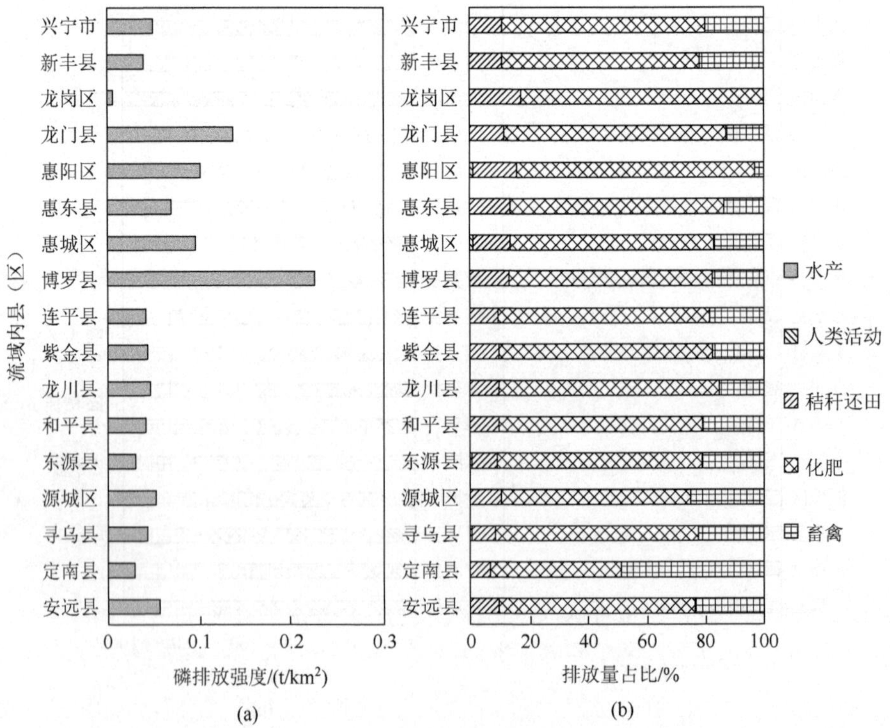

图 8.5.3　东江各区县磷排放强度及结构特征

幅为 40%～80%，如定南县降幅达 78.80%，东源县降幅达 78.76%等。通过对畜禽规模的进一步收缩，实现畜禽磷排放占比的削减，大部分区县实现畜禽磷排放减排量达 7%～20%，源城区畜禽磷排放削减 21.46%，效果最为突出。总体来看，农作物生产结构转型发展稳定向好，农作物磷排放略微增长，龙川县农作物磷排放增长 26.41%，与氮排放增长 27.88%和农业规模扩张 27.93%对比，验证了“规模增量-排放控速”的结构优化路径的有效性。同时水产规模扩张，带来了磷排放的增长。

综上，东江流域农业源碳、氮、磷排放优化研究显示，碳排放系统呈现“强度显著下降-结构深度调整”特征，全流域碳排放降幅 26.34%，能源碳排放占比从 38.24%降至 18.34%，但水产碳排放激增，暴露规模化养殖低碳技术滞后问题。氮排放系统面临“整体控强不足-局部逆向增长”的挑战，全流域氮排放仅下降 3.13%，龙川县因农业规模扩张导致氮排放由 27.93%下降为 12.72%，显示种养协同减排机制缺失。磷排放系统呈现“结构优化显著-总量控制乏力”的矛盾，人类活动磷排放降幅达 40%～80%，但全流域磷排放仅下降 1.07%，龙川县因种植结构调整滞后导致磷排放逆增 18.53%，印证农业规模扩张需与排放强度脱钩的紧迫性。

基于多目标优化理论构建了东江流域农业源碳氮磷排放协同优化模型，通过非线性规划方法的融合，实现了“减污-降碳-保粮-促产”多维目标的动态平衡。建立了涵盖 341 个变量、603 条约束的优化体系，解决了农业源碳、氮、磷多目标函数的协同减降问题。约束条件系统整合了国家战略导向、生态红线与产业韧性，构建了“环境-经济-社会”三位一体的约束框架。全流域农业要素优化结果显示，碳排放量由 579.51 万 t 优化至 423.08 万 t，下降了 26.99%，主要得益于电力清洁化与畜禽结构优化。但氮和磷减排面临技术瓶颈，仅下降 7.89%和 1.06%。另外化肥磷排放增长 3.9%，暴露种植系统“减氮增磷”的结构性矛盾。龙岗区和源城区等中心城市通过人口集聚实现农村活动污染锐减 64.74%，但引发超速城镇化风险；龙川县呈现“规模扩张-排放增长”悖论，水稻种植面积激增 31.61%导致氮磷排放逆增 12%～18%，凸显种养协同机制缺失。

参 考 文 献

程娜，2016. 基于农业面源污染控制的农业结构优化研究[D]. 哈尔滨：东北农业大学.

韩海燕，于苏俊，2010. 基于多目标优化模型的荣县水资源优化配置研究[J]. 安徽农业科学，38（19）：10200-10202.

任政，2017. 基于多目标动态规划算法的水库兴利优化调度模型及应用[J]. 水电能源科学，35（4）：69-71，185.

王丽萍，王蕊，姜生斌，等，2007. 水资源系统多目标优化配置模型的研究及应用[J]. 华北电力大学学报，34（4）：32-37.

杨木易，2014. 水资源约束条件下浙北地区农业产业结构调整研究[D]. 杭州：浙江大学.

张国丰，马晓静，沙景华，等，2016. 水资源和水环境双重约束下的河北省产业结构调整研究[J]. 资源与产业，18（4）：73-81.

张芮，乔延丽，禄芳霞，等，2016. 基于多目标模糊优化模型的兰州市水资源优化配置研究[J]. 节水灌溉（2）：59-62.

张淑祥，苏弈文，张国良，2006. 大伙房水库兴利调度的多目标动态规划模型研究[J]. 水利水电技术，37（3）：67-69.

White D J，1980. Multi-objective interactive programming[J]. Journal of the Operational Research Society，31（6）：517-523.